U0385477

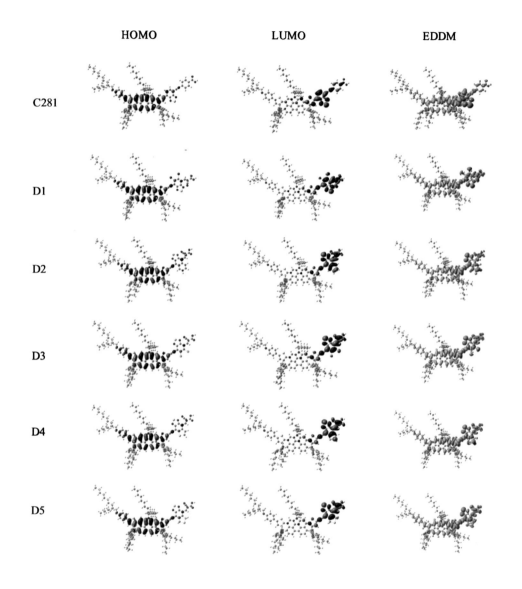

图13-8 染料的前线轨道电子云密度分布和电子密度差分图

材料数据挖掘方法与应用

陆文聪　　李敏杰　　纪晓波　　著

化学工业出版社

·北京·

内容简介

《材料数据挖掘方法与应用》详细介绍了材料数据挖掘的研究背景、常用方法、具体步骤和作者团队自主开发的在线计算平台 OCPMDM（online computation platform for materials data mining, http:/materials-data-mining.com/ocpmdm/）的应用，重点阐述了 OCPMDM 在线计算平台在材料设计（钙钛矿型材料、染料敏化太阳能电池材料等）和化工优化（氟橡胶工艺优化等）中的应用。本书方便读者学以致用，读者可以免费利用 OCPMDM 软件平台，构建并分享材料数据挖掘模型，用于虚拟样本的高通量筛选，加快新材料研发进程。

本书可供材料科学与工程等相关领域科研人员和工程技术人员阅读，亦可作为高等院校材料数据挖掘研究方向师生的教学参考书。

图书在版编目（CIP）数据

材料数据挖掘方法与应用 / 陆文聪，李敏杰，纪晓波著. —北京：化学工业出版社，2022.4（2023.8 重印）
ISBN 978-7-122-40597-5

Ⅰ.①材… Ⅱ.①陆… ②李… ③纪… Ⅲ.①材料科学-数据采集 Ⅳ.①TB3

中国版本图书馆 CIP 数据核字（2022）第 007067 号

责任编辑：成荣霞 　　　　　　　文字编辑：王文莉　陈小滔
责任校对：宋 玮　　　　　　　　 装帧设计：王晓宇

出版发行：化学工业出版社（北京市东城区青年湖南街 13 号　邮政编码 100011）
印　　装：北京虎彩文化传播有限公司
710mm×1000mm　1/16　印张16½　彩插1　字数279千字　2023 年 8 月北京第 1 版第 4 次印刷

购书咨询：010-64518888　　　　　　　　售后服务：010-64518899
网　　址：http://www.cip.com.cn
凡购买本书，如有缺损质量问题，本社销售中心负责调换。

定　　价：128.00 元　　　　　　　　　　　　　　版权所有　违者必究

前言

  计算机在材料科学与工程各个领域的广泛应用，极大地促进了材料科学的发展，并产生了一系列交叉学科和新的研究领域，如计算材料学、材料信息学、材料数据挖掘等。

  材料领域积累了大量的科学实验和生产实际数据，如何总结这些数据中的规律性，进而用以指导以后的科学实验和生产操作，这是一项非常有意义的工作，这项工作的实施需要数据挖掘技术与材料知识和科学实践的结合。

  所谓材料数据挖掘（materials data mining），就是利用现代统计科学理论和机器学习方法及计算机应用软件对材料科学和工程领域中的复杂数据样本进行采集、整理、分析、建模、预测、评价、优化和应用等工作，试图归纳和总结数据中蕴含的规律性，进而利用所建定性或定量的数学模型预报未知样本的性质，达到总结材料内秉规律、探索并创制国民经济急需新材料的目的。材料数据挖掘的应用研究内容涉及材料设计、材料制备、材料表征和服役性能优化的全研究链。材料数据挖掘方法和技术已成为材料信息学的主要研究工具，在材料基因组工程研究领域具有特别重要的意义。

  利用材料数据挖掘方法和技术，可以总结新材料的物理和化学性质与其组成元素的原子参数、化学配方、制备工艺等参数之间的定性或定量关系，用以加快新材料研制和新产品开发，达到"事半功倍"的效果。利用材料数据挖掘方法和技术，对大型现代材料制备或加工企业的生产操作过程做"工业诊断"，找出产品的"生产瓶颈"问题（包括质量问题、产量问题、能耗问题等），建立解决"生产瓶颈"问题的数据挖掘模型，用以实现保质保量的材料生产或加工。因此，利用材料数据挖掘所得研究对象的统计规律，可以指导我们更好地开展下一步的科学实验和生产实践，达到挖潜增效的目的。材料数据挖掘方法和技术的应用成本低，却可能在材料研发过程中节省人力物力，甚至在材料工业生产中产生可观的经济效益，并能达到立竿见影的效果，因而数据挖掘方法和技术在材料科学和工程领域有广阔的应用前景。

  笔者长期从事数据挖掘方法和技术在材料领域的应用研究工作，在该研究领域积累了大量成功应用实例。笔者团队开发的材料数据挖掘在线计算平台（online computation platform for materials data mining，OCPMDM，请见第11章）已在钙钛矿型材料、聚合物材料、染料敏化太阳能电池材料的设计和筛选工作中得到成功应用。开发的基于数据挖掘的工业优化控制系统已在国内若干大型企业得到实际应用，达到了增产降耗的目的。本书从材料科学工作者易于理解的角度介绍常用数据挖掘方法的基本原理，并重点介绍笔者近年来在材料设计和工业优化等领域的数据挖掘工作。

本书有关科研工作得到了科学技术部、国家自然科学基金委员会、上海市科学技术委员会等的资助；有关学术研究和技术开发工作得到了笔者的研究生们的大力配合，其中张庆（已毕业博士）和畅东平（在读博士）开发了材料数据挖掘在线计算平台（第11章），卢天（在读博士）改进了基于数据挖掘的工业优化控制系统软件（第15章）；有关材料数据挖掘的应用研究案例主要取自于笔者近年来承担科研项目和指导研究生（包括刘太昂、翟秀云、石丽、徐潇、俱李菲、徐鹏程等）的工作（第12～14章）；卢天、连正亨、陈慧敏等研究生参与了若干机器学习算法的编写工作。本书的出版得到了笔者负责的国家重点研发计划课题"材料大数据挖掘和分析技术"（隶属于北京科技大学宿彦京教授负责的"材料基因工程专用数据库和大数据分析技术"国家重点研发计划项目）的资助；出版计划和工作进程得到了上海大学材料基因组工程研究院张统一院士的鼓励和支持；化学工业出版社相关工作人员也支持了本书的出版工作。在此一并致谢！

本书可供材料科学与工程等相关领域的科研人员和工程技术人员阅读，亦可作为高等院校材料数据挖掘研究方向的教学参考书。

材料数据挖掘涉及的研究领域很广，本书只是介绍了部分行之有效的数据挖掘方法在笔者涉猎的研究领域中的工作，受笔者的学识水平和工作内容所限，疏漏和不足之处在所难免，欢迎各位读者和研究同行提出宝贵意见。

陆文聪

于上海大学

目录

第 3 章
统计模式识别　043

第 4 章
决策树　063

第 9 章
集成学习方法
107

第 10 章
特征选择方法和应用
116

第 13 章
染料敏化太阳能电池材料的数据挖掘　　176

第1章

材料数据挖掘综述

1.1
材料数据挖掘的研究背景

新材料研发是一门以实践为主的学科，其理论的发展往往落后于实践。在化学、物理学等传统学科基础上发展起来的材料科学与工程，主要研究材料成分、结构、加工工艺及其性能和应用，这是一个涉及多学科交叉的非常复杂而又极其实用的专业领域。长期以来，人类致力于认识和探索新材料，进而改造或创制新材料，通过提升材料应用的性能、降低材料产业化制备和应用的成本，达到造福人类的目的。

在长期的材料科学与工程实践中，人类积累了海量的材料数据和信息，它们散布在浩如烟海的各类科学技术文献中，虽然这些材料数据和信息为人们探索和创制新材料提供了基础，却因数据量的迅猛增加造成了使用上的困难，常规的人工采集数据的手段已无法满足材料科学工作者的需要，因此众多的材料数据库应运而生。近年来，人们在利用材料数据库对材料科学技术问题进行研究时，逐渐认识到海量数据的处理十分困难，有价值的规律性信息和知识还隐藏在数据内部。如何从材料科学技术相关数据中发现更多、更有价值的科学技术规律正逐步成为材料专家关注的焦点。2001 年 2 月 14 日，国家最高科技奖获得者徐光宪院士在国家自然科学基金委员会成立十五周年庆祝大会上的讲话中指出："从科学发展史看，科学数据的大量积累，往往导致重大科学规律的发现[1]。"2011 年 12 月 21 日，中国科学院、工程院组织专家召开了以"材料科学系统工程"为主题的香山科学会议，讨论了美国"材料基因组计划"（materials genome initiative，MGI）的研究内涵，徐匡迪院士在会上指出："建立材料的成分-结构-性能之间的定量关系是实现材料设计和制备从传统经验式的炒菜法或试错法（trial and error method）向科学化方法转变的关键"。从错综复杂的材料科学数据中建立成分-结构-性能之间的定量关系，需要数据驱动的研究方法，即数据挖掘方法。

一般说来，数据库里的知识发现（knowledge discovery in database，KDD），是指从大量的数据中提取出有效模式的非平凡过程，该模式是新颖的、可信的、有效的、可能有用的和最终可以理解的[2]。数据挖掘（data mining，DM）是指利用某些特定的知识发现算法，在一定的运算效率限制下，从数据库中提取出感兴趣的模式[3]。最近 20 多年来，特别是 2011 年美国政府启动材料基因组计划以来[4]，材料数据挖掘技术在加快新材料研发的过程中发挥了越来越重要的作用，有关材料数据挖掘方法、软件和应用研究不断取得新的进展[5-16]。

所谓材料数据挖掘，就是利用计算机和现代统计科学理论对复杂材料数据进行整理、分析、评估、筛选、建模、预测、优化和应用等研究工作，达到材料数据驱动的内秉规律发现、未知体系预测的目的。

材料科学技术领域积累了大量的科学实验和生产实际数据，如何总结这些数据中的规律性，进而用以指导今后的科学实验和生产操作，这是一项非常有意义的工作，这项工作的实施需要数据挖掘技术与材料领域知识和科学实践的结合。材料数据的不断积累是材料数据挖掘方法和技术应用的基础，而数据挖掘方法和技术的成功应用，一方面使我们更加清楚地认识到材料数据及其数据库的宝贵价值，促进材料数据采集和数据库技术的发展；另一方面对数据挖掘理论和算法不断提出新课题，促进材料信息学、材料数据挖掘等交叉学科或研究领域的发展。

近年来，随着计算机软硬件技术突飞猛进的发展，以及网络传播技术和人工智能技术的突破进展，很多专家学者和企业家感到"大数据时代"真的来临了。然而，很多材料制备和测试的成本较高，我们在新材料的研发过程中往往"缺少数据"。比如，铝、镁合金新材料在飞机、高铁、汽车等领域有广泛应用，用合金新材料制造新器件的时候需要获得新材料的抗疲劳性能，而材料疲劳性能的测试成本较高。因此，如何利用有限样本甚至"小样本集"

（仅有数十个样本）建立行之有效的数据挖掘模型也是机器学习（machine learning，ML）和人工智能应用的热点问题。另外，计算材料学的发展已经可以运用第一性原理（量子力学、统计力学、统计热学和分子动力学方程等）计算获得不少满足工程应用需求的材料性能数据，这时也可以利用第一性原理计算所得材料性能作为材料数据挖掘建模的目标变量，进而利用机器学习模型批量预测第一性原理计算结果，达到节约计算资源和成本，加快新材料研发的过程。

在很多场合，数据挖掘与机器学习两者不加区分，往往可以相互替代使用，那么两者有什么不同呢？我们觉得，数据挖掘和机器学习的内涵与应用领域的特定应用场景有关。在材料科学与工程研究领域，材料机器学习强调建模方法和预测或决策结果；而材料数据挖掘包括机器学习过程，并侧重数据处理流程和结果分析，在材料基因工程领域应用还应该有预测结果的应用价值、模型解释或理论分析、实验验证以及如何进一步指导实验工作。

大数据的基本特征通常用"5V"（volume，variety，velocity，veracity，value）来表示，从大数据的"5V"特征考察一下"材料大数据"问题，我们感觉到"材料大数据大时代"也日益临近。材料大数据的"5V"特征可以概括如下。

① 容量（volume）：材料的"大样本集"（样本数成千上万）可以通过高通量实验和高通量测试获取，材料（特别是高分子材料）的特征变量数也可能成千上万。

② 种类（variety）：材料数据的种类也是多样性，包括结构化数据和非结构化数据、实验测试数据和理论计算数据等。

③ 速度（velocity）：新材料的创新竞争异常严酷，我国某些高科技急需的新材料已成为控制新材料制备技术的发达国家制约我国快速发展的"卡脖子材料"。因此，抢占新材料创新的先机和制高点，尽快研发出高新技术领域急需的新材料已迫在眉睫。目前新材料研发过程中的集成创新和团队协作也非常重要，5G网络技术的应用将进一步加快材料数据库的网络化应用和材料信息与数据的快速传播。

④ 真实性（veracity）：材料科学与工程领域的数据必须是真实的，真实数据蕴含真实规律。材料数据挖掘的过程也是去伪存真、由表及里、发现材料内秉的客观规律的过程。

⑤ 价值（value）：新材料研发具有极高的经济价值，在材料基因组工程理念和方法指导下有望达到"时间减半、成本减半"的材料研发目标。

材料数据挖掘方法和技术的应用领域非常广泛，下面结合材料设计、材料信息学、材料基因组工程和材料工业优化等方面的工作分别探讨材料数据挖掘的研究背景及其目的和意义。

1.1.1　材料数据挖掘与材料设计

新材料、新物质的探索和研制历来都是用经验方法，或称为"炒菜"式方法。即当要求提出后，凭经验决定材料制备的配方和工艺，制备一批样品，分析其成分和组织结构，测定其性能，若不合乎要求，则另行试制，一般要求反复多次才能获得成功。成功以后，还要摸索批量生产的技术和工艺条件，以实现廉价、批量生产的目的。这种"咸则加水，淡则加盐"的摸索方式虽然有效，但是终究事倍功半，费时费力。

为了摆脱这种较为盲目的研制方式，美国科学家于 20 世纪 60 年代提出了"材料设计"（materials design）的设想。所谓的"材料设计"，是指通过理论与计算预报新材料的组分、结构与性能，或者说，通过理论设计来"定做"具有特定性能的新材料。

1985 年，日本学者提出了"材料设计学"一词。俄国学者把"材料设计"包括在"材料学"中。1986 年我国开始实施"863 计划"时，对新材料领域提出了探索不同层次微观理论指导下的"材料设计"这一要求，从那时起，在"863"材料领域便设立了"材料微观结构设计与性能预测"研究专题。所以，虽然用语有所差别，但关于材料设计的基本含义是共同的。1995 年，美国国家科学研究委员会（national research council，NRC）邀请众多专家进行调查分析，编写了《材料科学的计算与理论技术》这一专题报告，报告认为"设计材料"正在变为现实。

材料设计可按研究对象的空间尺度不同而划分为三个层次：微观设计层次，空间尺度约在 1nm 量级，是原子、电子层次的设计；连续模型层次，典型尺度约在 1μm 量级，这时材料被看成连续介质，不考虑其中单个原子、分子的行为；工程设计层次，尺度对应于宏观材料，涉及大块材料的加工和使用性能的设计研究。这三个层次的研究对象、方法和任务是不同的。

由于材料设计的研究对象多为由众多原子组成的复杂体系，原子间的作用复杂多样，难于用简单的解析方程求解，虽然原则上可以通过"第一性原理"求解，但是仅从"第一原理"推算来把握复杂的材料（特别是宏观的工程应用材料）设计体系和过程，至今依然是极其困难的课题。与此同时，伴随着人类对新材料的开发和研制，积累了大量的数据，特别是近几十年来，随着信息技术的发展，各种有关材料性能和研制的数据库应运而生，互联网技术使得这些数据的获得也更为方便快捷。在这些海量的数据中隐藏着一条规律：何种原子或配方，按何种方式堆积或搭配，具有何种特定的物理和化学性质，即结构（或配方）-性质（性能）的关系。若能利用"第一原理"或者基础实验，根据已知的实验结果，找出材料的目标值（性质或性能）与其相关参数（原子参数、分子参数、配方参数、工艺参数等）的关系，总结出经验或半经验规律，并用于指导实验开发和提供材料设计的线索，即可以达到减少工作量，减少盲目性，解决实际问题的目的。

运用数据挖掘方法，对材料设计的相关数据加工处理，建立辅助新材料、新物质研制的专家系统，正在成为新材料设计的主流。有些专家系统已经用于新材料、新物质生产的优化控制，"材料智能加工系统"（intelligent processing of materials）也在若干材料的研制和优化控制中试用成功。今天，材料设计不仅仅是科研院所的重点研究项目，也成为企业界的关注对象。计算机辅助材料设计大致可分为三个层次：

① 材料、药物、染料、催化剂等的微观结构与性能的关系，从量子化学、固体物理、结构化学等角度探索研制新材料、新物质的新思想和新概念；

② 从相图、热力学和动力学性质出发，探索新型合金、陶瓷等材料及其制备方法的革新；

③ 运用模式识别、人工神经网络、遗传算法、支持向量机等数据挖掘方法，结合数据库和知识库，总结材料结构与性能（性质）的关系、配方及工艺条件与材料性能或生产技术指标（成品率、能耗等）的关系等规律，用于材料制备和加工的优化。

上述计算机辅助材料设计的第 3 个层次正是材料数据挖掘的工作对象，其重点工作是要建立材料的定量结构性能关系（quantitative structure property relationship，QSPR），这也是数据驱动的材料设计研究的核心内容。研究者从材料的组成、结构特征和加工条件入手，利用数据挖掘方法可以建立 QSPR 模型，用以预测未知新材料的具体性能。在实际应用中定量结构性能关系的一些研究成果，可以指导材料的设计与生产流程，控制产品的合成路线，最终得到令人满意的结果。图 1-1 为新材料开发全研究链（包括材料设计、材料制备、材料表征、材料测试和性能优化等）的基本流程，其中材料设计与 QSPR 研究占据重要地位。

利用材料数据挖掘方法和技术，可以总结新材料的物理化学性质与其组成元素的原子参数、化学配方、制备工艺等参数之间的定性或定量关系，进而利用所得统计规律宽范围、高通量地筛选新材料并优化材料的性能，在此基础上可以辅助新材料研制和新产品开发，达到新材料设计和创制事半功倍

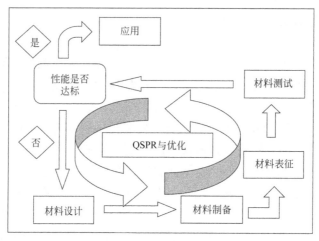

图 1-1　新材料开发全研究链的基本流程

的目的。因此，基于数据挖掘的材料设计、筛选和性能优化有助于加快新材料的创新研究[17-20]。

1.1.2　材料数据挖掘与材料信息学

2003 年 J. R. Rodgers 最早在学术界提出了材料信息学概念[21]，而材料数据挖掘作为数据驱动的材料设计和优化的建模方法，从 20 世纪 80 年代起得到材料设计研究者的青睐，并一直伴随新材料研发的需求在不断发展[22-24]。材料数据挖掘结合材料数据库加快新材料研发，在材料基因组工程研究背景下已成为材料信息学的主要研究方向[25-28]。

材料信息学作为新兴交叉学科，近年来已引起材料学、物理、化学、计算机等领域专家的广泛兴趣，应用和探讨材料信息学的论文逐年增多，虽然不同论文的侧重点有所不同，对材料信息学尚未形成系统和统一的定义，但如何将材料数据库和数据挖掘技术（信息学原理和研究工具）更好地应用于材料研发过程则是材料信息学的核心共识内容。目前维基百科对材料信息学的定义是：

材料信息学是将信息学原理应用于材料科学和工程的一个研究领域，目的是更好地理解材料的使用、选择、开发和发现。

我们认为，材料信息学是信息科学与材料学的交叉学科，它以材料数据库的研究、开发和应用为基础，以数学、统计学、计算机科学、信息学及人工智能的理论、方法和工具为手段，研究材料计量学、材料信息运筹学、材料机器学习/数据挖掘方法学等，旨在共享材料实验和计算数据及其研究工具，推进基于材料信息学的新材料设计和研发，特别是利用机器学习/数据挖掘方法建立材料的服役性能与其影响因素（包括其组分、配方、结构、工艺等）的内秉关系模型，结合高通量计算、高通量筛选和实验验证，加快新材料的设计、制备、表征和应用及其过程优化。

材料信息学作为新兴交叉学科，其分支研究领域至少应包括材料数据库、材料计量学、材料运筹学、材料数据挖掘/机器学习方法学等，有关研究工作还有待深入展开并不断完善。

材料数据库（materials database）是按照材料的数据结构来组织、存储和管理材料数据的仓库，随着计算机信息处理技术的发展，材料数据库能够满足用户材料研发过程中所需要的各种材料数据的表示、整理、解析、存储、选择和管理。材料数据库不仅可以存取材料信息和性能数据，提供常用的数据库查询、检索功能，还可与人工智能技术相结合，构成材料性能预测或材料设计专家系统，在现代工业的材料工程和机械制造中发挥着重要的作用。美国是世界上材料数据科学和工程应用最为发达的国家，其国家标准与技术局（national institute of standards and technology，NIST）拥有材料力学性能数据库、金属弹性性能数据中心、材料腐蚀数据库、材料摩擦及磨损数据库等（http://webbook.nist.gov/chemistry/name-ser.html）。日本国立材料科学研究所（National Institute for Materials Science，NIMS）的数据库内容也非常丰富，包括高分子聚合物、金属等材料的基础性能（蠕变、导热、疲劳等）和工程应用数据库等（https://mits.nims.go.jp/en）。瑞士科学家 V. Pierre 40 多年来主持开发世界上最大的无机晶体材料数据库（materials platform for data science，MPDS，在线访问主页为 https://mpds.io/），该数据库已含有 40 万个晶体结构数据、6 万个相图数据和 80 万条物理性质数据。我国的材料数据库建设起步较晚，北京科技大学曾负责完成了“国家材料环境腐蚀平台”和“国家材料科学数据共享网”建设项目。在“十三五”国家重点研发计划“材料基因工程关键技术与支撑平台”专项支持下，我国启动了一批材料数据库方面的重点研发计划项目，包括北京科技大学宿彦京教授负责承担的“材料基因工程专用数据库和材料大数据技术”、上海大学钱权教授负责承担的“材料基因工程专用数据库平台建设与示范应用”等项目。

材料计量学是一门通过统计学或数学方法将对材料体系的测量值与体系的状态之间建立联系的学科。它研究材料的物理、化学、力学等性质的快速精准的量测和表征方法与选择，实验或计算数据的处理方法，以求最大限度地获取材料体系的高质量信息。

材料信息运筹学也是材料信息学的重要组成部分，它研究材料数据信息

（包括结构化数据和非结构化数据信息）的采集、筛选、鉴定、评价、分类、检索、存储、压缩、解压、传输、交流和显示等方法，从而建立各种材料信息库；进而分析材料数据信息的内涵，总结出规律，最大限度地挖掘、开发和应用材料信息宝库，使它们作为实验归纳法和理论演绎法的桥梁，推动材料科学和工程学科的发展，为国民经济服务。

材料数据挖掘是利用计算机和现代统计科学理论对复杂材料数据进行整理、分析、评估、筛选、建模、预测、优化和应用等研究工作，达到材料数据驱动的内秉规律发现、未知体系预测的目的。材料机器学习从方法学讲可分为监督学习、无监督学习、半监督学习等方法；从应用的角度讲可以分为定性分类和定量建模方法，以及降维和自组织聚类方法。利用材料数据挖掘模型，既能根据输入的特征变量正向预测材料性能，也能根据材料性能的应用需求逆向设计材料特征变量的控制范围。材料数据挖掘研究工作既要关注材料大数据，也应重视材料"小样本"的处理方法；既要关注材料结构化数据，也应重视非结构化数据的应用课题。

1.1.3　材料数据挖掘与材料基因组工程

材料是经济建设、社会进步和国家安全的物质基础和先导。自 20 世纪 80 年代起，技术的革新和经济的发展越来越依赖新材料的进步。材料服务于国民经济、社会发展、国防建设和人民生活的各个领域。目前，从新材料的最初发现到最终工业化应用一般需要 10～20 年的时间，新材料的研发步伐严重滞后于产品的设计。面对制造业的激烈竞争和科技发展的需求，2011 年 6 月 24 日，美国政府率先启动了旨在加速新材料开发应用、保持全球竞争力的"材料基因组计划"（materials genome initiative，MGI）[4]，希望将材料从发现、制造到应用的速度提高一倍，成本降低一半。MGI 计划将发展一个集成计算模拟、实验测试和数据库为一体的材料创新平台，图 1-2 为 MGI 交叉集成创新平台的示意图。MGI 倡导了材料研发的新模式，希望材料研发所需各方面的专家，包括利用计算工具（computational tools）、实验工具（experimental tools）、材料数据库（digital data）等方面的专家，联合起来，相互配合，相互促进，加快新材料的研发进程。

近年来，MGI 相关研究工作发展迅猛，

图 1-2　MGI 交叉集成创新平台

图 1-3 是在 web of science 上检索"materials genome initiative"相关文献的文本挖掘结果。由图 1-3 可见，MGI 一词与材料（materials）的结构（structure）、性质（property）、数据（data）和设计（design）等高频词汇密切相关。

材料MGI有关热点词：
● 结构(structure)
● 性质(property)
● 数据库(database)
● 设计(design)
● 计算(computation)
● 方法(method)
● 模型(model)
● 研发(develop)
● 案例(example)
● 实验(experiment)

图 1-3　web of science 上有关"materials genome initiative"文献的文本挖掘结果
（文献中出现的专业词汇的词频与字体大小成正比）

　　材料数据挖掘工作在 MGI 创新过程中将发挥重要的桥梁作用，通过材料数据挖掘，可以联合材料实验和数据挖掘方面的专家精诚合作，建立材料的成分-结构-工艺-性能之间的定量关系，这是加快新材料研发工作的核心内容。材料基因组工程方法上强调通过材料计算-理论-快速实验-数据库的集成和融合，结合已知的、可靠的实验数据，用理论和计算模拟去尝试发现新的未知材料，并建立其化学组分、晶体结构和各种物性的数据库，利用科学的实验工具和方法，通过数据挖掘探寻材料结构和性能之间的关系模式，为材料设计师提供更多的信息，加速材料研发和产业化。世界各国科学界和产业界普遍预期材料基因组工程将引起材料科学研究模式的革新，导致材料科学、物理学、化学、信息科学、力学、计算科学等学科的深度融合和新学科的产生。美国 MGI 引起我国材料、物理、化学、计算机科学等领域专家的高度重视，被视作材料物理与化学、计算机、信息学等学科交叉领域的最新发展趋势。

　　2011 年 12 月 21 日，中国科学院、工程院组织召开了"材料科学系统工程"主题会议，与会专家经讨论对 MGI 应该重点研究的内容达成两点共识：

　　① 通过高通量的第一性原理计算，结合已知的可靠实验数据，用理论模拟去尝试尽可能多的真实或未知材料，建立其化学组分、晶体结构和各种物性的数据库；

　　② 利用信息学、统计学方法，通过数据挖掘探寻材料结构和性能之间

的关系模式，为材料设计师提供更多的信息，拓宽材料筛选范围，集中筛选目标，减少筛选尝试次数，预知材料各项性能，缩短性质优化和测试周期，从而加速材料研究的创新。

上海大学是国内较早开展 MGI 研究和人才培养的单位。2012 年 5 月，上海大学举办了国内首个"材料基因组工程"专题学术论坛，徐匡迪院士、王崇愚院士、崔俊芝院士等来自国内外的 20 余名专家出席了该论坛并做学术报告，同年获得上海市教委"085"专项经费支持启动了"材料基因组工程"研究。

2012 年 12 月 21 日，中国工程院启动了"材料科学系统工程发展战略研究——中国版材料基因组计划"重大咨询项目，向我国政府提交专门咨询报告，建议我国加速推进"材料基因组"研究。

2013 年 12 月，探讨 MGI 的研究专辑（包括进展、评述和论文）在《科学通报》上发表[29]。MGI 的理念和文化在材料科学与工程领域的影响日益增大。

2014 年 4 月，由中国硅酸盐学会、中国工程院化工冶金与材料工程学部、上海大学共同主办的"第六届无机材料专题——材料基因组工程研究进展研讨会"在上海大学召开。会议主题为"材料基因组工程在材料设计、制备、表征和应用方面的研究进展"。

2014 年 7 月张统一院士全职加盟上海大学并创建材料基因组工程研究院实体单位（张统一院士任院长、徐匡迪院士任名誉院长）。张院士亲自领衔该研究院下辖的材料信息与数据科学研究方向，大力倡导材料信息学、材料数据挖掘研究工作。

2014 年 12 月，美国政府颁布"材料基因组计划战略规划"（materials genome initiative strategic plan）[30]，进一步促进重要新材料的快速研发和材料基因工程人才培养。

2015 年，上海大学将"材料基因工程"作为高峰学科建设方向，并获批教育部国内第一个"材料设计科学与工程"本科专业，致力于培养 MGI 复合型交叉学科人才。

2016 年，科学技术部启动了"材料基因工程关键技术与支撑平台"国家重点研发计划，大力推进我国的材料基因工程研究。近年来，有关材料基因组工程的学术交流活动吸引了一大批专家学者的积极参与，特别是 2017 年以来中国工程院化工、冶金与材料工程学部等主办（谢建新院士主持）的"材料基因组工程高层论坛"，促进了材料基因组工程基础理论、前沿技术和关键装备的交流，推动了材料基因组工程技术在我国新材料研发过程中的应用。

2017 年，由北京科技大学作为牵头单位成立了"北京材料基因工程高精尖创新中心"，该中心通过融合高通量计算、高通量实验、专用数据库三大研发平台与关键技术，旨在变革材料研发理念和模式，实现新材料研发由经验指导实验的 "试错法"模式向"理性设计-高效实验-全过程协同"的新模式转变，从而显著提高新材料的研发效率，实现新材料的"研发周期缩短一半、研发成本降低一半"的战略目标。材料基因组工程的新思想、新理念、新方法、新应用促进了新材料领域的顶级科学家和高端人才的协同创新研究，并有助于国内外创新资源的融合和创新人才的培养，从而真正加快我国新材料的研发速度，突破"卡脖子材料"对我国科技发展和产业升级的制约，早日赶超世界先进水平。

1.1.4　材料数据挖掘与材料工业优化

材料产业是我国的基础支柱产业之一，在我国国民经济中占有举足轻重的地位。与世界材料工业生产水平相比，我国的材料工业还有不小的差距，例如我国虽然已经是钢铁生产大国（钢铁产量世界第一），但不少高品质钢材料还需要进口；芯片材料产业发展迅猛，但关键芯片制造技术还受制于西方发达国家。据报道，很多新材料制造成本过高、材料成品率过低，急需通过技术创新"挖潜增效"，从而提高新材料的市场竞争力。因此，如何利用工业优化技术降低新材料的制造成本、提高尖端材料的成品率，进而提高劳动生产率和资源利用率，全面提升我国材料产业的盈利能力和竞争能力，对于我国材料工业的可持续发展有着十分重要的意义。

制造强国，材料先行。"中国制造 2025"提出，我国要从制造业大国向制造业强国转变，必须通过"两化融合"（信息化与工业化深度融合）发展来实现这一目标。为此，新材料产业必须加快推动新一代信息技术与材料制备技术融合发展，把智能制造作为两化深度融合的主攻方向；着力发展智能装备和智能产品，推进生产过程智能化，培育新型生产方式，全面提升企业研发、生产、管理和服务的智能化水平。

提升材料制造企业的生产水平可以从设备改造、工艺改进等方面着手，实践证明虽然这些措施可以取得非常好的效果，但周期长、投资大。与此相比，利用材料数据挖掘结合计算机智能控制技术对生产操作进行优化，实施简便、见效快、投资回报率高，正越来越得到业界的重视。

数据挖掘技术用于材料工业优化可与先进控制、实时优化控制互为补充，相得益彰。材料的性能指标不仅与原材料的配方有关，而且与材料复杂的制备工艺密切相关,常常很难通过机理来建立材料质量或性能的控制模型,即便建立了机理模型,其精度也很低,只能用来表明生产的大体变化趋势,而无法来指导生产。此外,工业生产过程中存在许多可变因素和干扰(原料性质、设备状态、操作工况的变化以及生产环境和生产系统自身的干扰等),机理模型通常是在某一特定条件下建立的,因而仅仅在小范围内适用,在实际复杂多变的生产中难以使用。随着计算机科学和过程系统工程的发展,材料工业生产过程自动化程度越来越高,工业生产数据采集和存储越来越经济便利,目前大型生产装置上普遍应用的 DCS 系统每天可以采集成千上万个生产数据,这些数据记录了工业生产过程的特征、性能、变化等,是生产过程规律的本质反映。利用数据挖掘技术,可以从工业生产数据中寻找规律和发现知识,并用这些知识指导企业的生产过程,从而达到优化生产过程,使企业效益最大化。因此,利用材料数据挖掘方法和技术,对现代材料制造企业的生产操作过程做"工业诊断",找出优化生产的"瓶颈"问题,建立解决"瓶颈"问题的数据挖掘模型,在此基础上可以实现低成本、高成品、低能耗、高质量地生产和制备各种新材料[31,32]。

1.2
材料数据挖掘方法概要

在解决材料科学与工程有关的建模问题时,"材料数据挖掘"与"材料机器学习"两者往往不加区分,其实两者的侧重点是不同的。所谓材料机器学习,就是研究计算机怎样模拟或实现人类的学习行为,建立材料数据驱动的机器学习模型,用以获取新的材料知识或材料制备技术,并能重新组织获取的材料知识结构使机器学习模型的性能不断改善。机器学习模型是利用"黑箱"方法建立的输入与输出变量之间的函数(或映射)关系。由此可见,材料机器学习强调的是数据驱动的建模方法("黑箱"方法)和智能的模型更新方法,用以探寻复杂材料体系的函数(或映射)关系。而材料数据挖掘强调的是从材料数据到数据驱动的模型应用的完整过程,包括对复杂材料数据进行整理、分析、评估、筛选、建模、预测、优化和应用等研究工作,达到材料数据驱动的内秉规律发现、未知体系预测的目的。下面首先交代材料数据挖掘问题的数学表达,进而探讨材料数据挖掘模型的"过拟合"和"欠拟合"

问题，然后介绍材料数据挖掘的基本流程，以及常用的材料数据挖掘方法及其优缺点。

1.2.1 材料数据挖掘问题的数学表达

材料数据挖掘在材料设计研究工作中所需要解决的数学问题主要是求解目标变量 y 的定性问题（材料形成与否、材料质量好坏、材料是否可用等的定性结论）或定量问题（性能指标的定量数据）：

$$y = f(X) = f(x_1, x_2, x_3, ..., x_m) = ?$$

式中，$x_1, x_2, x_3, ..., x_m$ 为材料特征变量（features）或描述符（descriptors），它们可以是实验获取的参数，也可以是理论计算的参数。

材料数据挖掘的复杂性在于 $x_1, x_2, x_3, ..., x_m$ 自变量中可能有冗余的变量（或者噪声较大的变量），也可能存在自变量之间的强相关性；材料目标变量（应变量）y 与自变量之间的关系可能是线性的，也可能是非线性的；材料样本在多维空间的分布可能既不满足正态分布，也不满足均匀分布；材料样本的搜索空间很大（自变量的维数很大），而已知样本很少。

建立了 $y = f(X)$ 关系（若机器学习方法为人工神经网络，则获得的关系不是显式的表达式，而是一种输入与输出之间的映射关系）之后，如何应用这种函数（或映射）关系是材料数据挖掘应用的关键问题。材料数据挖掘的应用问题包括正向材料设计和逆向材料设计（或优化）问题。正向材料设计问题就是根据用户设计的特征变量 X 来预测目标变量 y（材料性能）。通常输入一个样本的 X 就可以根据 $y = f(X)$ 关系得到一个相应的 y。所谓基于机器学习模型的材料高通量筛选，就是一次性大批量产生成千上万乃至数百万的虚拟样本 X，然后利用 $y = f(X)$ 关系得到所有虚拟样本相应的 y，从中挑选出符合用户需求的样本。逆向设计材料问题就是要根据用户设定的材料性能 y，利用 $y = f(X)$ 关系反推出相应的特征变量 X。显然，逆向设计材料问题的解（y 的预测值）不是唯一的，这时就需要用户在求解的过程中设置限定条件才能求得唯一的解 y。

1.2.2 材料数据挖掘模型的"过拟合"和"欠拟合"问题

材料数据往往是复杂数据，其主要特点包括但不限于样本点太少、样本点分布不够理想（非正态分布或均匀分布）、特征变量（影响因素）太多、可能包括冗余的变量、可能缺失重要的特征变量、特征变量间关系复杂（可能直接相关也可能间接相关，可能共线性也可能非线性相关）、目标变量与特征变量的关系复杂、目标变量有多个需要同时优化等。

材料数据挖掘或机器学习建模的结果，总是囿于假定的函数集（或映射关系）的范围。例如：假定模型是线性回归，则指定函数集限于线性函数，则数据处理的结果只能是线性方程。即使客观的规律是非线性的，也只能"削足适履"描写成线性规律。在统计学上，线性建模理论完整、实践丰富，因此人们总是倾向于利用漂亮的数理统计和线性代数理论试图建立线性模型。然而，材料科学与工程等领域的数据集，一般或多或少都带有非线性，线性问题只占少数。

由于认识到材料数据挖掘过程中非线性模型普遍存在和线性优化算法的局限性，因此，非线性算法（包括多项式非线性回归、人工神经网络、运用非线性核函数的支持向量机等）在材料数据挖掘方面有广泛应用。但人工神经网络等非线性优化算法也并非十全十美。虽然采用能涵盖一切的指定函数集（至少从理论上说）能将训练集的客观规律"套"进去，可是这样一来又产生了"过拟合"的毛病，即模型对训练集的拟合结果很好而对测试集的预报结果差强人意。这可从几个角度去理解：①既然拟合精度大大提高了，就不仅会把训练集中蕴藏的规律拟合进数学模型，而且也会把训练集中数据的测量误差也拟合进了数学模型。这样虽拟合效果好，但在预报中就难免有较大失误了；②既然指定函数集包括极广，就可能有不止一种函数能相当近似地拟合训练集，其中也可能会有预报能力并不好的函数在内。须知：在多维空间能通过（或近似通过）有限个点的曲线有无穷多个。上述两种情况在训练样本比较少或噪声比较大的情况下特别严重。在这种情况下误报风险比较大，这就是所谓的"小样本难题"。

用统计学理论可以论证"过拟合"产生的根源：在算法设计中忽略了"经验风险"和"实际风险"的差异。传统的统计数学认为：数据处理只要能找到能很好拟合已知数据（训练集）的函数，即令"经验风险"最小，就能保证所得的数学模型预报能力最强。但这一假设并无严格的理论依据。统计学习新理论证明："经验风险"最小不等于数学模型的实际预报风险最小。在指定函数集范围扩大，或数据处理算法的复杂度加大的情况下，虽然拟合可以大为改善，但同时预报能力并不一定能改善，有时可能反而变坏，产生"过拟合"。统计学习理论的目的之一就是寻找避免过拟合的规律和途径。

尽管有过拟合的弊病，多项式非线性回归和人工神经网络在材料数据挖掘等方面仍然广泛应用并相当有效。据了解，美国生产芯片的 Intel 公司是采用以非线性回归为基础的软件做优化工作的，据说该软件预报功能较强。这可能是由于多项式项数不很多时，过拟合不如人工神经网络严重。但当芯片质量的影响因素太多时，用多项式回归会遇到回归式项数太多的"维数灾难"（curse of dimensionality），可见单靠非线性回归也是不够的。我们推荐的克服建模过程中"过拟合"现象的方法之一，是将模式识别分类降维和传统逐步回归或人工神经网络方法结合，以限制过拟合的危害。

应当指出：线性回归方法在数据确实是近线性、数据分布服从高斯分布且噪声很小时，确是一种有效的回归算法。当数据确实符合这些条件时，用线性回归处理数据是好办法。主张线性回归的人们往往说：当非线性函数限制在不大范围时，就接近线性规律。这在数学上是对的，但许多机器学习和优化建模问题的工作范围是由客观需要定的，不能任意划小。因此常常不能忽视非线性特征。用线性模型去拟合非线性数据规律，就产生了机器学习理论中的"欠拟合"（underfitting）现象。即使采用了非线性模型，若求解过程中迭代次数不够，也可能产生"欠拟合"现象。"欠拟合"导致客观存在的规律与指定函数集中所有的函数都不吻合，所建模型的拟合与预报效果都不会好。

由此可见：线性回归在一定情况下是可用的，但不能滥用。必须找到一种有效、可靠的判别算法，以决定一套数据是否可用线性回归处理。我们推荐用偏最小二乘（partial least squares，PLS）回归算法的平均预报残差（归一化值）为判据。例如：平均预报残差小于 0.2 可判为近线性数据集，可采用线性回归建模。

材料数据挖掘或机器学习建模的本质不在于得到拟合结果最好的模型，而在于得到稳定性和推广性都好的模型。这就要求材料数据挖掘/机器学习过程既要避免"欠拟合"，又要避免"过拟合"。

1.2.3　材料数据挖掘的常用方法

材料设计的基础研究工作是建立材料性能与其影响因素之间的定量结构性能关系，用以改进材料的组成配方和加工工艺。为此，需要运用各种统计数学方法探索不同材料的 QSPR 模型。至 20 世纪 90 年代中后期，由于数据挖掘概念的形成和数据挖掘技术的发展以及材料 QSPR 建模的需求，各种数据挖掘/机器学习方法开始广泛应用于材料 QSPR 研究领域，并取得了良好的结果[24,33]。

最常用的数据挖掘方法当然是传统的数理统计方法[34]，特别是多元线性回归（multiple linear regression，MLR）或逐步多元线性回归（stepwise multiple linear regression，SMLR）方法，利用最小二乘法即可求得多元线性回归表达式中的待定系数，再结合显著性检验即可获得逐步多元线性回归表达式，传统的 MLR 或 SMLR 方法在计算机发明以前就得到了成功应用，至今仍然是科学工程领域应用最广的线性建模方法。MLR 或 SMLR 方法的优点是理论完整，计算过程简单，所得统计分析表达式容易理解，所以该方法是应用最广泛的定量建模方法。该方法的局限性是假定应变量与自变量的关系是线性关系，且自变量之间是相互独立的，而实际情况不一定能满足线性建模的条件。计算机和人工智能的发展极大地促进了数据挖掘方法和应用的发展，材料数据的积累导致数据挖掘的需求激增，这种需求促进了数据挖掘方法的应用和改进，例如偏最小二乘和非线性偏最小二乘（nonlinear partial least squares，NPLS）方法就是传统多元线性回归方法的改进[35]。除了基于数理统计理论的回归分析方法外，其他常用的数据挖掘方法包括模式识别、人工神经网络、支持向量机、决策树、集成学习、贝叶斯网络、K 均值聚类和遗传算法等。

模式识别（pattern recognition）方法可分为统计模式识别和句法模式识别。本书讨论的材料数据主要是离散的关系型数据，主要用统计模式识别方法建模[36]。句法模式识别虽然可应用于图像处理、汉字识别等研究领域，但本书不做讨论。模式识别的基本原理是"物以类聚"，它以样本的特征参数为变量，主要通过样本集的投影（映射）图建立统计分类模型。该方法能将在多维空间中难以理解的"高维图像"经模式识别投影方法转换为二维图像，利用二维图像包含的丰富信息以及二维图像与原始的"高维图像"的映射关系，可以得到多维数据变量间的复杂关系和内在规律，因而该方法可广泛应用于材料数据挖掘。材料模式识别方法有文献报道的最常用的经典方法如主成分分析、偏最小二乘法、多重判别矢量法、Fisher 判别分析法、最近邻法、非线性映照等。本书也将介绍我们结合材料数据挖掘的需求所开发的模式识别实用技术如模式识别最佳投影识别法、逐级投影法、超多面体模型、最近投影回归、逆投影方法等。模式识别方法的优点是所得模式识别投影图形象直观，特别适用于处理定性的或半定量的数据关系。该方法的局限性是所得分类规律属于定性或半定量的，并非定量函数关系。

人工神经网络（artificial neural network，ANN）方法和应用的发展与计算机的发展密切相关，在 20 世纪 80 年代各种人工神经网络算法相继得到成功应用，其中最著名和最成功的就是反向传播人工神经网络（back propagation artificial neural network，BP-ANN）方法[37]。数学家证明了任意的多元非线性函数关系可以用一个三层的 BP-ANN 来拟合，故大量"黑箱"问题的机器学习采用了 BP-ANN 方法，该方法是近 20 年以来在数据挖掘领域应用最广泛的重要方法。该方法的优点是非线性拟合能力强；局限性是神经网络的训练次数较难控制（太多了往往"过拟合"；太少了往往"欠拟合"），外推结果不够可靠（特别是在有噪声样本干扰的情况下）。

支持向量机（support vector machine，SVM）是数学家 N. V. Vapnik 等建立在统计学习理论（statistical learning theory，SLT）基础上的机器学习新方法，包括支持向量分类（support vector classification，SVC）算法和支持向量回归（support vector regression，SVR）算法[38]。该方法有坚实的理论基础，较好地分析了"过拟合"和"欠拟合"问题，并提出了相应的解决方法。SVM方法提供了丰富的核函数方法，特别适用于小样本集情况下的数据建模，能最大限度地提高预报可靠性。由于目前材料数据挖掘建模的样本集多半是"小样本集"，而支持向量机方法特别适用于"小样本集"建模，因此我们认为Vapnik 提出的支持向量机方法有望在材料基因组工程研究领域得到更加广泛的成功应用。该方法的优点是模型求解基于全局最优算法，巧妙运用核函数解决了"高维"和"非线性"数据处理问题，变量数可以大于样本数，定性分类和定量回归均可用。局限性是核函数及其参数的选取工作计算量较大，非线性问题的变量解释困难。

相关向量机（relevance vector machine，RVM）方法是 M. E. Tipping 提出的一种基于贝叶斯网络框架解决回归及分类任务的建模方法[39]。尽管 RVM具有与支持向量机相似的函数形式，但 RVM 计算过程中构建了一个概率性的贝叶斯学习网络，使用少量的基础函数获得较好的定量或定性模型，同时在变量部分引入核函数方法对变量集进行变化，解决了数据非线性建模问题。RVM 中参数为自动赋值，模型计算不需要设置惩罚因子，减少了过学习的发生。

决策树（decision trees，DT）算法是一种逼近离散函数值的方法[40]。它是一种典型的分类方法，通过一系列规则对数据进行分类。决策树的典型算法有 ID3、C4.5、CART 等。ID3 算法以信息熵和信息增益度为衡量标准，从而实现对数据的归纳分类。C4.5 算法是从大量事例中进行提取分类规则的自上而下的决策树。分类回归树（classification and regression tree，CART）算法是一种既可进行回归也可进行分类的决策树[40]。决策树方法的优点是所建模型通过"If…then"的逻辑关系限定了特征变量的范围，很易于解释模型的物理意义；局限性是模型属于弱分类器，个别样本的特征变量也可能影响建模结果。

集成学习（ensemble learning，EL）是一种新的机器学习范式，它使用多个（通常是同质的）学习器来解决同一个问题[41]。由于集成学习可以有效地提高学习系统的泛化能力，因此它成为国际机器学习界的研究热点。集成学习可分为 AdaBoost 算法和 Bagging 算法。AdaBoost 算法侧重建模过程中错分点，通过加强错分点的学习来提高模型的泛化能力；Bagging 算法侧重模型预测结果的平均化，可以提高模型的鲁棒性。该方法的优点是模型个体可以用弱学习器，避免过拟合，且集成模型更加精确，稳定性更好；局限性是可选模型及其排列组合太多，模型个体的选取尚无理论指导。

k 均值算法（k-means）是一个无人监督的聚类算法，把 n 个对象根据它们的特征变量属性分为 k 个类别（$k < n$）[41]。同一聚类中对象相似度较高，而不同聚类中对象相似度较小，一般相似度采用欧氏距离进行评判。该方法算法简单，能实现样本的自动聚类；局限性是聚类的标准需要人为设定，聚类的结果与样本集的大小密切相关。

贝叶斯网络（Bayesian network，BN）是一种概率网络，它是基于概率推理的图形化网络，而贝叶斯公式则是这个概率网络（基于概率推理的数学模型）的基础[42]。该方法的优点是所得模型可用以解释变量之间的因果关系及条件相关关系，具有强大的不确定性问题处理能力，能有效地进行多源信息表达与融合。局限性是贝叶斯网络的训练过程比较复杂，模型结果的解释需要结合较强的专业背景知识。

遗传算法（genetic algorithm，GA）是一种模拟自然选择的启发式搜索算法[43]。它借助于对经过编码的字符串进行选择、杂交和变异等操作解决复杂的全局寻优问题。该方法的优点是总能找到全局最优解；局限性是计算量大，适应函数由求解的问题决定，需要编译程序。

近年来，随着人工智能应用的迅猛发展，一些新的机器学习算法，即前沿机器学习算法如深度学习、增强学习、迁移学习等获得成功应用和广泛关注。特别是 2006 年 G. Hinton 等提出的深度学习（deep learning，DL）方法，又名深度神经网络（deep neural networks，DNN）方法，已在图像识别研究领域获得突破性进展[44]。深度学习是机器学习中一种基于对数据进行表征学习的方法。它模仿人脑的机制来解释数据，特别适用于图像、声音和文本的数据挖掘建模，有望在材料图像识别等研究领域推广应用。除上述常用的数据挖掘方法以外，在材料科学与工程中应用的数据挖掘方法还包括梯度提升回归（gradient boosting regression，GBR）、随机森林（random forest，RF）、套索算法（least absolute shrinkage and selection operator，LASSO）等，限于本书的篇幅和我们工作的局限性暂不讨论。

如上所述，已有的各种数据挖掘算法各有其长处和短处，根据它们的特点适合于处理不同类型的数据。我们应该结合材料数据具体问题研究数据挖掘算法的适用范围，使不同算法适合于处理不同数据结构的材料数据。材料数据挖掘方法没有最好的方法，只有适合特定材料数据特点的最合适的数据挖掘方法。因此，数据挖掘过程中选择合适的算法非常重要。

1.2.4　材料数据挖掘的基本流程

材料研究对象千变万化，材料数据挖掘也要"具体问题具体分析"。不同算法取长补短，组合起来，形成一套合理的数据处理流程，才能适应不同性质的数据处理的需要。材料数据挖掘的基本流程框图如图 1-4 所示。

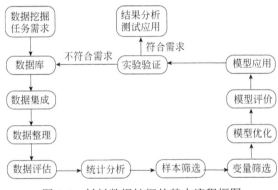

图 1-4　材料数据挖掘的基本流程框图

图 1-4 中有关功能模块涉及数据挖掘技术应用的关键环节，分别说明如下。

数据挖掘任务需求：材料数据挖掘任务有很强的针对性，必须明确本工作需要解决的"瓶颈"问题，比如是否需要探索新材料的形成条件？是否需要探索跳出专利保护的新材料的新组分？是否需要突破已有材料的应用性能？是否需要优化材料的制备条件从而获取性能更好的材料？

数据库：这里的数据库是材料数据挖掘技术应用的专用数据库，主要内容包括材料的性能、成分、配方、结构、工艺等。该数据库中的数据量也许不多，但它是支撑材料数据挖掘的基础。数据库与数据挖掘技术的无缝对接是材料数据挖掘的必然发展趋势。

数据集成：材料数据来源复杂，需要把不同来源及格式的数据在逻辑上有机汇总，集成为材料数据挖掘建模时需要输入的关系型数据表。

数据整理：检查数据文件中是否有不完整的（缺少属性值）或含噪声的样本（包含错误的属性值）？是否有矛盾的数据？

数据评估：评估数据训练集是否有足够的信息量（可用模式识别法）、定性或定量建模的可能性、线性建模的可能性等。

统计分析：利用传统数理统计方法进行均值、方差、变量相关性和变化趋势分析。通过统计分析建立对样本集的感性认识和初步了解，为选择合适的建模算法提供参考。通过目标值与各自变量的相关分析，双自变量投影图等简单算法，求得对数据集结构的初步了解，为选择合适的建模算法提供参考。

样本筛选：在数据文件噪声较大、分类不清或离群点（outliers）较多时，可试用 KNN 或 SVR 等算法将留一法误报或误差特别大的样本剔除，以利建模。这是不得已而为之的事情。如果删除离群点的依据并不充分，则不可随意删除离群点。

变量筛选：这是数据挖掘模型成败的关键。传统的自变量筛选以模型训练结果为判据，我们的程序改用各自变量对样本集的交叉验证结果为判据。常用搜索策略：前进法、后退法、遗传算法、最大相关最小冗余（max-relevance and min-redundancy，mRMR）法等。

模型优化：通过不同的数据挖掘方法建模结果的初步比较，选择交叉验证或对独立测试集预报结果较好的模型，进而优化所选模型的超参数（模型中涉及的参数如支持向量机算法的惩罚因子）等。

模型评价：模型训练结果、交叉验证结果、独立测试集预报结果的评价；模型鲁棒性（稳定性）、泛化能力（推广能力）的评价等。

模型应用：$y = f(X)$ 的计算及其逆问题计算；MGI 示范应用需要在线预测、高通量预测、智能预测和知识发现的可视化表示（图形展示）等。

实验验证：实践是检验真理的唯一标准。材料数据挖掘模型的成败归根结底要看其是否解决了材料研发过程中迫切需要解决的问题。如数据挖掘模型预报的新材料的性能被实验证实达到了预期目标值，则可对新材料做进一步的结果分析和测试应用，乃至实现新材料的稳定量产。若实验结果没有达到预期的目标值，则不要气馁，应将最新的宝贵实验数据存入数据库，更新数据挖掘建模的样本集，并在新的样本集的基础上继续开展数据挖掘建模研究。

在材料数据挖掘过程中需要综合运用多种算法，针对复杂材料数据的不同特点，把各种算法组织成合理的信息处理流程，这是我们处理数据、建立预报能力强的数学模型的关键。

1.3
材料数据挖掘应用进展

　　材料科学实验中存在大量我们尚无法准确认识但却可以进行观测的事物，如何从一些观测到的实验或生产数据（样本）出发得出目前尚不能通过原理分析得到的规律，进而利用这些规律预测未知，用以指导下一步的科学实验，这是材料数据挖掘需要解决的问题。材料数据挖掘技术在新材料探寻和性能优化过程中发挥了重要作用，当我们面对材料数据而又缺乏材料理论（机理）模型时，最基本的也是唯一的研究手段就是材料数据挖掘方法。因此，从材料研究的方法学（研究范式）讲，机器学习是继"实验试错"（第一范式）、"理论推导"（第二范式）、"机理模拟"（第三范式）之后的第四范式——"数据驱动"研究范式[45]。

　　"工欲善其事，必先利其器"，目前广泛应用的数据挖掘应用软件有商业软件 Matlab（美国 MathWorks 公司出品，可用于算法开发、数据可视化、数据分析以及数值计算的高级技术计算语言和交互式环境）、Clementine（SPSS公司商业数据挖掘产品）等，也有非商业化的开源软件 Weka（waikato environment for knowledge analysis，这是一款免费的基于 JAVA 环境下开源的数据挖掘软件）等。随着人工智能应用场景越来越多，很多机器学习软件应用和开发者倾向于使用 Python 语言或 R 语言编程，这些开源软件因程序资源丰富共享而获得大家的青睐。

　　近年来，特别是美国政府提出"材料基因组计划"以来，材料数据挖掘研究工作发展很快，很多研究者利用统计学、信息学、机器学习、人工智能等方法，探寻材料结构和性能之间的关系模式，为材料设计师提供更多的信息，拓宽了材料筛选范围，提高了预期目标材料筛选的命中率，减少了实验试错的次数。通过材料数据挖掘模型预知材料各项性能，缩短了材料性质优化和测试周期，从而加速材料研究的创新。

　　材料数据挖掘建模与实验验证紧密结合，通过实践（获得建模样本）—认识（数据挖掘建模）—再实践（机器学习模型指导下的实验）—再认识（在补充新的实验数据的基础上重新建模，从而提升模型的精度）的过程，循环往复，螺旋式上升，从而加快新材料的研发速度，这方面的典型成功案例是薛德祯等探寻形状记忆合金新配方的工作,他们提出的"自适应设计"（adaptive design）策略的工作流程如图 1-5 所示[10]。

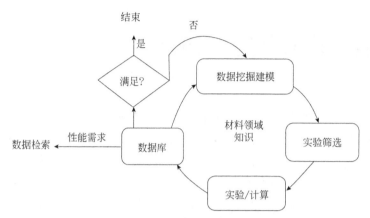

图 1-5　薛德祯、Lookman 等提出的数据驱动的"自适应设计"流程框图

　　尽管建模的初始样本集中的样本只有 22 个（属于小样本集），在样本组分的高维空间中搜索最佳配方的范围很大，薛德祯等采用多种数据挖掘建模和采样技术，利用"自适应设计"策略在经过图 1-5 所示的六轮循环之后，获得了形状记忆合金的最佳配方。

　　近年来，材料数据挖掘/机器学习的应用成果层出不穷，下面仅简要概括我们近期拜读的文献案例。A. W. David 教授利用数据挖掘技术建立了多种材料（包括纳米材料、陶瓷材料、生物医用材料等）的定量结构性质关系模型[46]，R. Krishna 教授等利用数据挖掘技术从原子探针数据中获取材料研发的基础信息[47]，进而利用统计学习方法建立材料功能性质与其关键影响因素之间的定量关系[48]。A. Aspuru-Guzik 教授等利用大数据和数据挖掘技术理性设计有机光伏材料分子[49]。H. Park 等利用密度泛函理论（density functional theory，DFT）计算的数据，构建机器学习模型，用以预测有机无机杂化钙钛矿材料的稳定性，为材料设计提供了高效的方法[50]。尹万健等通过高通量密度泛函理论计算获取卤化双钙钛矿分解能数据，在此基础上构建机器学习模型，用以预测该类化合物的热力学稳定性[51]。P. Gihan 等利用随机森林算法建立了硫醇化的金银合金纳米簇 Ag-alloyed $Au_{25}(SR)_{18}$ 对 CO 吸附能的回归模型，并衍生应用到 $Au_{36}(SR)_{24}$ 和 $Au_{133}(SR)_{52}$ 体系对 CO 吸附能的预测[52]。S. Wu 等利用迁移学习方法建立了高分子热导率的回归模型，进而用贝叶斯算法成功设计出 3 个高热导率的高分子并加以证实[53]。M. K. Arun 等利用内核岭回归算法建立了高分子禁带宽度和介电常数的回归模型，并结合遗传算法进行高分子材料设计[54]。R. Yildirim 等利用决策树、随机森林等机器学习方法，建立了光催化剂在水分解过程中产氢量高低与实验影响因素之间的关系模型，为如何提高产氢量提供有益线索[55]。王金兰等利用机器学习技术结合密度泛函理论计算，通过机器学习模型成功预测了 5000 余种潜在有机无机杂化钙钛矿材料（hybrid organic-inorganic perovskites，HOIPs）的带隙，并且从中挑选出了多种环境稳定、带隙适中的无铅 HOIPs 太阳能电池材料[56]。王金兰等还将高通量计算与机器学习技术相结合，分别建立分类和回归模型，基于多步筛选策略，成功从 19841 个候选分子中筛选出多个理想的铁电光伏钙钛矿分子，并提出了两个新的可以用于判断杂化钙钛矿稳定性的描述符[57]。袁瑞豪等利用 $BaTiO_3$ 基压电材料的第一性原理计算数据建立机器学习模型，用以指导较大电致应变的 $BaTiO_3$ 基压电材料的设计和合成，加速了新材料的发现[58]。C. Kamal 等用集成学习快速梯度提升算法（light gradient boosting machine，LightGBM）筛选了 58 个光谱限制最大效率（spectroscopic limited maximum efficiency）超过 10 %的太阳能电池中的二维金属材料[59]。J. Li 等利用三层的人工神经网络优化了有机无机杂化钙钛矿的成分比例并实验合成了与模型对光电转化效率的预报结果高度吻合的钙钛矿材料[60]。D. W. Davies 等用梯度提升回归方法拟合了四元氧化物的理论带隙（band gap）能模型，并筛选了 3 个理论带隙能大于 2 eV 的候选材料[61]。Y. Dong 等将无机晶体三维坐标作为三维矩阵，利用卷积网络对无机晶体的带隙能进行了预报[62]。A. Maksov 等利用卷积网络对 WS_2 晶体的 XRD 衍射图进行训练，并用此来预报点缺陷的位置[63]。P. Hundi 等将简化过的六方氮化硼和石墨烯结构图作为卷积网络的输入，建立了一个构效关系模型[64]。

1.4
材料数据挖掘发展趋势

随着材料基因工程研究和大数据时代的到来，材料数据挖掘技术面临着巨大的机遇和挑战，未来材料数据挖掘技术应用需要紧密结合全球急需的关键新材料开展与材料基因工程全研究链（包括理性设计、可控制备、精确表征、性能优化等）密切相关的热点问题研究。材料基因工程研究的目的是低成本快速研发新材料，其基础核心工作是材料设计和性能优化，基于数据挖掘/机器学习的材料设计和性能优化技术在材料基因组工程研究中大有可为。在实际应用材料数据挖掘技术时有两个共性问题：

① 如何针对材料数据特点，从宝贵的材料数据中快速挖掘出决定材料性质的关键特征参数？

② 如何综合运用材料科学实验和理论计算数据建立预报效果好的数据挖掘模型，用于新材料探寻（高通量材料筛选）和性能优化？

因此，未来的材料数据挖掘研究的重点工作将在上述两个共性问题上深入展开，并有望在算法软件和具体材料研发上取得突破进展。

众所周知，利用材料数据挖掘方法和技术，可以总结新材料的性质（性能）与其主要影响因素（如组成元素的原子参数或化学键参数、化学配方、制备工艺等参数）之间的定性或定量关系，在此基础上可以辅助新材料研制和新产品开发，达到"事半功倍"的效果。在材料基因工程和材料大数据研究背景下，如何针对材料数据"海量、高维、多源、异构"等特点，将数据挖掘技术更好地用于新材料探寻和性质预报，依然面临极大的挑战。结合材料数据挖掘和分析的国内外研究现状，我们认为，我国有必要研发具有自主知识产权的适合材料大数据挖掘和分析的新技术、新软件，特别是针对材料大数据的快速变量筛选和快速定量建模技术及其应用软件。

材料数据挖掘因材料基因组工程研究的兴起而得到普遍关注，下面围绕材料基因组工程研究背景，简要讨论未来材料数据挖掘技术应用的热点问题。

（1）变量筛选问题

这是材料数据挖掘模型成败的关键问题。由于使用不同的变量筛选方法有可能会获得不同的筛选结果，因此，有必要通过比较不同的变量筛选方法所得特征变量对于模型预报能力的影响，选取合适的建模所需的特征变量集。同时需要关注留取特征变量的物理意义和对模型影响的解释性。

（2）模型选择和优化问题

统计学、数据挖掘/机器学习、人工智能等技术的发展过程中积累了大量建模方法和模型优化方法。不同模型的比较不可能采用穷举法，常用的模型选择策略是比较若干常用且典型高效的建模方法，从中选取交叉验证或对独立测试集预报结果较好的模型。有的机器学习模型内部还有一些参数需要优化，比如人工神经网络模型的学习效率和动量项、支持向量机模型的核函数参数、惩罚因子等等，因此，选择这样的模型还必须同时优化模型中可调的参数（研究论文中称这类参数为"超参数"）。这个问题的最终解决方案是智能选择建模方法，自动优化模型参数，从而自动解决模型选择和优化问题。

（3）材料数据挖掘新技术应用问题

如何将机器学习新技术（如深度学习、增强学习、迁移学习等）应用于新材料创新研究，突破技术应用难点，突破材料性能瓶颈；如何将材料数据挖掘新技术与材料基因组工程专用数据库无缝结合应用，加快"问题驱动+数据驱动"的材料设计和性能优化研究进程；如何将材料数据挖掘新技术与材料高通量实验和高通量计算结合应用，加快新材料的发现和优化过程，多快好省地创制国民经济急需的新材料（尤其是"卡脖子材料"）。

（4）基于数据挖掘的应用软件开发问题

迫切需要开发具有自主知识产权的材料数据挖掘的智能化网络化软件应用平台（这是我们正在做的项目并不断努力提升应用和服务水平的方向），支撑新材料的数据挖掘建模和模型共享。通过软件二次开发，将数据挖掘模型集成到新材料生产企业的优化控制系统之中，实现材料制备和优化控制的自动建模、实时模式识别可视化监控、在线诊断和预测、材料智能加工等。

总之，材料数据挖掘方法的成功应用将形成一个良性循环，促进材料科学家与数学家和计算机科学家的紧密合作，进一步研究和开发材料数据挖掘新方法及其应用软件。可以预计，将来在材料基因组工程全研究链各方面都有可能进一步展开材料数据挖掘应用研究，并不断取得令人鼓舞的应用成果。

参 考 文 献

[1] 徐光宪. 21 世纪的化学是研究泛分子的科学[C]//化学科学部基金成果报告会文集［庆祝国家自然科学基金委员会成立十五周年（1986-2001）］. 北京: 2001.

[2] Fayyad U, Piatetsky-Shapiro G, Smith P, et al. Advances in knowledge discovery and data mining[J]. Cambridge: AAAI/MIT Press, 1996.

[3] Fayyad U, Stolorz P. Data mining and KDD: Promise and challenges[J]. Future Generation Computer Systems, 1997, 13: 99-115.

[4] Holdren J P. Materials genome Initiative for global competitiveness[C]. The National Science and Technology Council (NSTC), 2011.

[5] Kalidindi S R, Brough D B, Li S, et al. Role of materials data science and informatics in accelerated materials innovation[J]. MRS Bulletin, 2016, 41: 596-602.

[6] Raccuglia P, Elbert K C, Adler P D F, et al. Machine-learning-assisted materials discovery using failed experiments. Nature, 2016, 533: 73-76.

[7] Rajan K. Materials informatics: the materials "gene" and big data[J]. Annual Review of Materials Research, 2015, 45: 153-169.

[8] Lookman T, Balachandran P V, Xue D, et al. Statistical inference and adaptive design for materials discovery[J]. Current Opinion in Solid State and Materials Science, 2017, 21: 121-128.

[9] Xue D, Xue D, Yuan R, et al. An informatics approach to transformation temperatures of NiTi-based shape memory alloys[J]. Acta Materialia, 2017, 125: 532-541.

[10] Xue D, Balachandran P V, Hogden J, et al. Accelerated search for materials with targeted properties by adaptive design[J]. Nature Communications, 2016, 7: 11241.

[11] Lu W, Ji X, Li M, et al. Using support vector machine for materials design[J]. Advances in Manufacturing, 2013, 1: 151-159.

[12] Fischer C C, Tibbetts K J, Morgan D, et al. Predicting crystal structure by merging data mining with quantum mechanics[J]. Nature Materials, 2006, 5: 641-646.

[13] Isayev O, Oses C, Toher C, et al. Universal fragment descriptors for predicting properties of inorganic crystals[J]. Nature Communications, 2017, 8: 15679.

[14] Zhuo Y, Mansouri T A, Brgoch J. Predicting the band gaps of inorganic solids by machine learning[J]. Journal of Physical Chemistry Letters, 2018, 9: 1668-1673.

[15] Raabe B, Low J S C, Juraschek M, et al. Collaboration platform for enabling industrial symbiosis: application of the by-product exchange network model[C]. 24th CIRP Conference on Life Cycle Engineering (CIRP LCE), 2017, 61: 263-268.

[16] Zhang Q, Chang D, Zhai X, et al. OCPMDM: Online computation platform for materials data mining[J]. Chemometrics and Intelligent Laboratory Systems, 2018, 177: 26-34.

[17] 熊家炯. 材料设计[M]. 天津: 天津大学出版社, 2000.

[18] Gupta A, Cecen A, Goyal S, et al. Structure-property linkages using a data science approach: Application to a non-metallic inclusion/steel composite system[J]. Acta Materialia, 2015, 91: 239-254.

[19] Lu W, Lv W, Zhang Q, et al. Material data mining in Nianyi Chen's scientific family[J]. Journal of Chemometrics, 2018, 32: e3022.

[20] Lu W, Xiao R, Yang J, et al. Data mining-aided materials discovery and optimization[J]. Journal of Materiomics, 2017, 3: 191-201.

[21] Rodgers J R. Materials informatics: Knowledge acquisition for materials design[J]. Journal of the American Chemical Society, 2003, 226: 302-303.

[22] Chen N, Xie L, Shi T, et al. Computerized pattern-recognition applied to chemical-bond research-model and methods of computation[J]. Scientia Sinica, 1981, 24: 1528-1535.

[23] Chen N, Zhu D, Wang W. Intelligent materials processing by hyperspace data mining[J]. Engineering Applications of Artificial Intelligence, 2000, 13: 527-532.

[24] Klosgen W, Zytkow J M. Handbook of data mining and knowledge discovery[J]. Oxford: Oxford University Press, 2002.

[25] Dane M, Gerbrand C. Handbook of materials modeling, data mining in materials development[J]. Netherlands: Springer, 2012.

[26] Jain A, Hautier G, Ong S P, et al. New opportunities for materials informatics: Resources and data mining techniques for uncovering hidden relationships[J]. Journal of Materials Research, 2016, 31: 977-994.

[27] Ramakrishna S, Zhang T, Lu W, et al. Materials informatics[J]. Journal of Intelligent Manufacturing, 2019, 30: 2307-2326.

[28] Tehrani A M, Oliynyk A O, Parry M, et al. Machine learning directed search for ultraincompressible, superhard materials[J]. Journal of the American Chemical Society, 2018, 140: 9844-9853.

[29] 赵继成. 材料基因组计划中的高通量实验方法[J]. 科学通报, 2013, 58: 3647-3655.

[30] Wackler T. Materials genome initiative strategic plan[C]. American: The National Science and Technology Council (NSTC), 2014.

[31] 陈念贻, 钦佩, 陈瑞亮, 等. 模式识别方法在化学化工中的应用[M]. 北京: 科学出版社, 2002.

[32] 陆文聪, 李国正, 刘亮, 等. 化学数据挖掘方法与应用[M]. 北京: 化学工业出版社, 2012.

[33] Mohammed J Z, Wagner M J. Data mining and analysis: Fundamental Concepts and Algorithms[M]. Cambridge: Cambridge University Press, 2014.

[34] 魏宗舒. 概率论与数理统计[M]. 北京: 高等教育出版社, 1983.

[35] Wold S, Sjostrom M, Eriksson L. PLS-regression: a basic tool of chemometrics[M]. Chemometrics and Intelligent Laboratory Systems, 2001, 58: 109-130.

[36] Fukunaga K. Introduction to statistical pattern recognition[M]. New York: Academic Press, 1972.

[37] Rumelhard D, Mccelland J. Paralled distributed processing, exploration in the microstructure of cognition[M]. Cambridge: MIT Press, 1986.

[38] Vapnik V N. The nature of statistical learning theory[M]. Berlin: Springer, 1995.

[39] Tipping M E. Sparse Bayesian learning and the relevance vector machine[J]. Journal of Machine Learning Research, 2001: 211-244.

[40] Rokach L, Oded M. Data mining with decision trees: theory and applications[M]. Singapore: World Scientific, 2008.

[41] 周志华. 机器学习[M]. 北京: 清华大学出版社, 2016.

[42] David H. A tutorial on learning with bayesian networks, Technical Report MSR-TR-95-06[C]. Microsoft Research, Advanced Technology Division, Microsoft Corporation, 1995.

[43] Goldberg D E. Genetic algorithms in search, optimization and machine learning[M]. MA: Addison-Wesley, 1989.

[44] Alex K, Iiya S, Geoffrey E H. Imagenet classification with deep convolutional neural networks[J]. Conference and Workshop on Neural Information Processing Systems, California, 2012, 25(2).

[45] Ankit A, Alok C. Perspective: Materials informatics and big data: Realization of the "fourth paradigm" of science in materials science[J]. APL Materials, 2016, 4: 053208.

[46] Le T, Epa V C, Burden F R, et al. Quantitative structure property relationship modeling of diverse materials properties[J]. Chemical Reviews, 2012, 112: 2889-2919.

[47] Krishna R. Mining information from atom probe data[J]. Ultra-microscopy, 2015, 159: 324-337.

[48] Krishna R. Materials informatics: the materials "gene" and big data[J]. Annual Review of Materials Research, 2015, 45: 153-169.

[49] Hachmann J, Olivares-Amaya R, Aspuru-Guzik A. Harvard clean energy project: from big data and cheminformatics to the rational design of molecular OPV materials[C]. 246th American chemical Society National Meeting, Indianapolis, 2013.

[50] Park H, Mall R, Alharbi F H, et al. Learn-and-match molecular cations for perovskites[J]. The Journal of Physical Chemistry A, 2019, 123: 7323-7334.

[51] Li Z, Xu Q, Sun Q, et al. Thermodynamic stability landscape of halide double perovskites via high-throughput computing and machine learning[J]. Advanced Functional Materials, 2019, 29: 1807280.

[52] Panapitiya G, Avendaño-Franco G, Ren P, et al. Machine-learning prediction of CO adsorption in thiolated, Ag-alloyed Au nanoclusters[J]. Journal of the American Chemical Society, 2018, 140: 17508-17514.

[53] Wu S, Kondo Y, Kakimoto M, et al. Machine-learning-assisted discovery of polymers with high thermal conductivity using a molecular design algorithm[J]. npj Computational Materials, 2019, 5: 5.

[54] Mannodi-Kanakkithodi A, Pilania G, Huan T D, et al. Machine learning strategy for accelerated design of polymer dielectrics[J]. Scientific Reports, 2016, 6: 20952.

[55] Can E, Yildirim R. Data mining in photocatalytic water splitting over perovskites literature for higher

hydrogen production[J]. Applied catalysis B: Environmental, 2019, 242: 267-283.

[56] Lu S, Zhou Q, Ouyang Y, et al. Accelerated discovery of stable lead-free hybrid organic-inorganic perovskites via machine learning[J]. Nature Communications, 2018, 9: 3405.

[57] Lu S, Zhou Q, Ma L, et al. Rapid discovery of ferroelectric photovoltaic perovskites and material descriptors via machine learning[J]. Small Methods, 2019, 3: 1900360.

[58] Yuan R, Liu V, Balachandran P V, et al. Accelerated discovery of large electrostrains in BaTiO$_3$-based piezoelectrics using active learning[J]. Advanced Materials, 2018, 30: 1702884.

[59] Choudhary K, Bercx M, Jiang J, et al. Accelerated discovery of efficient solar cell materials using quantum and machine-learning methods[J]. Chemistry of Materials, 2019, 31: 5900-5908.

[60] Li J, Pradhan B, Gaur S, et al. Predictions and strategies learned from machine learning to develop high-performing perovskite solar cells[J]. Advanced Energy Materials, 2019, 9: 1901891.

[61] Davies D W, Butler K T, Walsh A. Data-driven discovery of photoactive quaternary oxides using first-principles machine learning[J]. Chemistry of Materials, 2019, 31: 7221-7230.

[62] Dong Y, Wu C, Zhang C, et al. Bandgap prediction by deep learning in configurationally hybridized graphene and boron nitride[J]. npj Computational Materials, 2019, 5: 26.

[63] Maksov A, Dyck O, Wang K, et al. Deep learning analysis of defect and phase evolution during electron beam-induced transformations in WS2[J]. npj Computational Materials, 2019, 5: 12.

[64] Hundi P, Shahsavari R. Deep learning to speed up the development of structure-property relations for hexagonal boron nitride and graphene[J]. Small, 2019, 15: 1900656.

第**2**章

回归分析

2.1
回归分析方法概论

    在统计学中，回归分析（regression analysis）指的是确定两种或两种以上变量间相互依赖的定量关系的一种统计分析方法。回归分析按照涉及的变量的多少，分为一元回归分析和多元回归分析；按照自变量和因变量之间的关系类型，可分为线性回归分析和非线性回归分析。

    在大数据分析中，回归分析是一种预测性的建模技术，它研究的是多个特征（自变量）和目标值（因变量）之间的关系，被广泛应用于实际生产和研究中。一般情况下，对于给定的实际问题数据，可以利用普通最小二乘估计法拟合出线性回归模型，但由于材料领域的数据复杂性，普通线性回归在材料数据挖掘中经常建模效果不好，并且可能存在多重共线性、异方差等问题，导致模型泛化能力差、系数估计不稳定，这时可以考虑使用具有正则项的岭回归（ridge regression）或者套索算法（least absolute shrinkage and selection operator，LASSO）来建模。岭回归放弃了最小二乘法的无偏性优势，但回归系数更稳定且更符合客观实际。LASSO 不仅保留了岭回归的回归系数稳定的优点，还可用于变量筛选，筛选变量与建立模型合二为一，使用更为方便。偏最小二乘回归对数据量小、相关性大的问题有较好的效果，甚至优于主成分回归。当目标值为连续型变量时，线性回归总是可以应用，而当因变量为只有 0 和 1 的分类标签时，线性回归模型将不适应，这时可对目标值作适当的变换转化为线性问题，逻辑回归（logistic regression）便是一个例子。

2.2
线性回归

2.2.1　一元线性回归

一元线性回归是描述两个变量之间统计关系的最简单的回归模型，即描述一个自变量 x 与一个因变量 y 间的线性关系的模型，可用于评估自变量在解释因变量的变异或表现时的显著性，以及给定自变量时预测因变量[1]。

一元线性回归模型可表达如下：

$$y = \beta_0 + \beta_1 x + \varepsilon \tag{2-1}$$

式中，y 为因变量；x 为自变量；β_0 和 β_1 为未知参数，称 β_0 为回归常数，β_1 为回归系数；ε 表示其他随机因素的影响，一般假定 ε 为不可观测的随机误差，并满足

$$\begin{cases} E(\varepsilon) = 0 \\ \mathrm{var}(\varepsilon) = \sigma^2 \end{cases} \tag{2-2}$$

式中，$E(\varepsilon)$ 表示 ε 的数学期望；$\mathrm{var}(\varepsilon)$ 表示 ε 的方差。

在实际问题中，对于 n 组独立样本 $(x_1, y_1), (x_2, y_2), \cdots, (x_n, y_n)$，可以给出样本回归模型如下：

$$y_i = \beta_0 + \beta_1 x_i + \varepsilon_i, \quad i = 1, 2, \cdots, n \tag{2-3}$$

对上式样本回归模型两边分别求数学期望和方差，得 $E(y_i) = \beta_0 + \beta_1 x_i$，$\mathrm{var}(y_i) = \sigma^2$，$i = 1, 2, \cdots, n$。

从而可知，随机变量 $y_1, y_2, \cdots, y_n$ 的期望不等，方差相等，因而 $y_1, y_2, \cdots, y_n$ 是独立的随机变量，但分布不同。$E(y_i) = \beta_0 + \beta_1 x_i$ 从平均意义上表达了变量 y 和 x 的统计规律性，这也是在实际问题中关注的问题，即在给定自变量与因变量数据的基础上，研究自变量 x 取某个值时，y 可能取的平均值为多少。

为了达到上述给定自变量 x 以预测因变量 y 的目的，主要任务就是对回归模型的未知参数 β_0 和 β_1 进行估计。参数 β_0 和 β_1 的估计效果可通过真实值 y 与预测值 $\hat{y}$ 的差值（即残差）反映，结合图 2-1 可以更好地理解。对每一个样本 (x_i, y_i)，都希望真实值 y_i 与其预测值 $\hat{y}_i$ 的残差最小，综合考虑 n 个样本，最直接的方式便是绝对残差和最小化，但因绝对残差和在数学上处理比较麻烦，且对绝对值做平方不改变变量的大小关系，所以可以使用残差平方和最小化，这就是最常使用的普通最小二乘估计（ordinary least square estimation，OLSE），因此残差平方和便是线性回归中的损失函数。

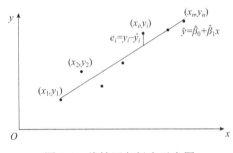

图 2-1　线性回归拟合示意图

残差平方和最小化可表示如下：

$$\min Q = \min \sum \varepsilon_i^2 = \min \sum (y_i - \hat{y}_i)^2 \qquad (2\text{-}4)$$

$$= \min_{\beta_0, \beta_1} \sum_{i=1}^{n} (y_i - \beta_0 - \beta_1 x_i)^2 \qquad (2\text{-}5)$$

根据微积分中求极值的原理，对 Q 分别关于 β_0 和 β_1 求导，可解出估计值 $\hat{\beta}_0$、$\hat{\beta}_1$ 分别为

$$\begin{cases} \hat{\beta}_0 = \overline{y} - \hat{\beta}_1 \overline{x} \\ \hat{\beta}_1 = \dfrac{\sum_1^n (x_i - \overline{x})(y_i - \overline{y})}{\sum_{i=1}^{n} (x_i - \overline{x})^2} \end{cases} \qquad (2\text{-}6)$$

除了上述的最小二乘估计，最大似然估计（maximum likelihood

estimation，MLE）也可用于回归参数的估计，其利用总体的分布密度或概率分布的表达式以及样本提供的信息求未知参数估计量。在一元线性回归中，$\hat{\beta}_0$、$\hat{\beta}_1$ 的最大似然估计等价于最小二乘估计求得的 $\hat{\beta}_0$、$\hat{\beta}_1$，需要注意的是，最小二乘估计对分布假设没有要求，上述的最大似然估计是在正态分布假设条件下求得的，但这些并不妨碍最大似然估计的应用。

2.2.2 多元线性回归

多元线性回归中包含两个或两个以上的自变量，在实际应用中比只使用一个自变量进行预测或估计更有效。

设随机变量 y 与一般变量 $x_1, x_2, \cdots, x_p$ 的线性回归模型为：

$$y = \beta_0 + \beta_1 x_1 + \beta_2 x_2 + \cdots + \beta_p x_p + \varepsilon \tag{2-7}$$

式中，$\beta_0, \beta_1, \beta_2, \cdots, \beta_p$ 是 $p+1$ 个未知参数，β_0 称为回归常数，$\beta_1, \beta_2, \cdots, \beta_p$ 称为回归系数；y 为因变量；$x_1, x_2, \cdots, x_p$ 为自变量。很显然，$p=1$ 时，上式的回归模型为一元线性模型；$p \geqslant 1$ 时，上式模型便可以称为多元线性模型。此外，ε 为随机误差，这里与一元线性回归相同，需假定 ε 的均值为 0，方差为 σ^2。

对于具有 n 组观测数据 $(x_{i1}, x_{i2}, \cdots, x_{ip}; y_i)(i=1,2,\cdots,n)$ 的实际问题，线性模型可用矩阵的形式表示为：

$$y = X\beta + \varepsilon \tag{2-8}$$

其中，

$$y = \begin{bmatrix} y_1 \\ y_2 \\ \vdots \\ y_n \end{bmatrix}, \quad X = \begin{bmatrix} 1 & x_{11} & x_{12} & \cdots & x_{1p} \\ 1 & x_{21} & x_{22} & \cdots & x_{2p} \\ \vdots & \vdots & \vdots & & \vdots \\ 1 & x_{n1} & x_{n1} & \cdots & x_{np} \end{bmatrix}, \quad \beta = \begin{bmatrix} \beta_0 \\ \beta_1 \\ \vdots \\ \beta_p \end{bmatrix}, \quad \varepsilon = \begin{bmatrix} \varepsilon_1 \\ \varepsilon_2 \\ \vdots \\ \varepsilon_n \end{bmatrix}$$

X 为一个 $n \times (p+1)$ 阶矩阵，称为回归设计矩阵或资料矩阵。

对于多元线性回归模型的参数估计，需对回归方程有如下一些基本假设。

① 自变量 $x_1, x_2, \cdots, x_p$ 为确定性变量，且要求 $\text{rank}(X) = p+1 < n$，即要求设计矩阵 X 的各列之间不相关，并且自变量的个数应该少于样本数量。

② 随机误差项的均值为 0，方差相等，即

$$\begin{cases} E(\varepsilon_i) = 0, \ i = 1, 2, \cdots, n & \text{(2-9)} \\ \text{cov}(\varepsilon_i, \varepsilon_j) = \begin{cases} \sigma^2, i = j \\ 0, i \neq j \end{cases} \ i, j = 1, 2, \cdots, n & \text{(2-10)} \end{cases}$$

③ 随机误差项之间互相独立且服从均值为 0，方差相等的统一正态分布。

多元线性回归模型的 $p+1$ 个未知参数 $\beta_0, \beta_1, \beta_2, \cdots, \beta_p$ 的估计原理同一元线性模型的参数估计相同，仍可以使用最小二乘估计。对于回归模型 $\boldsymbol{y} = \boldsymbol{X\beta} + \boldsymbol{\varepsilon}$，残差平方和可表示为：

$$Q = (\boldsymbol{y} - \boldsymbol{X\beta})^{\mathrm{T}} (\boldsymbol{y} - \boldsymbol{X\beta}) \tag{2-11}$$

对 Q 关于 $\boldsymbol{\beta}$ 求导并令其为 0，整理后可得

$$\boldsymbol{X}^{\mathrm{T}} \boldsymbol{X\beta} = \boldsymbol{X}^{\mathrm{T}} \boldsymbol{y} \tag{2-12}$$

当 $(\boldsymbol{X}^{\mathrm{T}} \boldsymbol{X})^{-1}$ 存在时，便可得回归参数的最小二乘估计（$\boldsymbol{\beta}$ 的数值解 $\hat{\boldsymbol{\beta}}$）如下：

$$\hat{\boldsymbol{\beta}} = (\boldsymbol{X}^{\mathrm{T}} \boldsymbol{X})^{-1} \boldsymbol{X}^{\mathrm{T}} \boldsymbol{y} \tag{2-13}$$

在实际的材料数据挖掘工作中，我们所使用的自变量的量纲大多不同，数量级也有很大的差距，如果直接使用原始数据建立模型，可能会产生很大的误差。因此，有必要对原始数据进行标准化，然后使用最小二乘估计出回归参数，从而得到标准化回归方程。

未标准化回归系数与标准化回归系数对实际问题解释的侧重面是不同的。对于未标准化回归方程 $\hat{y} = \hat{\beta}_0 + \hat{\beta}_1 x_1 + \hat{\beta}_2 x_2 + \cdots + \hat{\beta}_p x_p$，$\hat{\beta}_j$ 表示在其他变量不变的情况下，自变量 x_j 每变动一个单位所引起的因变量均值的绝对变化量。对于标准化回归方程 $\hat{y}^* = \hat{\beta}_0^* + \hat{\beta}_1^* x_1^* + \hat{\beta}_2^* x_2^* + \cdots + \hat{\beta}_p^* x_p^*$，$\hat{\beta}_j^*$ 表示自变量 x_j^* 的 1%相对变化引起的因变量均值的相对变化百分数，因此，标准化回归系数可用于比较各自变量对因变量 y 的相对重要性。

2.2.3　违背基本假设的情况与处理

上一小节指出，为了便于多元线性回归的参数估计做了一些基本假定，然而，由于材料数据挖掘所使用的数据往往数据量小、特征多且有相关性，想要满足这三个基本假设是很困难的，因此会出现违背基本假设的一些情况，这会使得建立的线性回归模型的泛化能力较弱，应用效果不理想。

违背基本假设②的情况：

a．当 $i \neq j$ 时，若 $\mathrm{var}(\varepsilon_i) \neq \mathrm{var}(\varepsilon_j)$ ，则违背了基本假设，称其为异方差性，这将导致模型的泛化能力差。在实际工作中可以使用残差图分析法和等级相关系数法来检验异方差性，使用加权最小二乘法、BOX-COX 变换法、方差稳定性变换法等方法消除异方差性。

b．当 $i \neq j$ 时，若 $\mathrm{cov}(\varepsilon_i, \varepsilon_j) \neq 0$ ，则说明随机误差项之间存在自相关现象，即一个变量前后期数值之间存在相关关系，该问题可能会带来较大的方差和错误的解释。自相关问题常在时序性数据中出现，截面样本数据中也会出现但较少。自相关性可根据自相关系数和 DW（杜宾-瓦特森）检验来诊断，若回归模型出现自相关性，在确保使用了重要变量的情况下，可尝试利用增量数据代替原始数据的差分法来处理。

违背基本假设①的情况：

c．若自变量之间线性相关，即 $\mathrm{rank}(X) < p+1$ ，那么 $|X^T X| = 0$ ，回归参数的最小二乘估计 $\hat{\boldsymbol{\beta}} = (X^T X)^{-1} X^T y$ 将不成立，这种问题成为多重共线性，这将导致回归系数估计不稳定。方差扩大因子和条件数可用于判定回归模型是否存在多重共线性，而当所建立的线性回归模型确实出现多重共线性时，可以先删除一些自变量以消除多重共线性，如果条件允许也可尝试增加样本量。无论是删除自变量还是增加样本量，都是为了保证最小二乘估计的无偏性，但由于材料领域数据的特殊性，单一线性回归模型在材料数据挖掘中的成功应用是偏少的。而近几十年来，很多统计学家也都致力于改进古典的最小二乘估计，通过放弃最小二乘法的无偏性优势，以换取回归系数的稳定性，如岭回归、LASSO、偏最小二乘等，这些方法也是消除多重共线性的有效方法，并将在后续小节叙述。

2.3

岭回归

A. E. Hoerl 于 1962 年首次提出了用于改进最小二乘估计的方法，称为岭估计（ridge estimate）[2]，后来，A. E. Hoerl 和 R. W. Kennard 在此基础上做了详细讨论[3,4]。岭回归通过放弃最小二乘法的无偏性优势，以损失部分信息、降低拟合精度为代价，换来回归系数的稳定性，回归系数更符合客观实际，更为有效可靠，对病态数据的拟合要优于最小二乘法。

如 2.2.3 所述，对于线性回归模型 $y = X\beta + \varepsilon$，若 $|X^TX| = 0$，回归模型将出现多重共线性问题，即使在 $|X^TX| \approx 0$ 时可以求出回归系数，但估计值也会非常不稳定，那么往 X^TX 中加入非零误差项，使得 X^TX 的行列式值远离 0，便可以保证 $(X^TX)^{-1}$ 的存在，即 $\hat{\beta}^* = (X^TX + kI)^{-1}X'y$，这就是 β 的岭回归估计，其中，k 为大于 0 的常数，即岭参数，I 为单位矩阵。很显然，当 $k = 0$ 时，岭回归估计 $\hat{\beta}^*(0)$ 就是普通最小二乘估计。

从另一方面，岭回归的损失函数是在线性回归的残差平方和的基础上添加了表示模型复杂度的正则化项（regularization term）或称惩罚项（penalty term），即结构风险。相较于线性回归参数估计的经验风险最小化，岭回归参数估计的结构风险最小化可以防止过拟合，使得岭回归具有较好的泛化能力。

岭回归的损失函数可以表示如下：

$$Q = \|\hat{y} - y\|_2^2 + \lambda\|\hat{\beta}^*\|_2^2 = (X\hat{\beta}^* - y)^T(X\hat{\beta}^* - y) + \lambda\hat{\beta}^{*T}\hat{\beta}^* \qquad (2\text{-}14)$$

式中，$\lambda\|\hat{\beta}^*\|_2^2$ 为 L_2 正则化项，对 Q 关于 $\hat{\beta}^*$ 求导可得

$$\frac{\partial Q}{\partial \hat{\beta}^*} = 2X^TX\hat{\beta}^* - 2X^Ty + 2\lambda\hat{\beta}^* \qquad (2\text{-}15)$$

令 $\dfrac{\partial Q}{\partial \hat{\beta}^*} = 0$，从而 $\hat{\beta}^* = (X^TX + \lambda I)^{-1}X^Ty$。显然，该岭回归估计同上述的 $\hat{\beta}^* = (X^TX + kI)^{-1}X^Ty$ 是相同的，这便从两个方面得到回归系数 β 的岭回归估计。

因 k 是可调节的参数，所以 $\hat{\beta}^*$ 是关于 k 的函数，记为 $\hat{\beta}^*(k)$。k 越大，$\hat{\beta}^*(k)$ 的绝对值越小，相应地，$\hat{\beta}^*(k)$ 与真实值的偏差便会越来越大；当 k 趋向于无穷大时，$\hat{\beta}^*(k)$ 将趋近于 0；而当 k 非常小时，岭回归估计便与普通最小二乘估计无异。因此，k 的取值将影响模型的好坏。我们将 $\hat{\beta}^*(k)$ 随着 k 变化而变化的轨迹称为岭迹。

A. E. Hoerl 和 R. W. Kennard 在讨论岭参数 k 时，使用了岭迹法来选择 k 值，即选择使各回归系数估计值都相对稳定的 k 值，但该方法存在一定的主观性。我们还可以给定 k 值的范围，使用岭回归结合交叉验证以选取满足评估指标的 k 值。

在材料数据挖掘中，为了保证岭回归的正常应用，应首先对数据进行标准化，因此，我们可以根据上述岭回归估计得出标准化回归方程如下：

$$\hat{y}^* = \hat{\beta}_1^* x_1^* + \hat{\beta}_2^* x_2^* + \cdots + \hat{\beta}_p^* x_p^* + b \tag{2-16}$$

式中，$x_1^*, x_2^*, \cdots, x_p^*$ 为 $x_1, x_2, \cdots, x_p$ 标准化后的数据。则未标准化回归方程如下：

$$Y = \sum_{i=1}^p \frac{\hat{\beta}_i^*}{\sigma_i} x_i - \sum_{i=1}^p \frac{\hat{\beta}_i^* \mu_i}{\sigma_i} + b \tag{2-17}$$

式中，μ_i 和 σ_i 分别为 x_i 的均值与标准差，$i = 1, 2, \cdots, p$。该公式可供测试集直接使用给出预测值。

2.4
套索算法

在实际问题中，使用最小二乘法估计参数的线性回归模型常会遇到两个问题，即预测精度与模型解释，这两个问题可以分别使用岭回归与子集选择解决，但单独使用某一算法不能兼顾这两个问题。1996 年，T. Robert 基于 B. Leo 的非负绞杀（nonnegative garrote）算法[5]提出了一个新算法套索算法（least absolute shrinkage and selection operator，LASSO），其集合了岭回归和子集选择的良好特点[6,7]。

LASSO 算法在线性回归的损失函数中加入 L_1 范数作为惩罚项来对回归模型中的权重参数数量进行限制。假设 x_{ij} 为标准化后的自变量，y_i 为因变量，其中 $i = 1, 2, \cdots, n$，$j = 1, 2, \cdots, p$，从而，LASSO 估计可定义为：

$$\hat{\beta} = \arg\min_{\beta} \sum_{i=1}^N \left(y_i - \beta_0 - \sum_j x_{ij} \beta_j \right)^2$$

$$\text{s.t.} \ \sum_{j=1}^p |\beta_j| \leqslant t \tag{2-18}$$

等价于

$$\hat{\beta} = \arg\min \left\{ \sum_{i=1}^N \left(y_i - \sum_j x_{ij} \beta_j \right)^2 + \lambda \sum_{j=1}^p |\beta_j| \right\} \tag{2-19}$$

式中，$\lambda \sum_{j=1}^{p} |\beta_j|$ 为 L_1 正则化项，$t \geqslant 0$ 与 λ 一一对应，为可调节参数。设 $\hat{\beta}_j^{OLS}$ 为最小二乘估计，$t_0 = \sum |\hat{\beta}_j^{OLS}|$，那么当 $t < t_0$ 时，某些变量的系数会被压缩至 0，从而降低数据维度。例如，若 $t = t_0 / 2$，模型中的非零系数个数将由 d 大约减少至 $d/2$，从而，t 值控制着模型的复杂度，可类似于岭回归借助交叉验证确定 t 和 λ 的取值。

LASSO 估计为在 $\sum |\beta_j| \leqslant t$ 约束下的残差平方和最小化求解问题，这与岭回归的约束 $\sum \beta_j^2 \leqslant s$ 类似，但二者的性质有很大区别，下面将借助几何图形来说明。

以二维数据空间为例，图 2-2 中的等高线表示随着 λ 的变化得到的残差平方和 $\sum_{i=1}^{N} \left(\sum_j x_{ij}\beta_j - y_i \right)^2$ 的轨迹，椭圆的中心点 $\hat{\beta}$ 为对应普通线性回归模型的最小二乘估计。根据 LASSO 与岭回归的约束条件，可知他们的约束域分别如图 2-2（a）和（b）中的正方形与圆形，因此最优解应为等高线与约束域的切点，而 LASSO 切点更容易出现在正方形的顶点处，这将导致某些回归系数为 0；岭回归的切点只存在于圆周上，但不会落到坐标轴上，因此岭回归的系数可能无限趋近于 0，但不会等于 0。

所以，LASSO 将不显著的变量系数压缩至 0，可以用于筛选变量；岭回归也会对原先的系数向 0 压缩，但任一个系数都不会压缩至 0，故无法达到降维效果。

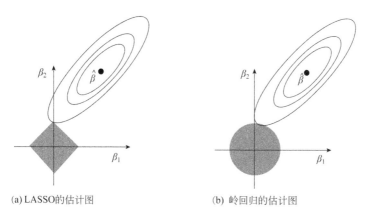

(a) LASSO的估计图　　　　　(b) 岭回归的估计图

图 2-2　LASSO 和岭回归的约束域

2.5
偏最小二乘回归

偏最小二乘回归（partial least squares regression，PLSR）[8]是 20 世纪 70 年代建立起来的回归方法，集成了主成分分析、典型相关分析、线性回归分析的优点，对解决多重共线性、小样本问题有很好的效果。偏最小二乘（PLS）的算法是最小二乘，但其自适应于数据的性质，只考虑偏向因变量有相关性的自变量，因此称为偏最小二乘。大部分 PLS 方法被应用于回归建模，在很大程度上，取代了一般的多元回归和主成分回归。PLS 是数据信息采掘的主要空间变换方法之一。PLS 有以下的优点：①和主成分分析（PCA）法相似，PLS 也能排除原始变量相关性；②既能过滤自变量的噪声，也能过滤因变量的噪声；③描述模型所需特征变量数目比 PCA 少，预报能力更强，更稳定。实践表明，在低维的 PLS 空间，进行模式识别和模式优化，包括 PLS 回归建模以及基于 PLS 的神经网络建模，对偏置型数据集能有很好的效果[9-11]。

对于 n 个样本点，设自变量与因变量分别为 $x = (x_1, x_2, \cdots, x_p)^T$，$y = (y_1, y_2, \cdots, y_q)^T$，相应的观测矩阵分别为 $X = \{X_{ij}\}_{n \times p}$，$Y = \{Y_{ij}\}_{n \times q}$。偏最小二乘回归分别在 X 与 Y 中提取出成分 t_1 和 u_1，提取时为了回归分析的需要，有下列两个要求：

t_1 和 u_1 应尽可能多地携带它们各自数据表中的变异信息，即尽可能代表 X 与 Y；

t_1 和 u_1 的相关程度能够达到最大，即自变量的成分 t_1 对因变量 u_1 有最优的解释能力。

设 E_0 和 F_0 分别为自变量 X 与因变量 Y 的标准化矩阵。第一步，在 X 与 Y 中提取出成分 t_1 和 u_1，根据上述要求，求极值问题，如下：

$$\text{maxcov}(t_1, u_1) = \text{maxcov}(E_0 w_1, F_0 c_1)$$

$$\text{s.t.} \| w_1 \| = 1, \quad \| c_1 \| = 1 \tag{2-20}$$

式中，w_1 与 c_1 分别为 $t_1 = E_0 w_1$ 和 $u_1 = F_0 c_1$ 的权重系数。上述极值问题可具体化为在 $\| w_1 \| = 1$ 和 $\| c_1 \| = 1$ 约束条件下求 $w_1^T E_0^T F_0 c_1$ 的最大值，使用拉格朗

日法求解问题，可知 w_1 就是矩阵 $E_0^T F_0 F_0^T E_0$ 的对应于最大特征值的特征向量，c_1 是矩阵 $F_0^T E_0 E_0^T F_0$ 的对应于最大特征值的特征向量，从而可得 PLS 成分：

$$t_1 = E_0 w_1 \tag{2-21}$$

$$u_1 = F_0 c_1 \tag{2-22}$$

然后，建立 E_0、F_0 对 t_1、u_1 的回归方程：

$$E_0 = t_1 p_1 + E_1 \tag{2-23}$$

$$F_0 = u_1 q_1 + F_1^* \tag{2-24}$$

$$F_0 = t_1 r_1 + F_1 \tag{2-25}$$

式中，E_1、F_1^* 及 F_1 分别为三个回归方程的残差矩阵，回归系数分别为：

$$p_1 = \frac{E_0 t_1}{\| t_1 \|^2} \tag{2-26}$$

$$q_1 = \frac{F_0 u_1}{\| u_1 \|^2} \tag{2-27}$$

$$p_1 = \frac{F_0 t_1}{\| t_1 \|^2} \tag{2-28}$$

第二步，用残差矩阵 E_1 和 F_1 取代 E_0 和 F_0，用同样方法求 w_2 与 c_2 以及第二个 PLS 成分，直到完成所需要的成分。一般是计算全部自变量数目（m 个）的 PLS，然后利用交叉验证判别需要的成分个数 m 进行特征变量抽取。在 PLS 成分抽取之后，便可以利用 Y 对 $t_1, t_2, \cdots, t_m$ 用普通最小二乘法做回归，再将变量进行转换，最终可得到 Y 对 $x_1, x_2, \cdots, x_p$ 的回归方程。

在上述迭代中，因为用残差矩阵 E_k 和 F_k 取代 E_{k-1} 和 F_{k-1}，故可使得每次求得的 t_k 之间相互正交。

PLS 方法不仅可以应用于多元线性回归，还可以作为模式识别方法进行应用。前者是将目标变量 Y 的迭代收敛值作为回归结果，PLS 回归的效果通常由其预报残差平方和（predicted residual error sum of square，PRESS）进行评价，潜变量的个数也是由其 PRESS 的拐点所决定。后者是将样本集的任意两个 PLS 投影方向上的坐标值在二维平面上表示出来，根据投影图上不同类别的样本的分布情况或变化趋势进行模式识别研究。PLS 方法已经成为化学计量学最经典的定量回归方法，在变量压缩和多变量校正问题上得到广泛应用。

2.6

逻辑回归

在上几节的回归模型中，因变量均为连续型变量，而当因变量取有限个离散值时，回归模型便成为分类模型。在统计学中，逻辑回归（logistic regression）模型是一个目标值为分类标签的回归模型，常规的逻辑回归模型针对于二分类问题，即目标值为 0 或 1。逻辑回归是由统计学家 C. David 于 1958 年提出的[12]。逻辑回归模型用于根据一个或多个特征来估计二分类中该样本属于各类别的概率，其具有直接给定某样本属于某类的概率的优点，被广泛应用于二分类问题之中[13]。

我们知道线性回归模型的预测区间为整个实数域，而对于只包含标签为 0 和 1 的分类问题，使用线性回归将超出值域范围，因此，我们希望使用一个单调可微的函数将线性回归的值域映射到[0，1]区间内[14,15]。常用的 Logistic 函数便可以达到这样的效果，其表达式为：

$$y = \frac{1}{1 + e^{-z}} \quad (2-29)$$

如图 2-3 所示，可见 Logistic 函数为一种"Sigmoid 函数"，其将 z 值转化为接 0 或 1 的 y 值，该曲线以 $\left(0, \frac{1}{2}\right)$ 为中心对称，在中心附近增长速度较快，在两端增长速度较慢。假设线性回归函数形式为 $Y = \boldsymbol{\beta}^{\mathrm{T}} \boldsymbol{X} + b$，则逻辑回归的函数形式为：

$$y = \frac{1}{1 + e^{-(\boldsymbol{\beta}^{\mathrm{T}} \boldsymbol{X} + b)}} \quad (2-30)$$

上述回归方程可作线性变换为：

$$\ln \frac{y}{1-y} = \boldsymbol{\beta}^{\mathrm{T}} \boldsymbol{X} + b \quad (2-31)$$

由 2.2.1 可知，$E(y_i) = \pi_i = \beta_0 + \beta_1 x_i$ 表示在自变量为 x_i 的条件下 y_i 的平

均值，而在因变量 y_i 只取 0,1 时，$E(y_i) = \pi_i$ 就是在自变量为 x_i 的条件下 y_i 等于 1 的比例。从而，我们可将 y 视作 x 为正例的概率，则 $1-y$ 是 x 为其反例的概率。两者的比值称为几率（odds），指该事件发生与不发生的概率比值，反映 x 作为正例的相对可能性。将 y 视为类后验概率估计 $p(y=1|x)$，则有

$$\ln \frac{p(y=1|x)}{1-p(y=1|x)} = \boldsymbol{\beta}^{\mathrm{T}} \boldsymbol{X} + b \qquad (2\text{-}32)$$

显然有

$$p(y=1|x) = \frac{\mathrm{e}^{(\boldsymbol{\beta}^{\mathrm{T}} X + b)}}{1 + \mathrm{e}^{(\boldsymbol{\beta}^{\mathrm{T}} X + b)}} \qquad (2\text{-}33)$$

$$p(y=0|x) = \frac{1}{1 + \mathrm{e}^{(\boldsymbol{\beta}^{\mathrm{T}} X + b)}} \qquad (2\text{-}34)$$

这时，线性函数的值越接近正无穷，概率值就越接近 1；线性函数的值越接近负无穷，概率值就越接近 0。

对于给定的数据集 $\{(x_1, y_1), (x_2, y_2), \cdots, (x_n, y_n)\}$，我们可通过极大似然估计法估计模型参数 $\boldsymbol{\beta}$ 和 b。设

$$p(y=1|x) = p(x) \qquad (2\text{-}35)$$

$$p(y=0|x) = 1 - p(x) \qquad (2\text{-}36)$$

从而有似然函数：

$$\prod_{i=1}^{n} [p(x_i)]^{y_i} [1 - p(x_i)]^{1-y_i} \qquad (2\text{-}37)$$

对上式取对数可得对数似然函数为：

$$L(\boldsymbol{\beta}, b) = \sum_{i=1}^{n} \{ y_i \ln p(x_i) + (1 - y_i) \ln[1 - p(x_i)] \} \qquad (2\text{-}38)$$

取数据集上的平均似然函数作为损失函数有：

$$J(\boldsymbol{\beta}, b) = -\frac{1}{n} \sum_{i=1}^{n} \{ y_i \ln p(x_i) + (1 - y_i) \ln[1 - p(x_i)] \} \qquad (2\text{-}39)$$

从而最大化对数似然函数等价于最小化损失函数，可以使用梯度下降法和拟牛顿法解出 $\boldsymbol{\beta}$ 和 b，得到 Logistic 回归模型。

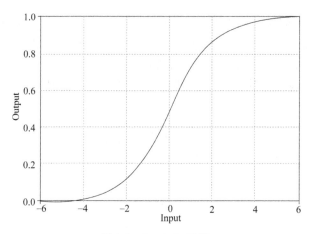

图 2-3   Logistic 函数

参 考 文 献

[1] 常国珍, 赵仁乾, 张秋剑. Python 数据科学：技术详解与商业实践[M]. 北京：机械工业出版社，2018.

[2] Hoerl A E. Application of ridge analysis to regression problems[J]. Chemical Engineering Progress, 1962, 58: 54-59.

[3] Hoerl A E, Kennard R W. Ridge regression: biased estimation for nonorthogonal problems[J]. Technometrics, 2000, 42: 80-86.

[4] 何晓群, 刘文卿. 应用回归分析（第四版）[M]. 北京：中国人民大学出版社, 2015.

[5] Breiman L. Better subset regression using the nonnegative garrote[J]. Technometrics, 1995. 37: 373-384.

[6] Tibshirani R. Regression shrinkage and selection via the lasso[J]. Journal of the Royal Statistical Society Series B, 1996, 58: 267-288.

[7] Robert T. Regression shrinkage and selection via the lasso: a retrospective[J]. Journal of the Royal Stastical Society Series B, 2011, 73: 273-282.

[8] Wold S, Sjostrom M, Eriksson L. PLS-regression: a basic tool of chemometrics[J]. Chemometrics & Intelligent Laboratory Systems, 2001, 58: 109-130.

[9] 陆文聪, 李国正, 刘亮, 等. 化学数据挖掘方法与应用[M]. 北京：化学工业出版社, 2012.

[10] 蒋红卫, 夏结来. 偏最小二乘回归及其应用[J]. 第四军医大学学报, 2003, 24: 280-283.

[11] 邓念武, 徐晖. 单因变量的偏最小二乘回归模型及其应用[J]. 武汉大学学报（工学版），2001, 34: 14-16.

[12] Walker S H, Duncan D B. Estimation of the probability of an event as a function of several independent variables[J]. Biometrika, 1967, 54: 167-178.

[13] Hadjicostas P. Maximizing proportions of correct classifications in binary logistic regression[J]. Journal of Applied Statistics, 2006, 33: 629-640.

[14] 周志华. 机器学习[M]. 北京：清华大学出版社, 2016.

[15] 李航. 统计学习方法[M]. 北京：清华大学出版社, 2012.

第 3 章

统计模式识别

3.1
统计模式识别概论

　　所谓材料的统计"模式"，可以理解为材料的特征变量构成的"向量"，其中的分量就是特征变量的统计量。材料数据挖掘所用模式识别方法主要是统计模式识别，所有统计模式识别方法的原理都可归结为"多维空间图像识别"问题，即将特征变量的集合张成多维样本空间，将各类样本的代表点"记"在多维空间中，根据"物以类聚"的原理，同类或相似的样本间的距离应较近，不同类的样本间距离应较远。这样，就可以用适当的计算机模式识别技术（通常为一次线性或非线性投影）去"识别"各类样本分布区的形状，试图得到描述各类样本在多维空间中分布范围的数学模型。比如，在有关材料性能的模式识别中，可将与材料性能有关的特征变量张成多维样本空间，将已知不同性能的材料样本的代表点"记"在该多维空间中，然后用适当的模式识别方法处理该样本集，试图得到描述各类样本在多维空间中分布范围的数学模型。

　　统计模式识别的首要目标，是样本及其代表点在多维空间中的分类。模式识别分类方式可以是"有人管理"或"无人管理"，通常采用的是"有人管理"的方式，即事先规定分类的标准和种类的数目，通过大批已知样本的信息处理（称为"训练"或"学习"）找出规律（数学模型），再利用建立的数学模型预报未知。

传统的模式识别方法是基于投影分类图的，但考虑到数据结构的复杂性，有时候投影图不能得到满意的模式分类图。比如，试想某一类样本在多维空间完全被另一类样本所"包围"的情形，这时无论往哪个方向投影，投影图的中心区域总是分类不清的。因此，模式识别工作也需要基于不做投影图的方法。本章介绍的超多面体建模方法就是不做投影图的模式识别方法。

在学习常用模式识别方法以前，有必要了解下面的预备知识及其约定表示。

（1）样本（sample）

研究对象的性能 E 受 M 个因素 $x_1, x_2, \cdots, x_m$ 控制，由此而确定的一组同源离散数据集 $\{P_i\}$ 称为该对象的一个描述样本集。其中 $P_i = \{x_{i1}, x_{i2}, \cdots, x_{im}, E_i\}$（$i = 1, 2, \cdots, N$）称为一个样本，其中 i 为样本的序号，N 为样本总数。

（2）样本的类别（class）

根据对性能 E 的评判赋予样本的一种属性，以"1""2""3"等表示；同一类别的样本有相近的性能，根据样本性能分布范围的不同可将样本分类。对样本分类的目的是便于对数据做定性或半定量分析。

样本的分类可以是两类或两类以上，研究方法相近。在本文中，除非特别指出，否则分类问题一般均指两类问题，即研究样本被分为优类（记为"1"类）和劣类（记为"2"类）。通常多类别问题可简化为各类别彼此区分或逐类区分的两类问题。

（3）样本空间（sample space）

决定样本性能的 M 个特征参数（因素）可构成一个 M 维空间，称为研究对象的特征空间（feature space），记为 R^M，每个样本可表示为该空间的一个点，包含了样本集 $\{P_i\}$ 的特征空间称为研究对象的一个样本空间。

（4）映射（映照、投影）图（projection map）

模式识别分析（分类）结果的一种直观表示，样本空间中所有样本以适当方式（线性或非线性）投影到二维平面即成映射图，用于从全局上观察各类样本的分布情况。

（5）因素矩阵（standard matrix of factors）及其标准化

需做模式识别处理的样本集的因素矩阵 X 可表示如下：

$$X = (x_{ij})_{N \times M} = \begin{bmatrix} x_{11} & x_{12} & \cdots & x_{1M} \\ x_{21} & x_{22} & \cdots & x_{2M} \\ \vdots & \vdots & & \vdots \\ x_{N1} & X_{N2} & \cdots & X_{NM} \end{bmatrix} \qquad (3\text{-}1)$$

矩阵中每一行表示一个样本点对应的 M 个因素（亦称特征变量或特征参数），N 为样本数，M 为特征变量数，故 X 为 $N \times M$ 阶矩阵，x_{ij} 为第 i 个样本的第 j 个特征参数。由于 M 个特征变量的量纲和变化幅度不同，其绝对值大小可能相差许多倍。为了消除量纲和变化幅度不同带来的影响，原始数据应做标准化处理，即：

$$x_{ij} = \frac{x_{ij} - \overline{x}_j}{\sqrt{s_j}}, \ i = 1, 2, \cdots, N; j = 1, 2, \cdots, M \qquad (3\text{-}2)$$

式中，$\overline{x}_j = \dfrac{1}{N} \sum_{i=1}^{N} x_{ij}$；$s_j = \dfrac{1}{N-1} \sum_{i=1}^{N} (x_{ij} - \overline{x}_j)^2$。

标准化因素矩阵 X' 即为：

$$X' = (x'_{ij})_{N \times M} \qquad (3\text{-}3)$$

为符号表示方面的简洁，以下在用到标准化因素矩阵时仍用 X 表示。

3.2
最近邻

最近邻法（k-nearest neighbour，KNN）[1]是最常用的统计模式识别方法，该方法预报未知样本的类别由其 k 个（k 为单整数）近邻的类别所决定的。若未知样本的近邻中某一类样本最多，则可将未知样本判为该类。在多维空间中，各点间的距离通常规定为欧几里得距离。样本点 i 和样本点 j 间的欧几里得距离 d_{ij} 可表示为：

$$d_{ij} = \left[\sum_{k=1}^{M} (X_{ik} - X_{jk})^2 \right]^{\frac{1}{2}} \qquad (3\text{-}4)$$

KNN 的一种简化算法称为类重心法，即先将训练集中每类样本点的重心求出，然后计算未知样本点与各类的重心的距离。未知样本与哪一类重心距离最近，即将未知样本判为哪一类。

与 KNN 法很接近的是势函数法，它将每一个已知样本的代表点看作一个势场的源，不同类的样本的代表点的势场可有不同的符号，势场场强 $Z(D)$ 是对源点距离 D 的某种函数，即：

$$Z(D) = \frac{1}{D} \qquad\qquad (3-5)$$

或

$$Z(D) = \frac{1}{1+qD^2} \qquad\qquad (3-6)$$

式中，q 为可调参数。

所有已知样本点的场分布在整个空间并相互重叠，对未知样本点，可判断它属于在该处造成最大势场的那一类，在两类分类时，可令两种样本的势场符号相反，势场差的符号即可作为未知点的归属判据，此时判别函数 V 为：

$$V = \sum_{i=1}^{N} \frac{K_i}{D_i} \qquad\qquad (3-7)$$

式中，K_i 取值为 1 或者 −1，代表两类点的符号。

最近邻方法通常可以作为研究对象（样本集）数据质量初步考察方法，比如一个样本集的 KNN 分类的正确率在 90% 左右就可初步得出该样本集的类别预测情况较好的结论。我们在以往的工作中曾将 KNN 方法应用到变量筛选方法上，即将一个样本集的变量依次去除，分别考察去除某一变量之后的样本集的 KNN 分类的正确率 P_c，将 P_c 上升相应的去除变量作为冗余变量，将 P_c 下降最少相应去除的变量作为最不重要的变量，反之则为较重要的变量，由此得到各变量的重要性排序，并将此作为变量筛选的依据。

3.3
主成分分析

主成分分析（principal component analysis，PCA）法[2,3]是一种最古老的

多元统计分析技术。Pearcon 于 1901 年首次引入主成分分析的概念，Hotelling 在 20 世纪 30 年代对主成分分析进行了发展，现在主成分分析法已在社会经济、企业管理以及地质、生化、医药等各个领域中得到广泛应用。主成分分析的目的是将数据降维，以排除众多化学信息共存中相互重叠的信息，把原来多个变量组合为少数几个互不相关的变量，但同时又尽可能多地表征原变量的数据结构特征而使丢失的信息尽可能地少。

求主成分的方法与步骤可概括如下：

① 计算标准化因素矩阵 X 及其协方差阵 C：

$$C = X^\mathrm{T} X \tag{3-8}$$

X^T 为 X 的转置矩阵。

② 用 Jacobi 变换求出 C 的 M 个按大小顺序排列的非零特征根 $\lambda_i (i=1, 2,\cdots,M)$ 及其相应的 M 个单位化特征向量，构成如下 $M \times M$ 阶特征向量集矩阵：

$$V = (v_{ij})_{M \times M} = \begin{bmatrix} v_{11} & v_{12} & \cdots & v_{1M} \\ v_{21} & v_{22} & \cdots & v_{2M} \\ \vdots & \vdots & & \vdots \\ v_{M_1} & v_{M_2} & \cdots & v_{MM} \end{bmatrix} \tag{3-9}$$

式中，每一列代表一个特征向量。

③ 计算主成分矩阵 Y：

$$Y = XV = \begin{bmatrix} y_{11} & y_{12} & \cdots & y_{1M} \\ y_{21} & y_{22} & \cdots & y_{2M} \\ \vdots & \vdots & & \vdots \\ y_{N_1} & y_{N_2} & \cdots & x_M \end{bmatrix} \tag{3-10}$$

设第 i 个主成分的方差贡献率为 D_c，则

$$D_c = \frac{\lambda_i}{\sum\limits_{j=1}^{k} \lambda_j} \tag{3-11}$$

设前 q 个（$q \leqslant k$）主成分的累积方差贡献率为 D_{ac}，则

$$D_{ac} = \frac{\sum\limits_{i=1}^{q} \lambda_i}{\sum\limits_{j=1}^{k} \lambda_j} \tag{3-12}$$

在实际应用中可取前几个对信息量贡献较大（即 D_c 较大）的主成分以达

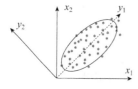

图 3-1 主成分分析的
几何意义（示意图）

到空间维数下降而使信息量丢失尽可能少的目的。若取两个主成分构成投影平面即可在平面上剖析数据分布结构。

主成分分析的几何意义是一个线性的旋轴变换，使第一主成分指向样本散布最大的方向，第二主成分指向样本散布次大的方向，以此类推（见图 3-1）。

主成分分析通常用于样本集的散布情况分析和变量降维分析。虽然主成分分析投影图上的样本散布坐标与样本集分类定义没有关系，但标识了类别的样本若在投影图上按类别相聚在一起，且不同类别间有明显的分界，则主成分分析投影图即可作为模式识别分类图。

取主成分矩阵 Y 中的任意两列投影值作为纵横坐标作图即得主成分投影图。投影图上任意一个主成分坐标值都是模式识别特征变量的线性组合，组合系数就是特征向量集矩阵 V 相应矢量（某一列）的组成分量。对于标准化的特征变量，相应矢量（某一列）的组成分量反映了相应变量在主成分投影值中的权重，该权重值可作为相应变量对于投影图上样本坐标值位移影响相对大小的度量，用直角坐标系来表示投影权重值的图形称为载荷图。载荷图在工业优化工作中可用以指导如何调节变量，使得当前工况条件朝特定的方向变动。

样本集的主成分投影值可以作为某些算法的变量初值或预处理值，比如模式识别非线性映照方法常用样本集的主成分值作为映照初值进行迭代运算；将降维后的主成分作为多元回归的变量进行建模，即得主成分回归方法。降维后的主成分还可作为人工神经网络或支持向量回归的变量进行建模，所得结果多半优于用原始变量直接建模。

3.4
多重判别矢量和费歇尔判别矢量

多重判别矢量法[4]是模式识别中使用较为广泛的一种线性映射，这种线性映射使数据中各类别间分离性加强。它是使用一组判别矢量来完成的。设数据中模式矢量有 C 个类别，对应有 C 个互相独立的标准化因素矩阵 X^k，其中 $k = 1, 2, \cdots, C$。第 k 类中第 i 个样本矢量 X_i^k（由 M 个特征变量构成）为：

$$\boldsymbol{X}_i^k = [x_{i1}, x_{i2}, \cdots, x_{iM}] \tag{3-13}$$

由第 k 类样本构成的标准化因素矩阵为：

$$\boldsymbol{X}^k = (x_{ij})_{N_k \times M} = \begin{bmatrix} x_{11} & x_{12} & \cdots & x_{1M} \\ x_{21} & x_{22} & \cdots & x_{2M} \\ \vdots & \vdots & & \vdots \\ x_{N_k 1} & x_{N_k 2} & \cdots & x_{N_k M} \end{bmatrix} \tag{3-14}$$

式中，N_k 为第 k 类的样本数；M 为特征数。

定义判别准则 R，它是类间差别投影与类内差别投影总和之比值，即：

$$R = \frac{\boldsymbol{P}^{\mathrm{T}} \boldsymbol{B} \boldsymbol{P}}{\boldsymbol{P}^{\mathrm{T}} \boldsymbol{W} \boldsymbol{P}} \tag{3-15}$$

其中

$$\boldsymbol{P} = [\boldsymbol{p}_1, \boldsymbol{p}_2, \cdots, \boldsymbol{p}_M]^{\mathrm{T}} \tag{3-16}$$

为所求的判别矢量，$\boldsymbol{B}$ 为类间散布矩阵，$\boldsymbol{W}$ 为类内散布矩阵之和。这些散布矩阵定义如下：

$$B = \sum_{k=1}^{C} N_k (m_k - m)^{\mathrm{T}} (m_k - m) \tag{3-17}$$

$$\boldsymbol{W}_k = \sum_{i=1}^{N_k} (X_i^k - m_k)^{\mathrm{T}} (X_i^k - m_k) \tag{3-18}$$

$$\boldsymbol{W} = \sum_{k=1}^{C} W_k \tag{3-19}$$

式中，C 为类别数；N_k 为第 k 类的样本数；$m_k = [m_{k1}, m_{k2}, \cdots, m_{kM}]$ 为第 k 类的平均矢量；$m = [m_1, m_2, \cdots, m_M]$ 为全部数据集的平均矢量。$\boldsymbol{B}$ 和 $\boldsymbol{W}$ 都是 $M \times M$ 阶矩阵。

为求得判别矢量 $\boldsymbol{P}$ 的最佳值，R 应满足极值条件，即 R 对 $\boldsymbol{P}$ 求导并令结果为 0。

$$\frac{\partial R}{\partial \boldsymbol{P}} = \frac{\partial}{\partial \boldsymbol{P}} \left(\frac{\boldsymbol{P}^{\mathrm{T}} \boldsymbol{B} \boldsymbol{P}}{\boldsymbol{P}^{\mathrm{T}} \boldsymbol{W} \boldsymbol{P}} \right) = \frac{2(\boldsymbol{P}^{\mathrm{T}} \boldsymbol{W} \boldsymbol{P}) \boldsymbol{B} \boldsymbol{P} - 2(\boldsymbol{P}^{\mathrm{T}} \boldsymbol{B} \boldsymbol{P}) \boldsymbol{W} \boldsymbol{P}}{(\boldsymbol{P}^{\mathrm{T}} \boldsymbol{W} \boldsymbol{P})^2} = 0 \tag{3-20}$$

上式化简后并令

$$\lambda = \frac{\boldsymbol{P}^{\mathrm{T}} \boldsymbol{B} \boldsymbol{P}}{\boldsymbol{P}^{\mathrm{T}} \boldsymbol{W} \boldsymbol{P}} \tag{3-21}$$

可得一般本征值方程式

$$(\boldsymbol{B} - \lambda \boldsymbol{W})\boldsymbol{P} = 0 \tag{3-22}$$

上式的解又可通过求解下列一般特征方程式取得

$$|\boldsymbol{B} - \lambda \boldsymbol{W}| = 0 \tag{3-23}$$

为求解上式可进行一些推导

$$\boldsymbol{B} - \lambda \boldsymbol{W} = \boldsymbol{W}\boldsymbol{W}^{-1}(\boldsymbol{B} - \lambda \boldsymbol{W}) = \boldsymbol{W}(\boldsymbol{W}^{-1}\boldsymbol{B} - \lambda \boldsymbol{I}) \tag{3-24}$$

因为

$$|\boldsymbol{W}(\boldsymbol{W}^{-1}\boldsymbol{B} - \lambda \boldsymbol{I})| = |\boldsymbol{W}| \, |\boldsymbol{W}^{-1}\boldsymbol{B} - \lambda \boldsymbol{I}| \tag{3-25}$$

假定 $|\boldsymbol{W}| \neq 0$，则其判别矢量可通过求解下列方程而得

$$|\boldsymbol{W}^{-1}\boldsymbol{B} - \lambda \boldsymbol{I}| = 0 \tag{3-26}$$

由此求出方程的根 λ，它是 $\boldsymbol{B}$ 相对于 $\boldsymbol{W}$ 的本征值。相应于每一个非零的本征值 λ_j，都有一个本征矢量 $\boldsymbol{P}_j$ 使得

$$(\boldsymbol{B} - \lambda_j \boldsymbol{W})\boldsymbol{P}_j = 0 \tag{3-27}$$

$\boldsymbol{P}_j$ 可表示为

$$\boldsymbol{P}_j = \left[\boldsymbol{p}_1, \boldsymbol{p}_2, \cdots, \boldsymbol{p}_M\right]^{\mathrm{T}} \tag{3-28}$$

由于 $\boldsymbol{B}$ 为 C 个秩数最多为 1 的矩阵总和，这些矩阵只有 $C-1$ 个是独立的，故 $\boldsymbol{B}$ 的秩数最多为 $C-1$。这样非零的本征值 λ_j 仅有 $C-1$ 个。这些本征值称为判别值，与之对应的各本征矢量即为所求的判别矢量，设判别矢量按大小排列为

$$\lambda_1 \geqslant \lambda_2 \geqslant \cdots \geqslant \lambda_{C-1} > 0 \tag{3-29}$$

其相应的判别矢量记为

$$\boldsymbol{P}_1, \boldsymbol{P}_2, \cdots, \boldsymbol{P}_{C-1}$$

通常选择前面两个具有最大判别值的判别矢量 $\boldsymbol{P}_1$ 和 $\boldsymbol{P}_2$ 形成一个判别平面，令

$$\boldsymbol{P} = [\boldsymbol{P}_1 \quad \boldsymbol{P}_2] = \begin{bmatrix} p_{11} & p_{12} \\ p_{21} & p_{22} \\ \vdots & \vdots \\ p_{M1} & p_{M2} \end{bmatrix} \tag{3-30}$$

则样本集标准化因素矩阵 X 的最佳的映射 Y 为：

$$Y = XP \tag{3-31}$$

即

$$Y = (y_{ij})_{N \times 2} = \begin{bmatrix} y_{11} & y_{12} \\ y_{21} & y_{22} \\ \vdots & \vdots \\ y_{N1} & y_{N2} \end{bmatrix} = \begin{bmatrix} x_{11} & x_{12} & \cdots & x_{1M} \\ x_{21} & x_{22} & \cdots & x_{2M} \\ \vdots & \vdots & & \vdots \\ x_{N1} & x_{N2} & \cdots & x_{NM} \end{bmatrix} \begin{bmatrix} p_{11} & p_{12} \\ p_{21} & p_{22} \\ \vdots & \vdots \\ p_{M1} & p_{M2} \end{bmatrix} \tag{3-32}$$

多重判别矢量法可直接应用于多类别（两类别以上）的模式识别问题，对于两类的模式识别问题，需要应用费歇尔（Fisher）判别矢量法[5]才能得到模式识别投影图。

若整个样本集中仅有两个类别，则多重判别矢量法只能产生一个判别矢量 P_1，此即为有名的 Fisher 判别矢量。但是，欲将数据投影到判别平面上，必须另选择一个第二矢量。J. Sammon 提出了解决此问题的一种算法，今介绍如下：

首先用多重判别矢量法求出 Fisher 判别矢量 P_1（由于此时 B 的秩数为 1，故仅能得一个非零的本征值，其相应的本征矢量即为 Fisher 判别矢量 P_1）。

$$P_1 = \alpha W^{-1}(m_1 - m_2) = \alpha W^{-1}\Delta \tag{3-33}$$

其中

$$\Delta = m_1 - m_2 \tag{3-34}$$

式中，α 是一个使 P_1 变成单位矢量的规范常数。为构成最优判别平面中的第二矢量 P_2，可求取判别比值 R 的最大值

$$R = \frac{P_2^T B P_2}{P_2^T W P_2} \tag{3-35}$$

在 P_1 必须与 P_2 正交的约束条件下

$$P_2^T P_1 = 0 \tag{3-36}$$

R 的最大化过程可通过使下列方程最大化而获得

$$\frac{P_2^T B P_2}{P_2^T W P_2} - \lambda P_2^T P_1 \tag{3-37}$$

式中，λ 为 Lagrange 乘子。上式对 $\boldsymbol{P}_2$ 求导并解得

$$\boldsymbol{P}_2 = \beta \left[\boldsymbol{W}^{-1} - \frac{\Delta^{\mathrm{T}}(\boldsymbol{W}^{-1})^2 \Delta}{\Delta^{\mathrm{T}}(\boldsymbol{W}^{-1})^3 \Delta}(\boldsymbol{W}^{-1})^2 \right] \Delta \qquad (3\text{-}38)$$

式中，β 是一个使 $\boldsymbol{P}_2$ 为单位矢量的规范常数。

用这两个矢量 $\boldsymbol{P}_1$ 和 $\boldsymbol{P}_2$ 即可形成最优判别平面。这种判别平面之所以为最优，是因为这两个单位矢量都是各自在独立的正交约束条件下，用判别比值 R 最大化而求得的。

最优判别平面在交互式模式识别中已得到广泛应用。对于样本集的数据分布属于"偏置型"结构，即两类不同的样本呈明显的趋势沿某个方向分布，这时应用 Fisher 判别矢量方法往往能得到分类效果很好的模式识别投影图[6]。

3.5
非线性映照

非线性映照法[7]可使多维图像映照到二维，映照中尽可能保留其固有的数据结构。若样本集标准化因素矩阵 $\boldsymbol{X}$ 表示为

$$\boldsymbol{X} = (x_{ij})_{N \times M} = \begin{bmatrix} x_{11} & x_{12} & \cdots & x_{1M} \\ x_{21} & x_{22} & \cdots & x_{2M} \\ \vdots & \vdots & & \vdots \\ x_{N1} & x_{N2} & \cdots & x_{NM} \end{bmatrix} \qquad (3\text{-}39)$$

式中，N 为样本数；M 为特征数。则 $\boldsymbol{X}$ 映照至二维空间的结果 $\boldsymbol{Y}$ 可表示为

$$\boldsymbol{Y} = \begin{bmatrix} y_{11} & y_{12} \\ y_{21} & y_{22} \\ \vdots & \vdots \\ y_{N1} & y_{N2} \end{bmatrix} \qquad (3\text{-}40)$$

设 $d_{ij}^* d_{ij}^*$ 和 d_{ij} 分别为多维空间（映照前）和二维（映照后）空间中 i、j

点间距离

$$d_{ij}^* = \sqrt{\sum_{k=1}^{M}(x_{ik} - x_{jk})^2} \tag{3-41}$$

$$d_{ij} = \sqrt{\sum_{k=1}^{2}(y_{ik} - y_{jk})^2} \tag{3-42}$$

映照中的误差函数定义为

$$E = \frac{1}{\sum\limits_{i<j}^{N} d_{ij}^*} \sum_{i<j}^{N} \frac{(d_{ij}^* - d_{ij})^2}{d_{ij}^*} \tag{3-43}$$

值愈小，数据结构保留程度愈大。各种非线性映照算法都使用迭代技术，其迭代算法主要分三步：

① 初选一组 Y 矢量。

② 从初始结构开始调整其当前结构的 Y 矢量。

③ 重复第二步，直至具备下列三个终止条件之一：

a. 误差函数 E 已达到预先设定的允许值；

b. 迭代已达到预先指定的次数；

c. 当前的结构已使观察者满意。

非线性映照法对样本分类能力较线性映照法强，但其计算量亦较大，且其二维映照图纵横坐标没有明确的意义。通常在线性模式识别投影结果不理想的情况下再尝试非线性映照（non-linear mapping，NLM）方法。

3.6
模式识别应用技术

在化学模式识别应用研究过程中，必须具体问题具体分析，一方面需要探索合适的模式识别建模技术，另一方面需要针对实际工作的需要解决用户关心的技术问题。为此，我们结合经典模式识别方法的具体应用问题，开发了若干模式识别应用技术，用以解决用户关心的若干应用技术问题，下面分别介绍我们提出的这些方法和应用。

3.6.1　最佳投影识别

在应用模式识别方法时会遇到下面这样一个需要解决的问题，即如何从众多的模式识别投影图中由计算机自动选出一个最佳的投影图。业已知道，主成分分析、偏最小二乘法、线性投影法、费歇尔法等均可能产生有效的模式识别分类投影图，而仅从 PCA 一种模式识别方法中产生的投影图就有 $M \times (M-1)/2$ 个（M 为特征变量数），若用人机交互方式"观察"选择最佳投影图时，不仅工作量大，且不同的操作者可能选用不同的方法或选出不同的"最佳"投影图。为此，我们提出最佳投影识别法（optimal map recognition method，OMR）[8,9]，用以解决计算机自动选择最佳模式识别投影图的问题。

最佳投影识别法的原理，是将多维空间中样本集经尽可能多的模式识别投影计算后在各隐含的投影平面上用迭代法搜索出一个分类最佳的投影图，即在该投影图上优类样本聚集在一定范围，且劣类样本与优类样本完全分开（或混入最少）。最佳投影识别法具体操作步骤如下。

① 定义一个二维投影图上的"标准识别区"，该"标准识别区"以优类样本的重心为中心，以优类样本的分布范围为边界条件，以其中优类样本占全体优类样本的 95 % 为收敛条件（不取 100% 为收敛条件是考虑到不让可能存在的个别离群点影响计算结果，以增强算法的稳定性和抗噪声能力）。

② 定义一个决定"标准识别区"优劣的客观判据参数 P，$P = N_1/(N_1 + N_2)$。式中，N_1 是"标准识别区"内优类样本点的数目，N_2 是"标准识别区"内劣类样本点的数目。

③ 计算各投影图上"标准识别区"的边界方程及步骤②中定义的判据 P 的取值。

④ 将对应 P 值最大的模式识别分类图投影至计算机屏幕。

⑤ 根据投影矢量将模式识别投影图上的二维判据还原成原始空间中的多维判据。

⑥ 根据步骤⑤中生成的多维判据进行分子筛选。

显然，P 越大，则"标准识别区"内混入的劣类样本点的数目越少，对应的模式识别分类投影图的可分性越好。

下面以二元溴化物（$M\mathrm{Br} - M'\mathrm{Br}_2$）系中 1∶2 化学配比的中间化合物形成规律的研究为例说明该方法的应用。

取现有 28 个已知中间化合物化学配比的二元溴化物（$M\text{Br} - M'\text{Br}_2$）系作为 OMR 法的训练样本集，定义其中可形成 1：2 型中间化合物的二元溴化物系为"1"类样本，不能形成 1：2 型中间化合物的二元溴化物系为"2"类样本。设 $R(M + M')$、$R(M - M')$、$X(M - M')$、$Z / R(M - M')$ 分别为二元溴化物系中两种阳离子的半径和、半径差、电负性差、荷径比差，则在以样本的 $R(M + M')$、$R(M - M')$、$X(M - M')$、$Z / R(M - M')$ 为特征变量构成的四维模式空间中作 OMR 法计算，立即可得"最佳"分类投影图（图 3-2）。

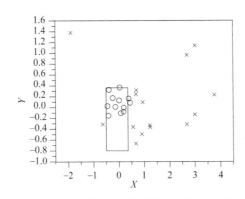

图 3-2　最佳投影法所得模式识别分类图
○—形成 1：2 型中间化合物；×—不形成 1：2 型中间化合物

既然 OMR 法能跳过繁复的人机对话直接给出最佳模式识别分类投影图，则在此基础上由计算机再自动计算出有关优类样本的分布范围（作为优化控制区）亦成为现实，如下列不等式可由计算机直接给出，它们描述了图3-2 中"1"类样本的分布范围：

$$1.51 < -0.215[R(M + M')] + 0.587[R(M - M')] - 0.551[X(M - M')] + 2.59[Z / R(M - M')] < 2.39$$

$$-2.87 < -0.851[R(M + M')] + 2.36[R(M - M')] - 1.35[X(M - M')] - 0.382[Z / R(M - M')] < -1.71$$

由此可见，OMR 法不仅大大节省了操作者的工作量，而且解决了最佳模式识别分类投影图选取的客观性问题。若将该方法用于专家系统，可使有关模式分类的建模问题自动化。若将该方法用于工业优化，可使有关优化区边界方程的生成问题自动化。因此，OMR 法可望在专家系统、工业优化等领域得到进一步的应用。

3.6.2 超多面体建模

在经典模式识别应用过程中有时候会遇到投影方法总不能得到令人满意的分类结果，这可能是由于原始数据在多维空间的分布类型属于典型的"包络型"，即两类不同属性的样本分布犹如"杏仁巧克力"那样，这时无论往哪个方向投影，"杏仁"（处于中心的样本）与其周围的"巧克力"（与中心不同的其他样本）总是重叠在一起的。为了解决这个问题，我们提出了不作投影图的模式识别方法，即超多面体方法（hyper-polyhedron method，HP）[10]，它的原理是在多维空间中直接进行坐标变换和聚类分析，进而自动生成一个超多面体，该超多面体将优类样本点（通常定义为"1"类样本点）完全包容在其中，而将其他样本点（通常定义为"2"类样本点）尽可能排除在超多面体之外，由超多面体方法生成的超多面体在三维以上的抽象空间内用一系列不等式方程表示。图 3-3 为用超平面组合法形成超多面体模型示意图。我们曾将超多面体模型应用于胍类化合物 Na/H 交换抑制剂的特征变量筛选和活性分子筛选工作，有关结果可参见文献[10]。

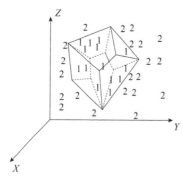

图 3-3　用超平面组合法形成超多面体模型示意图

3.6.3 逐级投影建模

在涉及复杂数据处理的实际问题中经常会遇到仅用一个投影图尚不能将不同类别的样本完全分开的情况，为此我们提出了逐级投影建模方法（hierachical projection modeling，HPM）[11]，旨在建立可靠性和准确率较好的预报模型（可分性较好）。

模式识别逐级投影的原理，是将多维空间中样本集 S 经模式识别投影后在"最佳"投影平面上自动划出一个将待"识别"的样本点（本文中定义为"1"类样本点）完全包在其中的多边形，而将其他样本点（本文中定义为"2"类样本点）尽可能多地排除在所划定的多边形之外，将该多边形内的所有样本由计算机取出构成样本子集 P 以供下一次模式识别投影（即逐级投影）所用。理想情况下样本集 S 只需一次线性投影便可使该多边形内不包含"2"类样本点，即"2"类样本点完全排除在所划定的多边形之外，此时样本子集 P

全部为"1"类样本，无需再逐级投影，否则将样本子集 P 进一步做模式识别投影以得到下一个仍将"1"类样本点完全包在其中而将"2"类样本点尽可能多地排除在外的多边形。每个不同的多边形可用一组不同的关于两个所取模式识别投影变量的二元一次不等式方程描述。由于模式识别投影变量是原始变量的线性组合，则对应于每个投影平面中划定的多边形在由 M 个原始自变量的集合张成的 M 维空间中存在一组关于 M 个自变量的 M 元一次不等式方程，该不等式方程组相当于一组超曲面，可将"1"类样本点完全包在其中，而将部分（或全部）"2"类样本点排除在外。只要样本子集 P 中还留有"2"类样本就可反复进行模式识别投影和自动生成下一个样本子集 P 的操作，直至样本子集 P 中没有"2"类样本（即"2"类样本完全被"识别"分开）或达到用户预先设定的分类满意程度为止。每次模式识别分级投影得到一组超曲面，一系列超曲面的组合可得到一个超多面体，该超多面体即为"1"类样本分布区在 M 维空间中的"形状"。图 3-4 为逐级投影法形成的超多面体示意图。

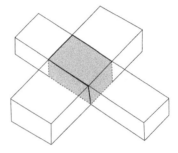

图 3-4　逐级投影法形成的
超多面体示意图

逐级投影法通常用于一次模式识别投影结果不太理想的情况，为避免模型方程组过于复杂和过拟合现象的出现，逐级投影法的逐级投影累计次数不宜超过 3 次。下面以二元溴化物（$M\text{Br} - M'\text{Br}_2$）系中 1：1 化学配比的中间化合物形成规律的研究为例说明该方法的应用。

取现有 28 个已知中间化合物化学配比的二元溴化物（$M\text{Br} - M'\text{Br}_2$）系作为 HPM 法的训练样本集，定义其中可形成 1：1 型中间化合物的二元溴化物系为"1"类样本，不能形成 1：1 型中间化合物的二元溴化物系为"2"类样本。

设 $R(M+M')$、$X(M-M')$、$Z/R(M-M')$、$I(M-M')$ 分别为二元溴化物系中两种阳离子的半径和、电负性差、荷径比差、电离能差，则在以样本的 $R(M+M')$、$X(M-M')$、$Z/R(M-M')$、$I(M-M')$ 为特征变量构成的四维模式空间中经 HPM 计算可将所有"2"类样本与"1"类样本完全分开。图 3-5 分别是 HPM 法计算过程中选取的两个分类图。

由 HPM 方法生成的描述"1"类样本分布区在四维空间中"形状"的超凸多面体可用以下一系列不等式方程表示：

$$2.76 < -0.111[R(A+B)] + 1.70[X(A-B)] + 1.00[z/r(A-B)] + 0.236[I(A-B)] < 6.67$$

$$5.92 < 3.30[R(A+B)] + 0.357[X(A-B)] + 0.114[z/r(A-B)] - 0.039[I(A-B)] < 8.956$$

$$-4.69 < -1.18[R(A+B)] + 1.53[X(A-B)] - 0.259[z/r(A-B)] - 0.200[I(A-B)] < -3.84$$

$$0.507 < 0.704[R(A+B)] + 0.016[X(A-B)] - 0.072[Z/R(A-B)] - 0.058[I(A-B)] < 1.42$$

实际工作中经常会遇到仅用一个投影图尚不能得到理想的模式识别分类结果,此时用 HPM 方法建模可能得到可靠性和准确率较好的预报模型(可分性较好)。因此,HPM 方法作为有效的模式识别建模方法可望在工业优化、材料设计和专家系统等领域得到进一步的应用。

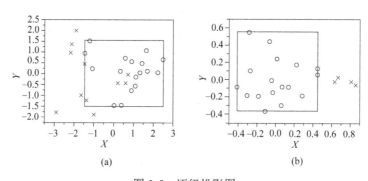

图 3-5　逐级投影图
○一形成 1:1 型中间化合物；×一不形成 1:1 型中间化合物

3.6.4　最佳投影回归

回归建模方法主要经历了多元线性回归（multiple linear regression，MLR）、多元非线性回归（multiple nonlinear regression，MNR）、逐步回归（step regression，SR）、主成分回归（principal component regression，PCR）、偏最小二乘回归（partial least squares regression，PLSR）等方法的发展。一般说来，当回归因素（自变量）已确定且因素间无显著相关性时才可用 MLR 或 MNR 方法建模；SR 方法旨在剔除对目标变量（应变量）影响不显著的因素，从而使所得回归方程仅包含对目标变量影响显著的因素；PCR 方法用彼此正交的主成分作为回归方程中的因素，这样既可解决回归因素间的共线问题，又可通过去掉不太重要的主成分而在一定程度上削弱噪声所产生的影响；PLSR 方法是 PCR 方法的进一步发展，其差别在于用 PCR 方法求正交投影矢量时仅涉及因素矩阵，而用 PLSR 方法求正交投影矢量时考虑了因素矩阵与目标变量矩阵间的内在联系。但 PCR 和 PLSR 方法在建模过程中尚未利用样本集的模式分类信息。因此，如何进一步利用模式矢量的分类信息，进而选择更好的正交投影矢量建立回归模型，是一个值得探索的问题。为此，我们提出了最佳投影回归（optimal projection regression，OPR）方法[12]。

OPR 是一种将模式识别最佳投影方法与非线性回归方法相结合的建模方法，其特色是利用了蕴含在样本集中的模式分类信息，计算中取最佳投影的坐标为自变量，用包括平方项（或立方项）的多项式做逐步回归建模。OPR 方法特别适用于小样本集（样本数相对较少而变量数相对较多的情况），实际应用表明 OPR 在解决变量压缩和非线性回归问题上有相当的成效。下面以 C14 型 Laves 相二元化合物熔点的计算机预报为例说明非线性最佳投影回归方法的应用。

晶体的熔化是极常见的现象，化合物熔点物性是最常见的物性数据之一，但迄今为止，除人工神经网络等归纳方法外，还没有一种理论方法能对无机化合物的熔点进行较准确的估计。

用非线性最佳投影回归结合原子参数方法能很好地总结 C14 型 Laves 相二元化合物熔点的规律。取 28 个 C14 型 Laves 相二元化合物为计算样本集（表 3-1），计算所用自变量包括两组成元素的熔点（T_1、T_2）、Miedema 电负性（ϕ_1^*、ϕ_2^*）和 Wagner-Seitz 元胞中的价电子云密度参数（$n_{ws,1}^{1/3}$、$n_{ws,2}^{1/3}$）、价电子数（Z_1、Z_2）、（过渡元素）原子次内层 d 电子数（N_{d1}、N_{d2}）和元素的金属半径（R_1、R_2）。由于自变量多达 12 个，直接用多项式回归处理时回归项数太多，故用非线性最佳投影回归方法建立 C14 型 Laves 相二元化合物熔点（melting point, M.P.，单位为 K）的预报模型如下：

$$M.P. = 112.4V_3 + 0.0459V_2V_3^2 + 1001 \tag{3-44}$$

$$(n = 28, \ r = 0.92, \mathrm{SD} = 313.9, F = 67.8)$$

其中：

$$V_2 = -0.0013T_1 + 0.0407T_2 + 26.94N_{d1} - 23.81N_{d2} - 63.10Z_1 + 24.29Z_2 -$$
$$48.94(\phi_2^* - \phi_1^*) + 259.4(n_{ws,2}^{1/3} - n_{ws,1}^{1/3}) + 88.51(R_2 - R_1) - 33.24$$

$$V_3 = -1.380E - 3T_1 + 8.19E - 4T_2 - 8.210N_{d1} + 5.073N_{d2} + 15.03Z_2$$
$$-5.904Z_1 + 2.263(\phi_2^* - \phi_1^*) - 37.18(n_{ws,2}^{1/3} - n_{ws,1}^{1/3})$$
$$-26.53(R_2 - R_1) + 8.13$$

式中，n 为化合物个数；r 为复相关系数；SD 为标准偏差；F 为逐步回归的 F 检验值。拟合值与实测值对比见图 3-6，可以看出规律性甚好。

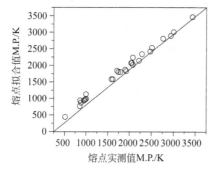
图 3-6 非线性最佳投影回归法拟合 C14 型 Laves 相的二元化合物熔点

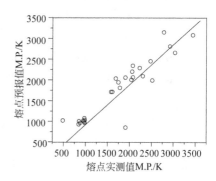
图 3-7 非线性最佳投影回归法预测 C14 型 Laves 相的二元化合物熔点

为考验非线性最佳投影回归法的预测能力，用"留二法"（即每次留出两个样本不参与建模，用所有其他样本的建模结果去预测留出的两个样本的物性值）预报表 3-1 中 C14 型 Laves 相二元化合物熔点，预报值与实测值对比见图 3-7，除极个别样本的误差较大外，预报值与实测值基本符合。

表 3-1 C14 型 Laves 相的二元化合物熔点（M.P.）及其组元的原子参数

化合物	M.P./K	T_1/K	T_2/K	ϕ_1^*	ϕ_2^*	N_{d1}	N_{d2}	$n_{ws,1}^{1/3}$	$n_{ws,2}^{1/3}$	R_1/Å	R_2/Å	Z_1	Z_2
CaLi$_2$	508	850	680	2.55	2.85	0	0	0.91	0.98	1.974	1.562	2	1
MgZn$_2$	863	650	420	3.45	4.1	0	0	1.17	1.32	1.602	1.394	2	2
CaAg$_2$	868	850	960	2.55	4.35	0	10	0.91	1.36	1.974	1.445	2	11
BaMg$_2$	880	710	650	2.32	3.45	0	0	0.81	1.17	2.243	1.602	2	2
SrMg$_2$	953	770	650	2.4	3.45	0	0	0.84	1.17	2.151	1.602	2	2
YbCd$_2$	976	1800	321	3.22	4.05	1	0	1.23	1.24	1.74	1.568	3	2
CaMg$_2$	988	850	650	2.55	3.45	0	0	0.91	1.17	1.974	1.602	2	2
YbMg$_2$	991	1800	650	3.22	3.45	1	0	1.23	1.17	1.74	1.602	3	2
EuMg$_2$	992	1150	650	3.2	3.45	1	0	1.21	1.17	1.799	1.602	3	2
TiMn$_2$	1598	1660	1244	3.8	4.45	2	5	1.52	1.61	1.462	1.304	4	7
ZrMn$_2$	1613	1868	1244	3.45	4.45	2	5	1.41	1.61	1.602	1.304	4	7
TiFe$_2$	1700	1660	1539	3.8	4.93	2	6	1.52	1.77	1.462	1.274	4	8
NbCo$_2$	1753	2415	1492	4.05	5.1	3	7	1.64	1.75	1.468	1.252	5	9
NbMn$_2$	1793	2415	1244	4.05	4.45	3	5	1.64	1.61	1.468	1.304	5	7
NbFe$_2$	1900	2415	1530	4.05	4.93	3	6	1.64	1.77	1.468	1.274	5	8
HfAl$_2$	1923	2230	660	3.6	4.2	2	0	1.45	1.39	1.58	1.432	4	3
TaFe$_2$	2048	2990	1539	4.05	4.93	3	6	1.63	1.77	1.467	1.274	5	8
DyRu$_2$	2073	1400	2450	3.21	5.4	1	6	1.22	1.83	1.773	1.339	3	8

化合物	M.P. /K	T_1/K	T_2/K	ϕ_1^*	ϕ_2^*	N_{d1}	N_{d2}	$n_{ws,1}^{1/3}$	$n_{ws,2}^{1/3}$	R_1/Å	R_2/Å	Z_1	Z_2
VBe_2	2073	1920	1284	4.25	5.05	3	0	1.64	1.67	1.346	1.128	5	2
$CrBe_2$	2077	1850	1284	4.65	5.05	4	0	1.73	1.67	1.36	1.128	6	2
YRu_2	2223	1475	2450	3.2	5.4	1	6	1.21	1.83	1.801	1.339	3	8
$MoBe_2$	2300	2600	1284	4.65	5.05	4	0	1.77	1.67	1.4	1.128	6	2
URe_2	2473	1130	3180	4.05	5.2	6	5	1.56	1.85	1.56	1.375	6	7
WBe_2	2523	3380	1284	4.8	5.05	6	0	1.81	1.67	1.408	1.128	6	2
$ThRe_2$	2773	1820	3180	3.3	5.2	2	5	1.28	1.85	1.798	1.375	4	7
$ZrOs_2$	2933	1868	2700	3.45	5.4	2	6	1.41	1.83	1.602	1.353	4	8
$HfOs_2$	3023	2230	2700	3.6	5.4	2	6	1.45	1.83	1.58	1.353	4	8
$HfRe_2$	3433	2230	3180	3.6	5.2	2	5	1.45	1.85	1.58	1.375	4	7

3.6.5　模式识别逆投影

在模式识别投影图上显示的样本点的坐标或者是各原始特征变量的线性组合（如 PCA 法），或者是无实际意义的某种映象（如 NLM 法），而实际工作（特别是有关材料设计和工业优化的工作）中实施的"优化样本"必须以原始特征变量来表示，故需通过某种算法将在两维模式识别图上优化区内设计的"优化样本"返回至原始样本空间内的样本，我们称这一过程为"逆投影"或"逆映射"。

既然逆映射是为二维空间设计点找到多维空间的源像，那么，如果没有约束条件，逆投影的解有无穷多个。"逆投影"的结果只有在一定的约束条件下才是唯一的，如对于线性逆投影引入的约束条件是将设计点在其他投影矢量上坐标值取定值（如均值或最优点值），对于非线性逆投影引入的约束条件是令逆映照的误差函数最小。

对于模式识别线性投影图，只要用户在投影图上设定一个点，就能得到一组有纵横坐标的投影矢量所决定的联立方程组（含 2 个方程）：

$$\sum_{j=1}^{m} a_{ij} x_{ij} + b_i = c_i \quad i = 1, 2 \tag{3-45}$$

上述方程组表示自变量有 m 个，但由方程组确定的定量关系只有 2 个，因此，若想得到唯一解，必须给定 $m-2$ 个约束条件（或边界条件）。若用 $m-2$ 个变量的平均值代入上面的方程，则可将上面的方程转化为二元一次线性方程组，从而求出该方程组的唯一解。

参 考 文 献

[1] Cover T, Hart P. Nearest neighbor classification[J]. IEEE trans on inform theory, 1967, 13: 21-27.

[2] Pearson K. On lines and planes of closest fit to systems of points in space[J]. Philippine Magazine 2 (6th Series), 1901, 1: 559-572.

[3] Hoteling H. Analysis of a complex of statistical variables into principals components[J]. Journal of Educational Psychology, 1933, 24: 417.

[4] Wilkins C L, Isenhour T L. Multiple discriminant function analysis of carbon-13 nuclear magnetic resonance spectra: functional group identification by pattern recognition[J]. Analytical Chemistry, 1975, 47: 1849-1851.

[5] Rasmussen G T, Ritter G L, Lowry D R, et al. Fisher discriminant function for a multilevel mass spectral filter network[J]. Journal of Chemical Information and Computer Sciences, 1979, 19: 255-265.

[6] 陆文聪, 李国正, 刘亮, 等. 化学数据挖掘方法与应用[M]. 北京: 化学工业出版社, 2012.

[7] Sammon J. A nonlinear mapping for data structure analysis[J]. IEEE Transactions on Computers, 1969, 18: 459-473.

[8] 陆文聪, 苏潇, 冯建星, 等. 最佳投影识别法用于 1-(1H-1,2,4-三唑-1-基)-2-(2,4-二氟苯基)-3-取代-2-丙醇及其衍生物抗真菌活性的分子筛选[J]. 应用科学学报, 2000, 18: 267-270.

[9] 纪晓波, 刘亮, 赵慧, 等. 最佳投影识别法用于三唑类化合物的抗真菌活性的分子筛选[J]. 上海大学学报 (自然科学版), 2004, 10: 191-194.

[10] Bao X, Lu W, Liu L, et al. Hyper-polyhedron model applied to molecular screening of guanidines as Na/H exchange inhibitors[J]. Acta Pharmacologica Sinica, 2003, 24: 472-476.

[11] 陆文聪, 包新华, 刘亮, 等. 二元溴化物系(MBr-M'Br$_2$)中间化合物形成规律的逐级投影法研究[J]. 计算机与应用化学, 2002, 19: 473-476.

[12] 陈念贻, 钦佩, 陈瑞亮, 等. 模式识别在化学化工中的应用[M]. 北京: 科学出版社, 2002.

第 4 章

决策树

4.1
决策树概论

决策树学习是一种逼近离散值函数的算法，对噪声数据有很好的健壮性，且能够学习析取表达式，是最流行的归纳推理算法之一，已经成功应用到医疗诊断、评估贷款申请的信用风险、雷达目标识别、字符识别、医学诊断和语音识别等广阔领域。

决策树分类算法使用训练样本集构造出一棵决策树，从而实现了对样本空间的划分。当使用决策树对未知样本进行分类时，由根节点开始对该样本的属性逐渐测试其值，并且顺着分枝向下走，直至某个叶节点，此叶节点代表的类即为该样本的类。例如，图 4-1 即为一棵决策树，它将整个样本空间分为三类。如果一个样本属性 A 的取值为 a_2，属性 B 的取值为 b_2，属性 C 的取值为 c_1，那么它属于类 1。

为了避免过度拟合现象的出现，在决策树的生成阶段要对决策树进行必要修剪。常用的修剪技术有预修剪（pre-pruning）和后剪枝（post-pruning）两种。决策树的质量更加依赖于好的停止规则而不是划分规则。获取大小合适的树常用的方法是后剪枝。后剪枝法主要有：①训练和验证集法，②使用

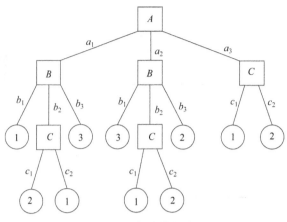

图 4-1　一棵决策树实例

统计的方法，③最小描述长度准则。其他的剪枝方法有：①限制最小节点规模，②两阶段研究，③不纯度的阈值，④将树转变为规则，⑤缩小树的规模。没有一种剪枝方法明显优于其他方法。

寻找一棵最优决策树主要解决以下三个最优化问题：①生成最少数目的叶子节点总数，②生成的每个叶子的深度最小，③生成的决策树叶子节点个数最少并且每个叶子的深度最小。通常,决策树算法一般只能找到一棵近似最优决策树。

常用的决策树算法有 ID3、C4.5、CART 算法、随机树算法，在决策树基础上结合集成学习原理则有随机森林算法、梯度提升算法、极限梯度提升算法。

4.2

决策树

假设有一个样本集合 S，共有 m 类样本 $C_i(i=1,2,3,\cdots,m)$，那么我们可以计算出该样本集合 S 的信息熵（information entropy, I）为：

$$I(S) = -\sum_{i=1}^{m} p_i \log_2 p_i \tag{4-1}$$

式中，p_i 是第 i 类样本 C_i 在样本集合 S 中的占比。假设样本集合 S 中有

属性 X，且属性 X 具有 V 个取值 $\{x_1, x_2, x_3, \cdots, x_V\}$，可以将 S 分成 V 个子集 $\{s_1, s_2, s_3, \cdots, s_V\}$ 到 V 个分支节点中，那么以属性 X 为分类所需的期望熵可以看作是 S 的 V 个子集的信息熵之和：

$$E(S, X) = \sum_{v=1}^{V} \frac{|s_v|}{|S|} I(s_v) \qquad (4\text{-}2)$$

式中，$I(s_v)$ 是子集 s_v 的信息熵；$|s_v|$ 是子集 s_v 的样本数；$|S|$ 是样本集 S 的样本数；$|s_v| / |S|$ 即表示给分支节点赋予权重，样本数量越多的节点，其影响越大。于是样本集合 S 根据属性 X 的信息增益（gain）函数 G 为：

$$G(S, X) = I(S) - E(S, X) \qquad (4\text{-}3)$$

ID3 决策树算法[1]采用的就是信息增益函数作为节点分叉的规则。信息增益函数对于那些可能产生多分枝的测试倾向于生产大的函数值，但是输出分枝多，并不表示该测试对未知的对象具有更好的预测效果，C4.5 决策树算法[2]采用了信息增益率（gain ratio）来弥补这个缺陷。"信息增益率"是为了去除多分枝属性的影响而对信息增益的一种改进，它同时考虑了每一次划分所产生的子节点的个数和每个子节点的大小（包含的数据实例的个数），考虑的对象主要是一个个地划分，而不再考虑分类所蕴含的信息量，集合 S 关于属性 X 的信息增益率函数 G_r 为：

$$G_r(S, X) = \frac{G(S, X)}{S_i(X)} \qquad (4\text{-}4)$$

$$S_i(X) = -\sum_{v=1}^{V} \left(\frac{|s_i|}{|S|} \times \log_2 \frac{|s_i|}{|S|} \right) \qquad (4\text{-}5)$$

式中，$G(X)$ 为属性 X 的信息增益函数；$S_i(X)$ 是一种归一化系数，其值越大，信息增益率就越小，从而限制输出分枝过多的变量。CART 决策树算法[3]使用基尼指数（Gini index）来选择划分属性，对于样本集合 S，其基尼指数为：

$$G'(S) = 1 - \sum_{i=1}^{m} p_i^2 \qquad (4\text{-}6)$$

基尼指数反映了从数据集 S 中任取的 2 个样本的类别不一致的概率，其值越小，样本集 S 的同类样本越多。属性 X 的基尼指数 G_i' 定义为：

$$G_i'(S, X) = \sum_{v=1}^{V} \frac{|s_i|}{|S|} G_i'(S) \qquad (4\text{-}7)$$

依次计算每个属性的信息增益（率）或基尼指数，选择信息增益（率）最大或者基尼指数最小的属性作为最佳划分属性，以该属性作为节点，属性的每一个分布引出一个分枝，据此划分样本。要是节点中所有样本都在同一个类，则该节点成为叶节点，以该类别标记此叶节点。如此类推，直到子集中的数据记录在主属性上，取值都相同，或没有属性可再供划分使用，递归地形成初始决策树。另外，在节点处记下符合条件的统计数据：该分枝总数、有效数、中止数和失效数。

在选择信息增益（率）作为划分标准时，还要确保选取的属性的信息增益（率）不低于平均值，这是因为高信息增益率保证了高分枝属性不会被选取，从而决策树的树型不会因某节点分枝太多而过于松散。过多的分枝会使得决策树过分地依赖某一属性，而信息增益（率）不低于平均值保证了该属性的信息量，使得有利于分类的属性更早地出现。

得到了完全生长的初始决策树后，为了除去噪声数据和孤立点引起的分枝异常，可采用后剪枝算法对生成的初始决策树进行剪枝，并在剪枝过程中使用一种"悲观"估计来补偿树生成时的"乐观"偏差。对决策树上的每个非叶子节点，计算该分枝节点上的子树被剪枝可能出现的期望错误率。然后，使用每个分枝的错误率，结合沿每个分枝观察的权重评估，计算不对该节点剪枝的期望错误率。如果剪去该节点导致较高的期望错误率，则保留该子树；否则剪去该子树，最后得到具有最小期望错误率的决策树。

4.3
随机决策树

设属性集 $X = \{F_1, \cdots, F_k, D\}$ 为建树提供结构，其中 $F_i(i=1,2,\cdots,k)$ 是非决策属性，决策属性 $D(d_1, d_2, \cdots, d_m)$ 是一列有效的类别。$F_i(x)$ 表示记录样本 x 的属性 F_i 的值，具体结构描述如下：树中的每个节点表示一个问题；每个分支对应节点分裂属性 F_i 的可能取值 $F_i(x)$。随机决策树的构造过程：对根节点和分支节点随机地从属性集合中选择分裂属性，在一条分支路径上离散属性仅出现一次，连续属性可以出现多次。且在以下 3 种情况下停止树的构造：树的高度满足预先设定的阈值；分支节点的事例数太小以至于不能给出一个有统计意义的测试；其他任何一个属性测试都不能更好地分类。在后 2 种情况下，分类结果标记为训练数据集中最普通的类，或是出现概率最高的类。当对事例 X 进行分类时，以各随机树输出的后验概率均值最大的类 $d_i(i=1,2,\cdots,m)$ 为预测类。下面详细介绍随机决策树的深度选择和数目的选择及其分类。

① 选择树的深度。使用多个随机树的主要特色是多样性导致较高的分类准确率，多样性不与深度成正比关系。研究表明，当 $i=k/2$ 时得到最大路径数，随机决策树有最佳的效果。

② 选择随机决策树的个数。树的个数 $N=10$ 时有较低的分类错误率，且可信度大于 99.7%。

③ 叶子节点的更新。在树的结构建好后对树节点更新，其中叶子节点记录事例被分类为某一预定类别的个数；非叶子节点不记录经过分支的事例数目，叶子中信息形式如：$\{(d_1,s_1),(d_2,s_2),\cdots,(d_m,s_m)\}$。其中，$s_i$ 表示预测为 d_i 类的事例数，$d(i=1,2,\cdots,m)$ 表示决策属性类别。$S=s_1\bigcup s_2\bigcup\cdots\bigcup s_m$ 表示某一叶子节点记录的总事例数。

④ 分类。当对事例进行分类时，预测为预定类别 d_i 的概率 $P_i(i=1,2,\cdots,m)=\dfrac{1}{N}\sum_{j=1}^{N}P_j$。式中，$N$ 表示随机决策树的数目；$P_j=s_i/S$ 为每棵随机决策树输出的后验概率；S 为从根节点开始搜索到合适叶子节点处的事例个数；s_i 为该叶子节点处训练数据集中标记为 d_i 类的数目。在后验概率 P_i 中找出最大的一个 $\max(P_i)(i=1,2,\cdots,m)$，其所对应的预定类别即为随机决策树最终的输出结果。

由于完全随机的选择属性，因而可能会出现某些属性在整个决策树构造过程中没有或很少被选取为分裂属性，特别是当该属性对分类结果有较大贡献时，这种缺少将导致分类正确率的不稳定，当属性数较少时，这种不稳定性将更为明显。

4.4
随机森林

在决策树算法中，一般用选择分裂属性和剪枝来控制树的生成，但是当数据中噪声或分裂属性过多时，它们无法解决树的不平衡。最新的研究表明，构造多分类器的集成，可以提高分类精度，而随机森林就是许多决策树的集成[4]。

为了构造 k 棵树，我们先产生 k 个随机向量 $\theta_1, \theta_2, \cdots, \theta_k$，并且随机向量 θ_i 独立同分布。随机向量 θ_i 可构造决策分类树 $h_i(\boldsymbol{x}, \theta_i)$，简化为 $h_i(\boldsymbol{x})$。

给定 k 个分类器 $h_1(\boldsymbol{x}), h_2(\boldsymbol{x}), \cdots, h_k(\boldsymbol{x})$，和随机向量 $\boldsymbol{x}$ 以及对应观测值 y，定义边缘函数：

$$\mathrm{mg}(\boldsymbol{x}, y) = av_k I[h_k(\boldsymbol{x}) = y] - \max_{j \neq y} av_k I[h_j(\boldsymbol{x}) = j] \tag{4-8}$$

式中，$I[h_j(\boldsymbol{x}) = j]$ 是示性函数；av_k 表示对每个分类器对应的示性函数取平均值。该边缘函数刻画了对向量 $\boldsymbol{x}$ 正确分类 y 的平均得票数超过其他任何类平均得票数的程度。可以看出，边际越大，分类的置信度就越高。于是，分类器的泛化误差为：

$$\mathrm{PE}^* = P_{x,y}[\mathrm{mg}(\boldsymbol{x}, y) < 0] \tag{4-9}$$

式中，下标 $\boldsymbol{x}$，y 代表的是该误差是在 $\boldsymbol{x}$，y 空间下的。

将上面的结论推广到随机森林，$h_k(\boldsymbol{x}) = h_k(\boldsymbol{x}, \theta_k)$。如果森林中的树的数目较大，随着树的数目增加，对所有随机向量 θ，PE^* 趋向于

$$P_{x,y}\{p_\theta[h(\boldsymbol{x}, \theta) = y] - \max_{(j \neq y)} p_\theta[h(\boldsymbol{x}, \theta) = j] < 0\} \tag{4-10}$$

这是随机森林的一个重要特点，并且随着树的数目增加，泛化误差 PE^* 将趋向某个上界值，这表明随机森林对未知的实例有很好的扩展。

随机森林的泛化误差上界是

$$\mathrm{PE}^* \leqslant \frac{\bar{\rho}(1 - s^2)}{s^2} \tag{4-11}$$

式中，$\bar{\rho}$ 是相关系数的均值；s 是树的分类强度。随机森林的泛化误差上界可以根据两个参数推导出来：森林中每棵决策树的分类精度即树的强度 s 和这些树之间的相互依赖程度 $\bar{\rho}$。当随机森林中各个分类器的相关程度 $\bar{\rho}$ 增大时，泛化误差 PE^* 上界就增大；当各个分类器的分类强度增大时，泛化误差 PE^* 上界就增大。正确理解这两者之间的相互影响是我们理解随机森林工作原理的基础。

4.5

梯度提升决策树

梯度提升算法（gradient boosting machine，GBM）[5,6]，又称为梯度提升决策树（gradient boosting decision tree，GBDT）、梯度提升树（gradient boosting tree，GBT），最早由斯坦福大学的 Jerome H. Friedman 在 1999 年提出，属于 Boosting 算法的一种。GBM 的算法机制也与 Boosting 算法类似，一般由多个弱学习机串行组织在一起，每个弱学习机的拟合都将根据已建立的模型表现进行调整优化，最后使得弱学习机们的总体表现有所提升。但与 Boosting 算法中优化样本权重的方式有所不同，GBM 利用模型预测的残差梯度变化对后续学习机进行优化提升。

给定含有 N 个样本的数据集 $S=\{y_i,x_i\}_{i=1}^{N}$，y_i 是某样本的真实目标值，x_i 是某样本的输入值 $\{x_{ij}\}_{j=1}^{n}$。假设用于模拟输入 x 和 y 之间的关系函数为 $F(x)$，且由一系列基函数组成，那么一定存在一个 $F^*(x)$ 使得 $F(x)$ 的预测值与真实值 y 之间的损失函数最小：

$$F^*(x) = \arg\min_{F(x)} L[y, F(x)] \tag{4-12}$$

式中，$L[y,F(x)]$ 为损失函数；y 即为真实值；$F(x)$ 为预测函数的预测值。假定 $F(x)$ 由 M 个弱学习机 $h(x:a)$ 组成，其中 a 为弱学习机的参数向量，那么 $F(x)$ 可以写为：

$$F(x) = \sum_{m=1}^{M} \beta_m h(x:a_m) \tag{4-13}$$

式中，β_m 为弱学习机的权重参数，我们令：

$$f_m(x:a_m) = \beta_m h(x:a_m) \tag{4-14}$$

那么 $F(x)$ 也可以写为：

$$F(x) = \sum_{m=1}^{M} f_m(x:a_m) \tag{4-15}$$

我们把第 m 个 $F(x)$ 记为 $F_m(x)$，那么第 m 个 $F(x)$ 与第 $m-1$ 个 $F(x)$ 之间

的关系就可以写成：

$$F_m(\boldsymbol{x}) = F_{m-1}(\boldsymbol{x}) + f_m(\boldsymbol{x} : \boldsymbol{a}_m) \tag{4-16}$$

因而我们原本求解 $F(\boldsymbol{x})$ 的问题就转化为如何求解每个 $f_m(\boldsymbol{x} : \boldsymbol{a}_m)$。

我们固定弱学习机的类型均为决策树，因此每个 $f_m(\boldsymbol{x} : \boldsymbol{a}_m)$ 的差异仅在于弱学习机 $h(\boldsymbol{x} : \boldsymbol{a}_m)$ 的参数 $\boldsymbol{a}_m$ 及其权重 β_m。

在 GBM 中，构建 $f_m(\boldsymbol{x} : \boldsymbol{a}_m)$ 时的目标值不再是原始的观测值 y，而是第 $m-1$ 个 $F_{m-1}(\boldsymbol{x})$ 预测值与观测值的残差梯度 g_m，实则为损失函数在 $F_{m-1}(\boldsymbol{x})$ 处的偏导：

$$g_m = \frac{\partial L[y, F_{m-1}(\boldsymbol{x})]}{\partial F_{m-1}(\boldsymbol{x})} \tag{4-17}$$

因此构建 $f_m(\boldsymbol{x} : \boldsymbol{a}_m)$ 的目的就是让 $f_m(\boldsymbol{x} : \boldsymbol{a}_m)$ 的预测值与 $-g_m$ 的残差最小，并求得此时的参数 $\boldsymbol{a}_m$ 及其权重 β_m：

$$\{\beta_m, \boldsymbol{a}_m\} = \arg\min_{a, \beta}[-g_m - \beta_m h(\boldsymbol{x} : \boldsymbol{a}_m)] \tag{4-18}$$

由于 $f_m(\boldsymbol{x} : \boldsymbol{a}_m)$ 的预测值实则为上一轮 $m-1$ 棵树总体预测误差梯度，因此可以很容易预计到，最先建立的几棵树的预测值占整体预测值的较大部分，而越靠后的树，其预测值占比就越小，甚至可以视为一个极小量而忽略不计。

求解出每个 $f_m(\boldsymbol{x} : \boldsymbol{a}_m)$ 后，将弱学习机累加得到我们最终要求解 $F^*(\boldsymbol{x})$。求解 $F^*(\boldsymbol{x})$ 的式子也因此可以改写成：

$$F^*(\boldsymbol{x}) = \arg\min_{F(\boldsymbol{x})} L[y, F_{m-1}(\boldsymbol{x} : \boldsymbol{a}_{m-1}) + \beta_m h(\boldsymbol{x} : \boldsymbol{a}_m)] \tag{4-19}$$

总体而言，GBM 的算法步骤可以概括为如下：

① 构建第一个初始模型 $f_0(\boldsymbol{x} : \boldsymbol{a}_0)$，其目标值为观测值 y；

② 设定 $F_0(\boldsymbol{x}) = f_0(\boldsymbol{x} : \boldsymbol{a}_0)$，计算 g_1：

$$g_1 = \frac{\partial[y, F_0(\boldsymbol{x} : a_0)]}{\partial F_0(\boldsymbol{x} : a_0)} \tag{4-20}$$

③ 以 g_1 为目标值构建下一个模型 $f_1(\boldsymbol{x} : a_1)$；

④ 设定 $F_1(\boldsymbol{x}) = f_0(\boldsymbol{x} : a_0) + f_1(\boldsymbol{x} : a_1)$，计算 g_2：

$$g_2 = \frac{\partial[y, F_1(\boldsymbol{x} : a_1)]}{\partial F_1(\boldsymbol{x} : a_1)} \tag{4-21}$$

⑤ 继续构建下一个模型，直至达到设置的上限 M 个弱学习机或者所限定的拟合精度。

4.6

极限梯度提升算法

极限梯度提升算法（extreme gradient boosting, XGBoost）[7]由陈天奇于 2014 年提出，旨在让梯度提升决策树突破自身的计算极限，以实现运算快速、性能优秀的工程指标。它还克服了 GBM 无法并行计算的缺点，实现了在集群上大规模运算的可能性。

XGBoost 在 GBM 的基础上，对损失函数进行了重新设计。考虑 n 个样本和含有 M 棵决策树，第 m 棵决策树的 GBM 损失函数 L 可写成：

$$L = \sum_{i=0}^{N} l[y_i, F_m(\boldsymbol{x})] \tag{4-22}$$

式中，y_i 是某样本的观测值；$F_m(\boldsymbol{x})$ 是该样本的前 m 棵决策树的预测值；l 是该样本由损失函数计算得到的观测值与预测值的偏差。XGBoost 在损失函数基础上考虑了树模型复杂度的限制。为了避免引起语义歧义，XGBoost 中将损失函数和复杂度合称为目标函数（objective function），将模型的评价指标从损失函数改为了目标函数，第 m 棵决策树的目标函数可写为：

$$目标函数 = \sum_{i=1}^{N} l[y_i, F_m(\boldsymbol{x})] + \Omega(f_m) \tag{4-23}$$

式中，目标函数第一项为原先第 m 棵决策树的损失函数，第二项为第 m 棵决策树的模型复杂度。模型拟合得越好，损失函数项越小，但也会引起复杂度项越大，因而加入模型复杂度这一项可以视为对模型复杂度的惩罚，越复杂的模型，对其惩罚也就越大。XGBoost 中采用了 2 种预置的模型复杂度，分别以 $L1$ 与 $L2$ 正则项的形式表示：

$$\Omega(f_m) = \gamma T + \frac{1}{2}\alpha \sum_{j=1}^{T} |w_j| \quad (L1正则项) \tag{4-24}$$

$$\Omega(f_m) = \gamma T + \frac{1}{2}\lambda \sum_{j=1}^{T} w_j^2 \quad (L2正则项) \tag{4-25}$$

式中，γ、λ、α 都是超参常数，T 为树模型的节点个数，j 为某个叶节点，w_j 为该叶节点的权重值，而该叶节点的权重值就是该叶子节点内样本的预测值 $f_m(x_i)$，i 表示处于该叶节点的某样本，记为 $i \in j$，因此有：

$$w_j = f_m(x_i), \ i \in j \tag{4-26}$$

我们可以进一步化简目标函数，以 L2 正则项的目标函数为例，其形式可写为：

$$目标函数 = \sum_{i=1}^{N} l[y_i, F_m(x)] + \frac{1}{2}\lambda\sum_{j=1}^{T} w_j^2 + \gamma T \tag{4-27}$$

对于损失函数项，已知：

$$F_m(x) = F_{m-1}(x) + f_m(x) \tag{4-28}$$

因此损失函数项可以改写成：

$$\sum_{i=1}^{N} l[y_i, F_m(x)] = \sum_{i=1}^{N} l[y_i, F_{m-1}(x) + f_m(x)] \tag{4-29}$$

式中，y_i 为样本真实值，实则为常数，因此可将其省略，便有：

$$\sum_{i=1}^{N} l[y_i, F_m(x)] = \sum_{i=1}^{N} l[F_{m-1}(x) + f_m(x)] \tag{4-30}$$

我们从 GBM 中可知，在第 m 轮时，第 m 棵树 $f_m(x)$ 相对于前 $m-1$ 棵树 $F_{m-1}(x)$ 的总体预测值而言，可视为一个极小量，因此可套用泰勒公式。已知任一个函数 $g(x)$ 在 x 处的泰勒二阶展开公式为：

$$g(x + \Delta x) \approx g(x) + \Delta x \times g'(x) + \frac{1}{2}\Delta x^2 \times g''(x) \tag{4-31}$$

套用到损失函数中即可得到：

$$
\begin{aligned}
&\sum_{i=1}^{N} l[F_{m-1}(x) + f_m(x)] \\
&= \sum_{i=1}^{N}\left\{ l[F_{m-1}(x)] + f_m(x) \times \frac{\partial l[F_{m-1}(x)]}{\partial F_{m-1}(x)} + \frac{1}{2}[f_m(x)]^2 \times \frac{\partial^2 l[F_{m-1}(x)]}{\partial [F_{m-1}(x)]^2} \right\}
\end{aligned} \tag{4-32}
$$

我们定义：

$$g_i = \frac{\partial l[F_{m-1}(x)]}{\partial F_{m-1}(x)}, \ h_i = \frac{\partial^2 l[F_{m-1}(x)]}{\partial [F_{m-1}(x)]^2} \tag{4-33}$$

损失函数可简化为：

$$\sum_{i=1}^{N} l[F_{m-1}(\boldsymbol{x}) + f_m(\boldsymbol{x})] = \sum_{i=1}^{N}\left\{l[F_{m-1}(\boldsymbol{x})] + f_m(\boldsymbol{x}) \times g_i + \frac{1}{2}[f_m(\boldsymbol{x})]^2 \times h_i\right\} \quad （4\text{-}34）$$

式中，$l[F_{m-1}(\boldsymbol{x})]$ 在第 m 轮时实则为已知项，即前 $m-1$ 棵树总体预测误差梯度，在损失函数中可以视为常数项。我们的目的是令损失函数项最小，而不是求出损失函数项具体的值，因而在求解损失函数项最小的过程中可以忽略 $l[F_{m-1}(\boldsymbol{x})]$ 的具体值有：

$$\begin{aligned}
&\sum_{i=1}^{N}\left\{C + f_m(\boldsymbol{x}) \times g_i + \frac{1}{2}[f_m(\boldsymbol{x})]^2 \times h_i\right\} \\
&= \sum_{i=1}^{N}\left\{f_m(\boldsymbol{x}) \times g_i + \frac{1}{2}[f_m(\boldsymbol{x})]^2 \times h_i\right\}
\end{aligned} \quad （4\text{-}35）$$

式中，C 为常数。因此目标函数 O_F 可以化为：

$$O_F = \sum_{i=1}^{N}\left\{f_m(\boldsymbol{x}) \times g_i + \frac{1}{2}[f_m(\boldsymbol{x})]^2 \times h_i\right\} + \frac{1}{2}\lambda\sum_{j=1}^{T}w_j^2 + \gamma T \quad （4\text{-}36）$$

我们由前可知某叶节点的权重值 w_j 与该叶节点内样本的预测值 $f_m(\boldsymbol{x}_i)$ 相等，进而可知，在 T 个叶节点的第 m 棵决策树中，其权重值之和与样本预测值之和相等：

$$\sum_{i=1}^{N} f_m(\boldsymbol{x}) = \sum_{j=1}^{T} w_j \quad （4\text{-}37）$$

对于 g_i 和 h_i 则有：

$$\sum_{i=1}^{N} g_i = \sum_{j=1}^{T}\sum_{i \in j} g_i, \quad \sum_{i=1}^{N} h_i = \sum_{j=1}^{T}\sum_{i \in j} h_i \quad （4\text{-}38）$$

代入到目标函数中，可得：

$$\begin{aligned}
O_F &= \sum_{j=1}^{T} w_j \times \sum_{j=1}^{T}\sum_{i \in j} g_i + \frac{1}{2}\sum_{j=1}^{T} w_j^2 \times \sum_{j=1}^{T}\sum_{i \in j} h_i + \frac{1}{2}\lambda\sum_{j=1}^{T} w_j^2 + \gamma T \\
&= \sum_{j=1}^{T}\left(w_j \sum_{i \in j} g_i\right) + \frac{1}{2}\sum_{j=1}^{T}\left[w_j^2\left(\sum_{i \in j} h_i + \lambda\right)\right] + \gamma T
\end{aligned} \quad （4\text{-}39）$$

令：

$$G_j = \sum_{i \in j} g_i, \quad H_j = \sum_{i \in j} h_i \quad （4\text{-}40）$$

目标函数可化为：

$$O_F = \sum_{j=1}^{T} G_j w_j + \frac{1}{2} \sum_{j=1}^{T} [(H_j + \lambda) w_j^2] + \gamma T$$

$$= \sum_{j=1}^{T} \left[G_j w_j + \frac{1}{2} (H_j + \lambda) w_j^2 \right] + \gamma T \qquad (4\text{-}41)$$

我们的目的是要让目标函数最小，问题可以视为目标函数中的每个加和项最小，即可以转化为求解加和项二次函数 $A(w_j)$ 的极小值问题，其中 w_j 为加和项二次函数的自变量：

$$A(w_j) = G_j w_j + \frac{1}{2} (H_j + \lambda) w_j^2 \qquad (4\text{-}42)$$

令 $A^*(w_j)$ 的一阶导数为 0 可得其对应的 w_j^* 的值为：

$$w_j^* = -\frac{G_j}{H_j + \lambda} \qquad (4\text{-}43)$$

从而可得目标函数：

$$O_F = -\frac{1}{2} \sum_{j=1}^{T} \frac{G_j^2}{H_j + \lambda} + \gamma T \qquad (4\text{-}44)$$

我们最终的目标就是要使得上述目标函数值最小，其中 G_j 是所有叶节点上损失函数的一阶导之和，H_j 是对应的二阶导之和，T 为叶节点数量，λ 和 γ 都是超参数，因此目标函数中的项都是容易得到的。

4.7
快速梯度提升算法

快速梯度提升算法（light gradient boosting machine，LightGBM）由微软研究团队于 2017 年提出，旨在提升 GBM 算法在大型数据集中的计算速度和建模表现，解决了 GBM 在大型数据上无法权衡模型表现和计算成本的问题。

传统 GBM 的建树策略一般采用预排序遍历（pre-sorted）的方式，其计算复杂度随着样本量和变量数呈倍数乃至指数增长。常见的替代方案是将变量做离散化处理：对于样本集合 S，仍有属性 X 且其 V 个取值能划分成 h 个取值范围 $\{R_1, R_2, \cdots, R_h\}$，其中 R 代表属性 X 的某段取值范围，进而可以将 S 分成 h 个子集 $\{s_1, s_2, s_3, \cdots, s_h\}$ 到 h 个分支节点中，那么可以将 V 个子集的信息熵之和近似为 h 个子集的信息熵之和，并依此进行构建决策树。在大型数据集中，变量取值个数 V 的值通常远大于其变量范围个数 h，因此在计算属性 X 熵增益时，其计算成本会有所降低。但当数据量特别庞大且难以将变量范围有效划分时，离散化处理方案也难以降低计算成本。

在 GBM 算法中，梯度的大小可以用来衡量某个样本拟合程度的好坏，可以认为梯度越小的样本，拟合效果越好。对于小梯度的样本，LightGBM 认为可以将其舍去，以降低下一轮建模的计算成本。但简单地舍去小梯度样本会扰乱原始数据集的数据分布，进而会损害模型的学习能力。为了充分利用 GBM 的梯度来对模型样本进行采样，LightGBM 中采用了梯度单边采样（gradient-based one-side sampling，GOSS）算法，即保留全部大梯度样本，随机采样部分小梯度样本，同时为了弥补未采样到的小梯度样本的熵增益贡献，在计算变量熵增益时会对采样到的小梯度样本的熵增益值进行倍率方法，以此尽可能维持原样本分布。具体来说：

① 给定训练集为 S，每一轮迭代时大梯度样本比例为 a，小梯度样本比例为 b；

② 使用全部样本构建第一棵树，计算梯度，根据梯度绝对值排序；

③ 选取前 $a\%$ 的大梯度样本，在剩余 $(1-a)\%$ 的小梯度样本中随机选取 $b\%$ 的样本；

④ 将选取的两部分样本合并作为第二棵树的训练集，并在计算小梯度样本的熵增益值时乘以因子 $(1-a)/b$；

⑤ 重复上述步骤，直至达到拟合精度阈值或达到预先设置的数棵树的上限。

除降低建模所用的样本数量以外，LightGBM 还对高维度的变量进行分组整合，采用的方法被称为互斥特征合并（exclusive feature bundling，EFB）。EFB 方法中规定，取值不同时相同的变量称为互斥变量，比如变量 A 与变量 B 的取值虽然可能都会为 0，但永远不会同时为 0。相反，取值有一定概率，会同时相同的变量被称为非互斥变量。变量的互斥程度可以用取值同时相同的个数比例来表示。EFB 方法将互斥变量进行分组打包，并将组内变量整合成 1 个变量，从而降低整体变量维度。具体而言：

① 计算每个变量与其他变量的互斥程度之和，并据此排序；

② 根据互斥程度降序的顺序，选择第一个总互斥程度最高的变量，创

建第一个的变量空集合，将第一个变量放入第一个变量集；

③ 选择第二个变量，计算第一个变量集与该变量的冲突程度，若冲突程度小于事先设定的阈值，则将其放入第一个变量集中；若冲突程度高于阈值，则创建第二个变量空集合并将第二个变量放入其中；

④ 重复第三步，直至循环完全部变量，最终输出结果应当是数个不等长的变量集合，每个变量集合中的变量之间的冲突程度都小于事先设定的阈值。

EFB 方法还规定了将集合内的变量组合的方式。简单而言，若合并的变量之间没有取值范围重叠，那么可以简单地将变量合并相加，反之，则可以给某些变量整体加上一个偏置常数，使它们的取值范围互相独立。

参 考 文 献

[1] Quinlan R. Induction of decision trees[J]. Machine Learning, 1986, 1: 81-106.

[2] Quinlan R. C4.5: Programs for machine learning[J]. California: Morgan Kaufmann, 1992.

[3] Breiman L, Friedman J, Olshen R, et al. Classification and regression trees[M]. Boca Raton: CRC Press, 1984.

[4] Breiman L. Random Forests[J]. Machine Learning, 2001, 45: 5-32.

[5] Friedman J. Greedy function approximation: A gradient boosting machine[J]. The Annals of Statistics, 2001, 29: 1189-1232.

[6] Friedman J, Hastie T, Tibshirani R. Additive logistic regression: a statistical view of boosting[J]. The Annals of Stats, 2000, 28: 337-407.

[7] Guolin K, Qi M, Thomas F, et al. Light GBM: a highly efficient gradient boosting decision tree 31st Conference on Neural Information Processing Systems[J]. Long Beach, 2017.

第 5 章

聚类方法

5.1
k 均值聚类方法

　　k 均值聚类（*k*-means）方法也称 *k* 均值算法，多次在历史上被不同科学领域的学者独立提出，如 S. Hugo（1956 年）、L. Stuart（1957 年，发表于 1982 年）、G. H. Ball（1965 年）、M. James（1967 年）。*k* 均值聚类方法虽然原理简单且历史久远，但它到目前为止仍然是最常用的聚类算法[1]。

　　假设有一个样本集合 $S = \{s_i, i = 1, \cdots, N\}$，共有 N 个样本以及若干个自变量，需要被划分到 K 个聚类 $\{c_k, k = 1, \cdots, K\}$ 中，则每个样本 s_i 到其最近的聚类 c_k 的中心 μ_k 的距离 d_{ik} 可写为：

$$d_{ik} = \| s_i - \mu_k \|^2 \tag{5-1}$$

聚类 c_k 中所有样本到 c_k 的中心 s_i 的距离之和为：

$$\sum_{x_i \in c_k} d_{ik} = \sum_{x_i \in c_k} \| x_i - \mu_k \|^2 \tag{5-2}$$

则 K 个聚类中所有样本到各自最近的聚类中心的距离之和 D 可以写为：

$$D = \sum_{k=1}^{K} \sum_{x_i \in c_k} d_{ik} = \sum_{k=1}^{K} \sum_{x_i \in c_k} \| x_i - \mu_k \|^2 \tag{5-3}$$

目的就是要找到总距离之和 D 最小的聚类情况。但实际上这是一个类似于 NP-hard（non-deterministic polynomia-hard）的问题，并不存在一种合理的搜索策略来找到最佳的解。因此 k 均值聚类算法采用的是贪婪策略求解，在数据量较大的情况下往往只能找到局部最优解。k 均值聚类的算法步骤如下：

① 随机产生 K 个聚类中心 $\{\mu_k, k=1, \cdots, K\}$，将每个样本归到其最近的聚类中；

② 计算每个样本到其最近的聚类中心的距离并求和；

③ 改变某个聚类中心 μ_k，计算 K 个聚类的总距离之和 D，若总距离之和 D 的值减小，则更新该聚类中心 μ_k，反之则保留；

④ 重复步骤③直到 K 次；

⑤ 重复步骤③至④直到总距离之和 D 达到阈值或者重复次数达到设定的上限。

从上述步骤可以看出，k 均值聚类的初始点的选取较为重要。如果从较不合理的初始点出发计算，则需要相对较多的迭代步数才能达到预期结果。因此 A. David 和 V. K. Sergei 提出了 k 均值聚类++（K-mean++）的初始化方法[2]，该方法通过选择有更高概率接近最终聚类中心的初始中心，从而提高收敛速度。其大致原理如下：

① 随机产生 K 个聚类中心 $\{\mu_k, k=1, \cdots, K\}$ 中的首个中心 μ_1；

② 计算每个样本 s_i 与 μ_1 的距离 d_{i1}，并据此计算得到样本概率分布 $G(s_i)$：

$$G(s_i) = \frac{d_{i1}^2}{\sum_{i=1}^{N} d_{i1}^2} \qquad (5\text{-}4)$$

③ 从 $G(s_i)$ 采样得到第二个聚类中心 μ_2；

④ 重复步骤②与③，直到生成 K 个聚类中心；

⑤ 其余步骤同 k 均值聚类。

5.2
噪声密度聚类方法

噪声密度聚类方法（density-based spatial clustering of applications with noise，DBSCAN）是一种基于数据集密度估计的聚类算法[3]。DBSCAN 的核

心设想是聚类中的每个样本的半径 ε 周围必须要存在一定数量 MinPts 以上的同类邻近样本，其中半径 ε 和邻近样本最小数量 MinPts 为超参数。如果以欧式距离为例，定义聚类中每个样本 s_i 的邻近样本 s_k 集合则有：

$$N_\varepsilon(s_i) = \{s_k \in S \mid d(s_i, s_k) \leqslant \varepsilon\} \qquad (5\text{-}5)$$

式中，d 为样本 s_i 与 s_k 之间的距离。对于任意的样本 s_k，只要满足 $s_k \in N_\varepsilon(s_i)$ 和 $N_\varepsilon(s_i)$ 的样本大于 MinPts，我们就称 s_k 可以从 s_i 密度直达（directly density-reachable）。s_k 不满上述条件之一，但存在一组点 $s_k, s_{k+1}, \cdots, s_{k+n}, s_{k+n+1}, \cdots, s_i$ 且任意先后连续两点 s_{k+n} 与 s_{k+n+1} 满足密度直达条件，则称 s_k 可以从 s_i 密度可达（density-reachable）。若 s_i 也满足从 s_k 密度可达，那么可以称 s_i 与 s_k 之间密度连接（density-connected）。

因此我们可以定义每个聚类 c_k 需要满足以下 2 个条件：

① 任一对样本 s_i 与 s_k，若 $s_i \in c_k$，且 s_k 满足从 s_i 直达，必有 $s_k \in c_k$；

② 任一对 c_k 中的样本 s_i 与 s_k 必定满足密度连接、$d(s_i, s_k) \leqslant \varepsilon$ 以及 $N_\varepsilon(s_i)$ 内样本数大于 $N_\varepsilon(s_i)$。

在此基础上，DBSCAN 算法过程可以被定义为如下：

① 计算每个样本 s_i 的邻近样本集合 $N_\varepsilon(s_i)$，并根据 $N_\varepsilon(s_i)$ 的样本数量是否大于 MinPts 来确定 s_i 是否是聚类中心点；

② 随机选取由步骤①确定的聚类中心点，将满足与聚类中心点密度连接的样本形成一个聚类；

③ 重复步骤②，直到所有的中心点被访问过。

M. Ankerst 等在 DBSCAN 基础上，引入了可达距离（reachable distance）的概念，并根据聚类中心与其他样本的可达距离大小进行排序，来替代 DBSCAN 中随机选取聚类中心的操作，该算法被称为对点排序识别聚类结构（ordering points to identify the clustering structure，OPTICS）方法[4]。

5.3
评估指标

（1）轮廓分数

在没有真实标签的前提下，最常用的评估聚类优劣的指标是轮廓分数

（silhouette score）[5]。对于样本集合 $S = P\{s_i, i = 1, \cdots, N\}$，我们可以计算出对应的轮廓分数 S_S 为：

$$S_S = \frac{1}{N} \sum_{i=1}^{N} \frac{b(s_i) - a(s_i)}{\max[b(s_i) - a(s_i)]} \tag{5-6}$$

式中，N 为样本数；$b(s_i)$ 为 s_i 与其他聚类的最短距离；$a(s_i)$ 为 s_i 与其所在聚类的其他样本距离的均值。轮廓分数的范围在 -1 到 1 之间变动，当轮廓分数趋近于 1 时，意味着 $b(s_i) \ll a(s_i)$，也就是 s_i 与其他聚类的样本距离反而更小，此种情况表示聚类错误。相反，当轮廓分数趋近于 1 时，聚类情况更好。

（2）兰德分数

兰德分数（rand index，RI）用于衡量真实标签与预测标签分布之间的差异[6]。对于数量为 N，样本集合 $S = \{s_i, i = 1, \cdots, N\}$，兰德分数 RI 定义为：

$$RI = \frac{2(a + b)}{N(N - 1)} \tag{5-7}$$

式中，a 代表具有相同真实标签且分配给同一个聚类的样本对的个数；b 代表具有不同真实标签且分配给不同聚类的样本对的个数。较高的兰德分数表明聚类结果更准确。兰德系数可能会因为偶发的极端聚类情况而产生偏差，因此也有人提出了其他调整后的兰德分数[7]。

（3）完整性分数

对于样本集合 $S = \{s_i, i = 1, \cdots, N\}$，若其样本被分配到 $K = \{k, k = 1, \cdots, K\}$ 个聚类中，则完整性分数（completeness）[8,9] 定义为：

$$C = 1 - \frac{H(Y_p \mid Y_t)}{H(Y_p)} \tag{5-8}$$

其中 $H(Y_p \mid Y_t)$ 和 $H(Y_p)$ 分别定义为：

$$H(Y_p \mid Y_t) = -\sum_k \sum_i \frac{n(k,i)}{N} \lg\left[\frac{n(k,i)}{n_t(k)}\right] \tag{5-9}$$

$$H(Y_p) = -\sum_k \frac{n_p(k)}{N} \lg\left[\frac{n_p(k)}{N}\right] \tag{5-10}$$

式中，$n(k,i)$ 表示属于聚类 k 的具有真实标签 i 的样本个数；$n_t(k)$ 表示属于聚类 k 的真实的样本数；$n_p(k)$ 表示属于聚类 k 的预测的样本数。当完整性分数趋于 1 时,表明所有具有相同真实标签的样本都被分配在同一个类里,而趋于 0 时,则意味着聚类结果没有实际结果含义。

（4）同质性

同质性分数（homogeneity，h）[8,9]是完整性分数的补充，用于评判同个聚类中具有相同真实标签样本占比的程度，其定义为：

$$h = 1 - \frac{H(Y_t | Y_p)}{H(Y_t)} \tag{5-11}$$

其中 $H(Y_t | Y_p)$ 和 $H(Y_t)$ 分别定义为：

$$H(Y_t | Y_p) = -\sum_k \sum_i \frac{n(k,i)}{N} \log\left[\frac{n(k,i)}{n_p(k)}\right] \tag{5-12}$$

$$H(Y_t) = -\sum_k \frac{n_t(k)}{N} \log\left[\frac{n_t(k)}{N}\right] \tag{5-13}$$

$n(k,i)$、$n_p(k)$ 以及 $n_t(k)$ 的定义见完整性分数部分。当同质性分数趋于 1 时，表明同一个聚类的具有相同真实标签的样本占比越大，而趋于 0 时，则意味着聚类结果没有实际结果含义。

参 考 文 献

[1] Jain A. Data clustering: 50 years beyond K-means[J]. Pattern Recognition Letters, 2010, 31: 651-666.

[2] David A, Sergei V K. Means: The advantages of careful seeding[J]. Proceedings of the Eighteenth Annual ACM-SIAM Symposium on Discrete Algorithms, New Orleans, 2007.

[3] Ester M, Kriegel H, Sander J, et al. A density-based algorithm for discovering clusters in large spatial databases with noise[C]//Proceedings of the Second International Conference on Knowledge Discovery and Data Mining. Portland, 1996.

[4] Ankerst M, Breunig M, Kriegel H P, et al. OPTICS: Ordering points to identify the clustering structure[C]//International Conference on Management of Data. Pennsylvania, 1999.

[5] Rousseeuw P. Silhoueetes: a graphical aid to the interpretation and validation of cluster analysis[J]. Journal of Computational and Applied Mathmatics, 1987, 20: 53-65.

[6] Lawrence H, Arabie P. Comparing partitions[J]. Journal of Classification, 1985, 2: 193-218.

[7] Steinley D. Properties of the hubert-arable adjusted rand index[J]. Psychological Methods, 2004, 9: 386-96.

[8] Becker H. Identification and characterization of events in social media[J]. New York: Columbia University, 2011.

[9] Rosenberg A, Hirschberg J. V-Measure: A conditional entropy-based external cluster evaluation[C]// Conference on Empirical Methods in Natural Language Processing and Computational Natural Language learning. Prague, 2007.

第 6 章

人工神经网络

人工神经网络（artificial neural networks，ANN）是一种试图模拟生物体神经系统结构的新型信息处理系统，特别适于模式识别和复杂的非线性函数关系拟合等，是从实验数据中总结规律的有效手段[1]。

人工神经网络系统虽然提出很早，但其作为人工智能的一种计算工具受到重视，始自 20 世纪 50 年代末。当时著名的感知机模型的提出，初步确立了人工神经网络研究的基础。从此对它的研究步步深入，不断取得巨大的进展[2]。

神经网络系统理论研究的意义就在于它以模拟人体神经系统为自己的研究目标，并具有人体神经系统的基本特征：第一，每一个神经细胞都是一个简单的信息处理单元；第二，神经细胞之间按一定的方式相互连接，构成神经网络系统，且按一定的规则进行信息传递与存储；第三，神经网络系统可按已发生的事件积累经验，从而不断修改该系统的网络连接权重与存储数据。

人工神经网络的连接机制，是由简单信息处理单元（神经元）互连组成的网络，能接收并处理信息，它是通过把问题表达成处理单元之间的连接权重来处理的。决定神经网络模型整体性能的三大要素有：神经元（信息处理单元）的特性；神经元之间相互连接的形式即"拓扑结构"；为适应环境而改善性能的学习规则。神经网络的工作方式由两个阶段组成："学习期"，即神经元之间的连接权重值，可由学习规则进行修改，以使目标（或称准则）函数达到最小；"工作期"，即连接权重值不变，由网络的输入得到相应的输出。

6.1
反向人工神经网络

20 世纪 90 年代初斯坦福大学 E. R. David 教授提出了反向传播人工神经网络（back propagation artificial neural network，BP-ANN）算法[3]，使得 Hopfield 模型和多层前馈型神经网络成为了今天人们在广泛使用的神经网络模型。神经网络系统理论是以人脑的智力功能为研究对象，并以人体神经细胞的信息处理方法为背景的智能计算机与智能计算理论。

BP-ANN 的总体网络结构，就是构成其神经网络的层数和每层的节点数。对 BP-ANN 而言，有三层网络足以应对多数问题。其中隐含层为一层，而输入与输出又各占一层。仅有极少数情况会用到两层或两层以上的隐含层。

BP-ANN 的优点是具有很强的非线性拟合能力，数学家已证明：仅用三层的 BP-ANN 就能拟合任意的非线性函数关系。人工神经网络属于"黑箱"方法，在应变量和自变量间关系复杂、机理不清的情况下，利用人工神经网络总能拟合出输入（自变量）和输出（应变量）间的关系，并能利用这种关系预报未知。人工神经网络的局限性是网络的训练次数较难控制（既不要太多，太多了往往"过拟合"，也不要太少，太少了往往"欠拟合"），在有噪声样本干扰的情况下，人工神经网络的预报结果不够准确，特别是外推结果不够可靠。

反向传播（back-propagation，BP）网络是目前应用最广的一类人工神经网络，它是一种以有向图为拓扑结构的动态系统，也可看作是一种高维空间的非线性映射。

典型的反向传播人工神经网络示意如图 6-1，设 w_{ji}^l 为 $l-1$ 层上节点 i 至 l 层上节点 j 的连接权值，Net_j^l 和 Out_j^l 分别为 l 层上节点 j 的输入值和输出值，且 $\mathrm{Out}_0^l \equiv 1$，$X_i(i=1,\cdots,N)$ 为网络的输入因素，转换函

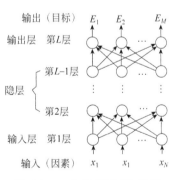

图 6-1 一个典型的 BP 网络

数 f 为 Sigmoid 形式（S 型函数）：

$$f(x) = \frac{1}{1 + e^{-x}} \tag{6-1}$$

则 BP 网络的输出与输入之间的关系如下：

$$\begin{cases} \text{Out}_j^l = x_j & (j = 0, 1, \cdots, N) \\ \vdots \\ \text{Net}_j^l = \sum_{i=0}^{\text{pot}(l-1)} w_{ij}^l \text{Out}_i^{l-1} & (l = 2, 3, \cdots, L) \\ \text{Out}_j^i = f(\text{Net}_j^l) & (j = 1, 2, \cdots, \text{pot}(l)) \\ \vdots \\ \hat{E}_j = \text{Out}_j^L & (j = 1, 2, \cdots, M) \end{cases} \tag{6-2}$$

式中，$\text{pot}(l)(l = 1, 2, \cdots, L)$ 为各层节点数，且 $\text{pot}(1) = N$，$\text{pot}(L) = M$；$\hat{E}_j$ 为目标 E_j 的估计值。

BP 网络的学习过程是通过误差反传算法调整网络的权值 w_{ji}，使网络对于已知 n 个样本目标值的估计值与实际值之误差的平方和 J：

$$J = \frac{1}{2n} \sum_{i=1}^{n} \sum_{j=1}^{M} (E_{ij} - \hat{E}_{ij})^2 \tag{6-3}$$

最小；这一过程可用梯度速降法实现。算法流程如下：

① 初始化各权值 $w_{ji}^1 (i = \overline{0, \text{pot}(l-1)}, j = \overline{0, \text{pot}(l)}, l = \overline{2, L})$；

② 随机取一个样本，计算其 $\hat{E}_j (j = 1, 2, \cdots, M)$；

③ 反向逐层计算误差函数值 $\delta_j^l (j = \overline{0, \text{pot}(l)}, l = \overline{2, L})$：

$$\begin{cases} \delta_j^L = f'(\text{Net}_j^L)(\hat{E}_j - E_j) & (j = \overline{1, M}) \\ \delta_j^l = f'^{(\text{Net}_j^l)} \sum_{i=1}^{\text{pot}(l+1)} \delta_i^{l+1} w_{ij}^{l+1} & [l = \overline{(L-1), 2}] \end{cases} \tag{6-4}$$

④ 修正权值：

$$W_{ji}^l(t+1) = W_{ji}^l(t) - \eta \delta_j^l \text{Out}_i^{l-1} + \alpha[W_{ji}^l(t) - W_{ji}^l(t-1)] \tag{6-5}$$

式中，t 为迭代次数；η 为学习效率；α 为动量项。

⑤ 重复步骤②～④，直至收敛于给定条件。

6.2

Kohonen 自组织网络

多层感知器的学习和分类是以已知一定的先验知识为条件的，即网络权值的调整是在监督情况下进行的。而在实际应用中，有时并不能提供所需的先验知识，这就需要网络具有能够自学习的能力。T. Kohonen 提出的自组织网络（亦称特征映射图）就是这种具有自学习功能的神经网络[4,5]。这种网络是基于生理学和脑科学研究成果提出的。

脑神经科学研究表明：传递感觉的神经元排列是按某种规律有序进行的，这种排列往往反映所感受的外部刺激的某些物理特征。例如，在听觉系统中，神经细胞和纤维是按照其最敏感的频率分布而排列的。为此，T. Kohonen 认为，神经网络在接受外界输入时，将会分成不同的区域，不同的区域对不同的模式具有不同的响应特征，即不同的神经元以最佳方式响应不同性质的信号激励，从而形成一种拓扑意义上的有序图。这种有序图也被称为特征图，它实际上是一种非线性映射关系，它将信号空间中各模式的拓扑关系几乎不变地反映在这张图上，即各神经元的输出响应上。由于这种映射是通过无监督的自适应过程完成的，所以也称它为自组织特征图。

在这种网络中，输出节点与其邻域其他节点广泛相连，并相互激励。输入节点和输出节点之间通过强度 $W_{ij}(t)$ 相连接。通过某种规则，不断地调整 $W_{ij}(t)$，使得在稳定时，每一邻域的所有节点对某种输入具有类似的输出，并且这聚类的概率分布与输入模式的概率分布相接近。

自组织学习通过自动寻找样本中的内在规律和本质属性，自组织、自适应地改变网络参数与结构。自组织网络的自组织功能是通过竞争学习实现的。完成自组织特征映射的算法较多。Kohonen 自组织网络示意图如图 6-2，下面给出其一种常用的自组织算法[6]：

① 权值初始化并选定邻域的大小；

② 输入样本的模式；

③ 计算空间距离 d_j（d_j 是所有输入节点与连接强度之差的平方和）；

④ 选择节点 j，它满足 $\min(d_j)$；

⑤ 改变节点 j 和其邻域节点的连接强度；

⑥ 回步骤②，直到满足 $d_j(i)$ 的收敛条件。

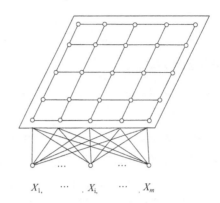

$$X_{1,} \quad \cdots \quad X_{i,} \quad \cdots \quad X_m$$

图 6-2　Kohonen 自组织网络二维平面线阵

　　总之，Kohonen 网络的功能就是通过自组织方法，用大量的样本训练数据来调整网络的权值，使得最后网络的输出能够反映样本数据的分布情况。

参 考 文 献

[1] Wasserman P D. Neural Computing Theory and Practice[J]. New York: Van Nostrand-Reinhold, 1989.

[2] Zupan J, Gasteiger J. Neural networks in chemistry and drug design[J]. Winheim: Wiley-Vch Verlag, 1999.

[3] Rumelhard D, Mccelland J. Paralled distributed processing[J]. Exploration in the Microstructure of Cognition, Cambridge: MIT Press, 1986.

[4] Kohonen T. Self-Organisation and associative memory[M]. 3rd edition: Berlin: Springer, 1990.

[5] Kohonen T. Self-Organizing maps[M]. Berlin: Springer, 1997.

[6] Melssen W J, Smits J R M , Buydens L M C, et al. Tutorial, using artificial neural networks for solving chemical problems: Part Ⅱ. Kohonen self-organizing feature maps and Hopfield networks[J]. Chemometrics and Intelligent Laboratory Systems, 1994, 23: 267-291.

第**7**章

遗传算法和遗传回归

7.1
遗传算法

　　遗传算法（genetic algorithm）是美国的 J. Holland 教授于 1975 年首先提出的模拟生物进化过程的启发式随机搜索算法[1]。遗传算法对基因型对象进行操作，不受目标函数连续性和梯度存在性的限制，适用于目标函数为黑箱或无法直接求得梯度的优化问题。遗传算法易并行运行在多个 CPU 上，能够节约时间成本；遗传算法采用概率化的寻优方法，能够在没有指定规则的条件下自适应地调整全局优化搜索的方向；遗传算法具有可扩展性，这指的是它很容易与其他算法结合使用，如遗传算法可应用于机器学习中的特征筛选[2]、超参数优化[3]等。当前，遗传算法已广泛应用于运筹优化[4,5]、机器学习[6]、分子设计[7,8]和生命科学[9]等领域。

　　遗传算法的流程图如图 7-1 所示，其中涉及的基本运算步骤如下。

　　编码（encode）：将待优化参数编码成由基因组成的染色体，二进制编码是常用的编码方式。二进制编码用长度为 L 的二进制染色体编码一个 $x \in [x_1, x_2]$ 的实数，a_i 为第 i 位二进制编码的值（0 或 1）。下式表示了染色体与 x 的映射关系。

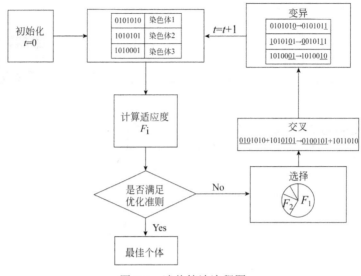

图 7-1　遗传算法流程图

$$x = \frac{\sum_{i=0}^{L-1} a_i 2^i}{2^l} (x_2 - x_1) + x_1 \quad (7\text{-}1)$$

初始化（initialization）：设置进化代数计数器 $t = 0$，设置最大进化代数 T，种群个体数 N，根据编码方式随机生成 N 个染色体作为初始群体 $P(0)$。

计算适应度（fitness）：根据目标函数定义适应度函数，然后计算种群 $P(t)$ 中所有个体的适应度。

选择（selection）：选择操作基于群体中个体的适应度评估，个体被选择的概率与其适应度成正比，被选择的个体参与交叉变异，遗传到下一代，未被选择的个体直接淘汰。

交叉（crossover）：将交叉算子作用于被选择的个体，产生下一代个体。交叉运算保留了个体中优良的基因，遗传到下一代。

变异（mutation）：将变异算子作用于被选择的个体，产生下一代个体。变异运算增加了种群的多样性，使得遗传算法能够跳出局部最优解。种群 $P(t)$ 经过选择、交叉、变异运算之后得到下一代种群 $P(t + 1)$。

算法终止条件判断：若最优个体满足优化目标或达到最大迭代次数，则以进化过程中所得到的具有最大适应度个体解码后作为最优解输出，从而终止计算。

7.2
遗传回归

符号回归（symbolic regression）是一种回归分析方法，其目的在于找到合适的数学操作符如加减乘除，组合特征形成表达式来拟合给定的数据集。符号回归方法得到的模型具有较好的可解释性，被用于自然科学领域的公式搜索和建模[10]。

遗传算法解决的问题可以归结为一个参数优化问题，即找到参数的最优值使得目标函数最大或最小化，参数之间没有结构，但是在解决复杂问题时，需要结构优化。结构优化不仅优化参数，而且优化参数之间的关系。遗传编程（genetic programming，GP）的出发点是在计算机中自动生成功能程序，其基本形式可以是代数表达式、逻辑表达式或一个小程序片段[11]。遗传编程通过一种语法树（syntax tree）的方式编码个体的染色体，这种编码方式表达了数据与数据之间的结构关系，使其能够解决结构优化问题和结构学习问题。遗传编程与遗传算法的流程相同，不同点在于编码方式和交叉、选择、变异算子，遗传编程适合于结构学习问题。

遗传回归（genetic regression）使用遗传编程方法搜索符号回归中的表达式，并将表达式作为特征输入线性模型建模，遗传回归提供了一种不依赖领域知识，自动从数据中搜索有意义的特征的方法[12]。图 7-2 表示了遗传回归与符号回归和遗传编程的关系。

图 7-2 遗传回归与符号回归和遗传编程的关系

遗传回归通过特征间运算转化，从原始特征空间搜索生成与因变量高线性相关的特征，它不依赖于领域知识，弥补了线性模型无法直接拟合非线性关系的缺点，有关计算步骤如下。

（1）编码

不同于遗传算法采用二进制编码，遗传编程使用语法树编码，使个体能够表达结构并进行交叉变异，编码过程将特征用语法树映射到个体，个体表达为语法树，树的叶节点为特征或常数，内部节点为加减乘除等数学操作符。解码过程只需从叶节点向上回溯。图 7-3 表示了一个具体的回归特征的语法树结构。

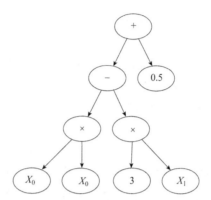

图 7-3 特征 $X = X_0 \times X_0 - 3 \times X_1 + 0.5$ 的语法树

（2）计算适应度

线性模型假设自变量与因变量之间线性相关，相关系数度量两个随机变量之间的线性相关性，高相关系数特征通常可以提高线性模型的预测精度，并且相关系数的计算复杂度低，适合大量个体并行计算。相关系数 p 计算公式如下：

$$p = \frac{\sum_{i=1}^{n}(X_i - \bar{X})(Y_i - \bar{Y})}{\sqrt{\sum_{i=1}^{n}(X_i - \bar{X})^2}\sqrt{\sum_{i=1}^{n}(Y_i - \bar{Y})^2}} \qquad (7\text{-}2)$$

式中，$\bar{X}$ 和 $\bar{Y}$ 分别为 X 和 Y 变量的平均值；n 为样本个数。

回归模型中过于复杂的特征（对应算法中的个体）容易导致模型过拟合且可解释性较差，因此，适应度的计算中通常加入对个体复杂的惩罚项 C 来得到较为简单的个体。

$$F = |p| - C \times \text{len}(X) \qquad (7\text{-}3)$$

式中，F 为个体的适应度；p 是相关系数；C 是复杂度惩罚系数；$\text{len}(X)$ 为个体语法树的长度（复杂度）。

（3）选择

选择出的个体参与交叉变异产生下一代，其原则是高适应度个体有较高概率保留以传递优秀的基因到下一代，适应度低的个体也有较小概率保留以保持种群中的物种多样性。设个体 i 的适应度为 F_i，则个体 i 被选择的概率为：

$$P_i = \frac{F_i}{\sum_{i=1}^{n} F_i} \qquad (7\text{-}4)$$

（4）交叉和变异

交叉是生成下一代个体的主要方式，保留了个体中优良的基因片段，如图 7-4 所示，交叉将两个被选择个体的相同子树进行交换生成下一代个体。

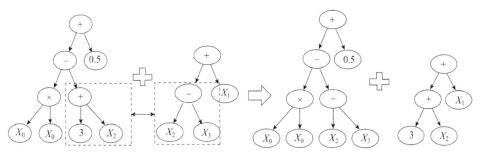

图 7-4　交叉运算示意图

点变异和子树变异是常用的变异方式。点变异随机改变语法树的某一个或多个节点，引入新的基因。图 7-5 为通过点变异运算产生新特征（个体）的示意图。

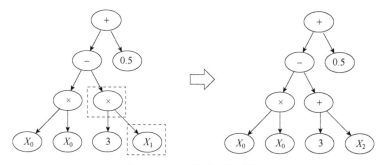

图 7-5　点变异运算示意图

子树变异选择一个个体的一个内部节点，用另一个个体替换原个体以此内部节点为根节点的子树，子树变异造成了更大的基因替换，会改变语法树的复杂度，提高种群的多样性。图 7-6 为通过子树变异运算产生新特征（个体）的示意图。

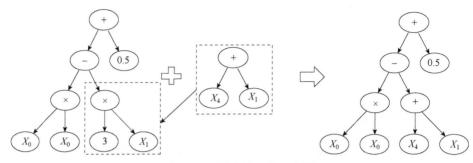

图 7-6　子树变异运算示意图

（5）使用生成的新特征建立回归模型

遗传回归的实现程序有基于 MATLAB 的 GPTIPS[13]，基于 Python 实现的 GPlearn[14]等。

遗传回归是基于遗传编程框架下的机器学习算法，能够不依赖领域知识训练有意义的特征，得到同时具有可解释性和高预测性能的回归模型。

参 考 文 献

[1]　Frederick H R. Review of adaptation in natural and artificial systems by John H Holland[J]. ACM Sigart Bulletin, 1975, 18: 529-530.

[2]　Shi L, Chang D, Ji X, et al. Using data mining to search for perovskite materials with higher specific surface area[J]. Journal of Chemical Information and Modeling, 2018, 58: 2420-2427.

[3]　Zhang Q, Chang D, Zhai X, et al. OCPMDM: Online computation platform for materials data mining[J]. Chemometrics and Intelligent Laboratory Systems, 2018, 177: 26-34.

[4]　Horn J , Nafpliotis N , Goldberg D E . A niched pareto genetic algorithm for multi-objective optimization[J]. Proceedings of the First IEEE Conference on Evolutionary Computation, USA, 1994.

[5]　Fonseca C M, Fleming P J. Genetic algorithms for multiobjective optimization: Formulation discussion and generalization[C]//Proceedings of the 5th International Conference on Genetic Algorithms. Urbana-Champaign, 1993.

[6]　Azarhoosh A R, Zojaji Z, Nejad F M. Nonlinear genetic-base models for prediction of fatigue life of modified asphalt mixtures by precipitated calcium carbonate[J]. Road Materials and Pavement Design, 2020, 21: 850-866.

[7]　Parrill A L. Introduction to evolutionary algorithms[M]. New York: John Wiley & Sons Ltd., 2008.

[8]　Deaven D M, Kai-Ming H. Molecular geometry optimization with a genetic algorithm[J]. Physical Review Letters, 1995, 75: 288-291.

[9]　Petersen K, Taylor W R. Modelling zinc-binding proteins with GADGET: genetic algorithm and distance geometry for exploring topology[J]. Journal of Molecular Biology, 2003, 325: 1039-1059.

[10]　Sun S, Ouyang R, Zhang B, et al. Data-driven discovery of formulas by symbolic regression[J]. Mrs Bulletin, 2019, 44: 559-564.

[11] Angeline J P. Genetic programming: On the programming of computers by means of natural selection[J]. Cambridge: MIT Press, 1994, 33: 69-73.

[12] Douglas A A, Helio J C B. Symbolic regression via genetic programming[C]//Brazilian Symposium on Neural Networks. Champaign, 2000.

[13] Searson D P, Leahy D E, Willis M J. GPTIPS: An open source genetic programming toolbox for multigene symbolic regression[J]. Lecture Notes in Engineering & Computer conference, 2010, 2180: 83-93.

[14] Gplearn. [Online]. https://gplearn.readthedocs.io/en/stable.

第 8 章

支持向量机方法

众所周知，统计模式识别、线性或非线性回归以及人工神经网络等方法是数据挖掘的有效工具，已随着计算机硬件和软件技术的发展得到了广泛的应用[1-4]，我们亦曾将若干数据挖掘方法用于材料设计、药物构效关系和工业优化的研究[5-12]。

但多年来我们也受制于一个难题：传统的模式识别或人工神经网络方法都要求有较多的训练样本，而许多实际课题中已知样本较少。对于小样本集，训练结果最好的模型不一定是预报能力最好的模型。因此，如何从小样本集出发，得到预报（推广）能力较好的模型，成为模式识别研究领域内的一个难点，即所谓"小样本难题"。数学家 N. V. Vapnik 等通过 30 余年的严格的数学理论研究，提出来的统计学习理论（statistical learning theory，SLT）[13]和支持向量机（support vector machine，SVM）算法已得到国际数据挖掘学术界的重视，并在语音识别[14]、文字识别[15]、药物设计[16]、组合化学[17]、时间序列预测[18]等研究领域得到成功应用，该新方法从严格的数学理论出发，论证和实现了在小样本情况下能最大限度地提高预报可靠性的方法，其研究成果令人鼓舞。张学工、杨杰等率先将有关研究成果引入国内计算机学界，并开展了 SVM 算法及其应用研究[19]，我们则在化学化工和材料领域开展了 SVM 的应用研究。

本章节主要介绍 Vapnik 等在 SLT 基础上提出的 SVM 算法，包括支持向量分类（support vector classification，SVC）算法和支持向量回归（support vector regression，SVR）算法。

8.1

统计学习理论简介

8.1.1　背景

　　现实世界中存在大量我们尚无法准确认识但却可以进行观测的事物，如何从一些观测数据（样本）出发得出目前尚不能通过原理分析得到的规律，进而利用这些规律预测未来的数据，这是统计模式识别（基于数据的机器学习的特例）需要解决的问题。统计是我们面对数据而又缺乏理论模型时最基本的（也是唯一的）分析手段。N. V. Vapnik 等早在 20 世纪 60 年代就开始研究有限样本情况下的机器学习问题，但这些研究长期没有得到充分的重视。近 10 年来，有限样本情况下的机器学习理论逐渐成熟起来，形成了一个较完善的 SLT 体系。而同时，神经网络等较新兴的机器学习方法的研究则遇到一些重要的困难，比如如何确定网络结构的问题、过拟合与欠拟合问题、局部极小点问题等。在这种情况下，试图从更本质上研究机器学习的 SLT 体系逐步得到重视。1992—1995 年，N. V. Vapnik 等在 SLT 的基础上发展了 SVM 算法，在解决小样本、非线性及高维模式识别问题中表现出许多特有的优势，并能够推广应用到函数拟合等其他机器学习问题。很多学者认为，它们正在成为继模式识别和神经网络研究之后机器学习领域中新的研究热点，并将推动机器学习理论和技术有重大的发展。神经网络研究容易出现过拟合问题，是由于学习样本不充分和学习机器设计不合理，由于此矛盾的存在，所以造成在有限样本情况下：①经验风险最小不一定意味着期望风险最小；②学习机器的复杂性不但与所研究的系统有关，而且要和有限的学习样本相适应。SLT 体系及其 SVM 算法在解决"小样本难题"过程中所取得的核函数应用等方面的突出进展令人鼓舞，已被认为是目前针对小样本统计估计和预测学习的最佳理论。

8.1.2　原理

　　N. V. Vapnik 的 SLT 的核心内容包括下列四个方面：①经验风险最小化

原则下统计学习一致性的条件；②在这些条件下关于统计学习方法推广性的界的结论；③在这些界的基础上建立的小样本归纳推理原则；④实现这些新的原则的实际方法（算法）。

设训练样本集为 $(y_1, \boldsymbol{x}_1), \cdots, (y_n, \boldsymbol{x}_n), \boldsymbol{x} \in R^m, y \in R$，其拟合（建模）的数学实质是从函数集中选出合适的函数 $f(x)$，使风险函数

$$R[f] = \int\limits_{X \times Y} [y - f(\boldsymbol{x})]^2 P(x, y) \mathrm{d}x \mathrm{d}y \qquad (8\text{-}1)$$

最小。但因概率分布函数 $P(x, y)$ 为未知，上式无法计算，更无法求其极小。传统的统计数学遂假定上述风险函数可用经验风险函数 $R_{\mathrm{emp}}[f]$ 代替：

$$R_{\mathrm{emp}}[f] = \frac{1}{n} \sum_{i=1}^{n} [y - f(\boldsymbol{x}_i)]^2 \qquad (8\text{-}2)$$

根据大数定律，式（8-2）只有当样本数 n 趋于无穷大且函数集足够小时才成立。这实际上是假定最小二乘意义的拟合误差最小作为建模的最佳判据，结果导致拟合能力过强的算法的预报能力反而降低。为此，SLT 用结构风险函数 $R_h[f]$ 代替 $R_{\mathrm{emp}}[f]$，并证明了 $R_h[f]$ 可用下列函数求极小而得：

$$\min_{S_h} \left\{ R_{\mathrm{emp}}[f] + \sqrt{\frac{h(1 + \ln 2n / h) - \ln(\delta / 4)}{n}} \right\} \qquad (8\text{-}3)$$

式中，n 为训练样本数目；S_h 为 VC 维空间结构；h 为 VC 维数，即对函数集复杂性或者学习能力的度量。$1 - \delta$ 为表征计算的可靠程度的参数。

SLT 要求在控制以 VC 维为标志的拟合能力上界（以限制过拟合）的前提下追求拟合精度。控制 VC 维的方法有三大类：①拉大两类样本点集在特征空间中的间隔；②缩小两类样本点各自在特征空间中的分布范围；③降低特征空间维数。一般认为特征空间维数是控制过拟合的唯一手段，而新理论强调靠前两种手段可以保证在高维特征空间的运算仍有低的 VC 维，从而保证限制过拟合。

对于分类学习问题，传统的模式识别方法强调降维，而 SVM 与此相反。对于特征空间中两类点不能靠超平面分开的非线性问题，SVM 采用映照方法将其映照到更高维的空间，并求得最佳区分二类样本点的超平面方程，作为判别未知样本的判据。这样，空间维数虽较高，但 VC 维仍可压低，从而限制了过拟合。即使已知样本较少，仍能有效地做统计预报。

对于回归建模问题，传统的机器学习算法在拟合训练样本时，将有限样本数据中的误差也拟合进数学模型了。针对传统方法这一缺点，SVR 采用

"不敏感函数"，即对于用 $f(\boldsymbol{x})$ 拟合目标值 y 时 $f(\boldsymbol{x}) = \boldsymbol{w}^{\mathrm{T}}\boldsymbol{x} + b$，目标值 y_i 拟合在 $|y_i - \boldsymbol{w}^{\mathrm{T}}\boldsymbol{x} - b| \leqslant \varepsilon$ 时，即认为进一步拟合是无意义的。这样拟合得到的不是唯一解，而是一组无限多个解。SVR 方法是在一定约束条件下，以 $\|\boldsymbol{w}\|$ 取极小的标准来选取数学模型的唯一解。这一求解策略使过拟合受到限制，显著提高了数学模型的预报能力。

8.2
支持向量分类算法

8.2.1　线性可分情形

SVM 算法是从线性可分情况下的最优分类面（optimal hyperplane）提出的。所谓最优分类面就是要求分类面不但能将两类样本点无错误地分开，而且要使两类的分类空隙最大。d 维空间中线性判别函数的一般形式为 $g(x) = \boldsymbol{w}^{\mathrm{T}}\boldsymbol{x} + b$，分类面方程是 $\boldsymbol{w}^{\mathrm{T}}\boldsymbol{x} + b = 0$，我们将判别函数进行归一化，使两类所有样本都满足 $|g(\boldsymbol{x})| \geqslant 1$，此时离分类面最近的样本的 $|g(\boldsymbol{x})| \geqslant 1$，而要求分类面对所有样本都能正确分类，就是要求它满足

$$y_i(\boldsymbol{w}^{\mathrm{T}}\boldsymbol{x}_i + b) - 1 \geqslant 0, i = 1, 2, \cdots, n \tag{8-4}$$

式中，使等号成立的那些样本叫作支持向量（support vectors）。两类样本的分类空隙（margin）的间隔 M 大小：

$$M = \frac{2}{\|\boldsymbol{w}\|} \tag{8-5}$$

因此，最优分类面问题可以表示成如下的约束优化问题，即在式（8-4）的约束条件下，求函数

$$\varphi(\boldsymbol{w}) = \frac{1}{2}\|\boldsymbol{w}\|^2 = \frac{1}{2}(\boldsymbol{w}^{\mathrm{T}}\boldsymbol{w}) \tag{8-6}$$

的最小值。为此，可以定义如下的 Lagrange 函数：

$$L(\boldsymbol{w}, b, \alpha) = \frac{1}{2}\boldsymbol{w}^{\mathrm{T}}\boldsymbol{w} - \sum_{i=1}^{n} \alpha_i[y_i(\boldsymbol{w}^{\mathrm{T}}\boldsymbol{x}_i + b) - 1] \tag{8-7}$$

式中，$a_i \geqslant 0$ 为 Lagrange 系数。我们的问题是对 $\boldsymbol{w}$ 和 b 求 Lagrange 函数的最小值。把式（8-7）分别对 $\boldsymbol{w}$、b、α_i 求偏微分并令它们等于 0，得：

$$\frac{\partial L}{\partial \boldsymbol{w}} = 0 \Rightarrow \boldsymbol{w} = \sum_{i=1}^{n} \alpha_i y_i \boldsymbol{x}_i \tag{8-8}$$

$$\frac{\partial L}{\partial b} = 0 \Rightarrow \sum_{i=1}^{n} \alpha_i y_i = 0 \tag{8-9}$$

$$\frac{\partial L}{\partial \alpha_i} = 0 \Rightarrow \alpha_i[y_i(\boldsymbol{w}^{\mathrm{T}} \boldsymbol{x}_i + b) - 1] = 0 \tag{8-10}$$

以上三式加上原约束条件可以把原问题转化为如下凸二次规划的对偶问题：

$$\begin{cases} \max \sum_{i=1}^{n} a_i - \frac{1}{2} \sum_{i=1}^{n} \sum_{j=1}^{n} \alpha_i \alpha_j y_i y_j (\boldsymbol{x}_i^{\mathrm{T}} \boldsymbol{x}_j) \\ \text{s.t.} \quad a_i \geqslant 0, i = 1, \cdots, n \\ \qquad \sum_{i=1}^{n} a_i y_i = 0 \end{cases} \tag{8-11}$$

这是一个不等式约束下二次函数极值问题，存在唯一最优解。若 α_i^* 为最优解，则：

$$\boldsymbol{w}^* = \sum_{i=1}^{n} a_i^* y_i \boldsymbol{x}_i \tag{8-12}$$

α_i^* 不为零的样本即为支持向量，因此，最优分类面的权系数向量是支持向量的线性组合。

b^* 可由约束条件 $\alpha_i[y_i(\boldsymbol{w}^{\mathrm{T}} \boldsymbol{x}_i + b) - 1] = 0$ 求解，由此求得的最优分类函数是：

$$f(x) = \mathrm{sign}[(\boldsymbol{w}^*)^{\mathrm{T}} \boldsymbol{x}_i + b^*] = \mathrm{sign}\left(\sum_{i=1}^{n} a_i^* y_i \boldsymbol{x}_i^* \boldsymbol{x} + b^* \right) \tag{8-13}$$

式中，$\mathrm{sign}()$ 为符号函数。

8.2.2 非线性可分情形

当用一个超平面不能把两类点完全分开时（只有少数点被错分），可以引入松弛变量 ξ_i（$\xi_i \geqslant 0, i = 1, \cdots, n$），使超平面 $\boldsymbol{w}^{\mathrm{T}} \boldsymbol{x} + b = 0$ 满足：

$$y_i(\boldsymbol{w}^{\mathrm{T}}\boldsymbol{x}_i + b) \geqslant 1 - \xi_i \qquad (8\text{-}14)$$

当 $0 < \xi_i < 1$ 时样本点 x_i 仍旧被正确分类，而当 $\xi_i \geqslant 1$ 时样本点 x_i 被错分。为此，引入以下目标函数：

$$\psi(\boldsymbol{w}, \boldsymbol{\xi}) = \frac{1}{2}\boldsymbol{w}^{\mathrm{T}}\boldsymbol{w} + C\sum_{i=1}^{n}\xi_i \qquad (8\text{-}15)$$

式中，C 是一个正常数，称为惩罚因子。此时 SVM 可以通过二次规划（对偶规划）来实现：

$$\begin{cases} \max \sum_{i=1}^{n}a_i - \dfrac{1}{2}\sum_{i=1}^{n}\sum_{j=1}^{n}\alpha_i\alpha_j y_i y_j(\boldsymbol{x}_i^{\mathrm{T}}\boldsymbol{x}_j) \\ \text{s.t.} \quad 0 \leqslant a_i \leqslant C, i = 1, \cdots, n \\ \qquad \sum_{i=1}^{n}a_i y_i = 0 \end{cases} \qquad (8\text{-}16)$$

8.3
支持向量机的核函数

若在原始空间中的简单超平面不能得到满意的分类效果，则必须以复杂的超曲面作为分界面，SVM 算法是如何求得这一复杂超曲面的呢？

首先通过非线性变换 $\boldsymbol{\Phi}$ 将输入空间变换到一个高维空间，然后在这个新空间中求取最优线性分类面，而这种非线性变换是通过定义适当的核函数（内积函数）实现的，令：

$$K(\boldsymbol{x}_i, \boldsymbol{x}_j) = \boldsymbol{\Phi}(\boldsymbol{x}_i) \cdot \boldsymbol{\Phi}(\boldsymbol{x}_j) \qquad (8\text{-}17)$$

用核函数 $K(\boldsymbol{x}_i, \boldsymbol{x}_j)$ 代替最优分类平面中的点积 $\boldsymbol{x}_i^{\mathrm{T}}\boldsymbol{x}_j$，就相当于把原特征空间变换到了某一新的特征空间，此时优化函数变为：

$$Q(a) = \sum_{i=1}^{n}a_i - \frac{1}{2}\sum_{i=1}^{n}\sum_{j=1}^{n}\alpha_i\alpha_j y_i y_j K(\boldsymbol{x}_i, \boldsymbol{x}_j) \qquad (8\text{-}18)$$

而相应的判别函数式则为：

$$f(x) = \text{sign}[(\boldsymbol{w}^*)^{\text{T}}\varphi(\boldsymbol{x}) + b^*] = \text{sign}\left(\sum_{i=1}^{n} a_i^* y_i K(\boldsymbol{x}_i, \boldsymbol{x}) + b^*\right) \quad (8\text{-}19)$$

式中，$\boldsymbol{x}_i$ 为支持向量；$\boldsymbol{x}$ 为未知向量。式（8-19）就是 SVM，在分类函数形式上类似于一个神经网络，其输出是若干中间层节点的线性组合，而每一个中间层节点对应于输入样本与一个支持向量的内积，因此也被叫作支持向量网络，如图 8-1 所示。

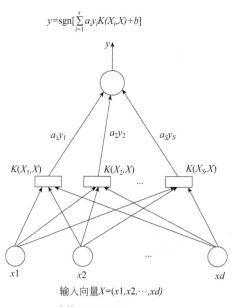

图 8-1　支持向量网络示意图

由于最终的判别函数中实际只包含未知向量与支持向量的内积的线性组合，因此识别时的计算复杂度取决于支持向量的个数。

目前常用的核函数形式主要有以下三类，它们都与已有的算法有对应关系。

① 多项式形式的核函数，即 $K(\boldsymbol{x}, \boldsymbol{x}_i) = [(\boldsymbol{x}^{\text{T}}\boldsymbol{x}_i) + 1]^q$，对应 SVM 是一个 q 阶多项式分类器。

② 径向基形式的核函数，即 $K(\boldsymbol{x}, \boldsymbol{x}_i) = \exp\left\{-\dfrac{\|\boldsymbol{x} - \boldsymbol{x}_i\|^2}{\sigma^2}\right\}$，对应 SVM 是一种径向基函数分类器。

③ S 形核函数，如 $K(\boldsymbol{x}, \boldsymbol{x}_i) = \tanh[v(\boldsymbol{x}^{\mathrm{T}} \boldsymbol{x}_i) + c]$，则 SVM 实现的就是一个两层的感知器神经网络，只是在这里不但网络的权值，而且网络的隐藏层节点数目也是由算法自动确定的。

8.4
支持向量回归方法

SVR 算法的基础主要是 ε 不敏感函数（ε-insensitive function）和核函数算法。若将拟合的数学模型表达为多维空间的某一曲线，则根据 ε 不敏感函数所得的结果就是包络该曲线和训练点的"ε 管道"。若不引入松弛变量，在所有样本点中，只有分布在"管壁"上的那一部分样本点决定管道的位置。这一部分训练样本称为"支持向量"。为适应训练样本集的非线性，传统的拟合方法通常是在线性方程后面加高阶项。此法诚然有效，但由此增加的可调参数未免增加了过拟合的风险。SVR 采用核函数解决这一矛盾。用核函数代替线性方程中的线性项可以使原来的线性算法"非线性化"，即能做非线性回归。与此同时，引进核函数达到了"升维"的目的，而增加的可调参数却很少，于是过拟合仍能控制。

8.4.1 线性回归情形

设样本集为：$(y_1, \boldsymbol{x}_1)$, $\cdots$, $(y_l, \boldsymbol{x}_l)$, $\boldsymbol{x} \in R^n$, $y \in R$，回归函数用下列线性方程来表示，

$$f(\boldsymbol{x}) = \boldsymbol{w}^{\mathrm{T}} \boldsymbol{x} + b \qquad (8\text{-}20)$$

最佳回归函数通过求以下函数的最小极值得出，

$$\Phi(\boldsymbol{w}, \xi_i, \xi_i^*) = \frac{1}{2} \| \boldsymbol{w} \|^2 + C \left(\sum_{i=1}^{l} \xi_i + \sum_{i=1}^{l} \xi_i^* \right) \qquad (8\text{-}21)$$

式中，C 是设定的惩罚因子值；ξ_i、ξ_i^* 为松弛变量的上限与下限。

N. V. Vapnik 提出运用下列不敏感损耗函数：

$$L_e(y) = \begin{cases} 0 & |f(\boldsymbol{x}) - y| < \varepsilon \\ |f(\boldsymbol{x}) - y| - \varepsilon & |f(\boldsymbol{x}) - y| \geqslant \varepsilon \end{cases} \tag{8-22}$$

通过下面的优化方程：

$$\max_{\alpha,\alpha^*} \boldsymbol{W}(\alpha,\alpha^*) = \max_{\alpha,\alpha^*} \begin{cases} -\dfrac{1}{2}\displaystyle\sum_{i=1}^{l}\sum_{j=1}^{l}(\alpha_i - \alpha_i^*)(\alpha_j - \alpha_j^*)(\boldsymbol{x}_i^{\mathrm{T}}\boldsymbol{x}_j) \\ +\displaystyle\sum_{i=1}^{l}\alpha_i(y_i - \varepsilon) - \alpha_i^*(y_i + \varepsilon) \end{cases} \tag{8-23}$$

在下列约束条件下：

$$0 \leqslant \alpha_i \leqslant C, \quad i = 1,\cdots,l$$

$$0 \leqslant \alpha_i^* \leqslant C, \quad i = 1,\cdots,l$$

$$\sum_{i=1}^{l}(\alpha_i^* - \alpha_i) = 0 \tag{8-24}$$

求解：

$$\bar{\alpha},\bar{\alpha}^* = \arg\min \begin{cases} \dfrac{1}{2}\displaystyle\sum_{i=1}^{l}\sum_{j=1}^{l}(\alpha_i - \alpha_i^*)(\alpha_j - \alpha_j^*)(\boldsymbol{x}_i^{\mathrm{T}}\boldsymbol{x}_j) \\ -\displaystyle\sum_{i}^{l}(\alpha_i - \alpha_i^*)y_i + \sum_{i}^{l}(\alpha_i + \alpha_i^*)\varepsilon \end{cases} \tag{8-25}$$

由此可得拉格朗日方程的待定系数 α_i 和 α_i^*，从而得回归系数和常数项：

$$\bar{w} = \sum_{i=1}^{l}(\alpha_i - \alpha_i^*)\boldsymbol{x}_i \tag{8-26}$$

$$\bar{b} = -\frac{1}{2}\bar{w}(\boldsymbol{x}_{\mathrm{r}} + \boldsymbol{x}_{\mathrm{s}}) \tag{8-27}$$

8.4.2　非线性回归情形

类似于分类问题，一个非线性模型通常需要足够的模型数据，与非线性 SVC 方法相同，一个非线性映射可将数据映射到高维的特征空间中，在其中就可以进行线性回归。运用核函数可以避免模式升维可能产生的"维数灾难"，即通过运用一个非敏感性损耗函数，非线性 SVR 的解即可通过下面方程求出：

$$\max_{\alpha,\alpha^*} W(\alpha,\alpha^*) = \max_{\alpha,\alpha^*} \begin{cases} -\dfrac{1}{2}\sum_{i=1}^{l}\sum_{j=1}^{l}(\alpha_i - \alpha_i^*)(\alpha_j - \alpha_j^*)K(\pmb{x}_i,\pmb{x}_j) \\ +\sum_{i=1}^{l}\alpha_i(y_i - \varepsilon) - \alpha_i^*(y_i + \varepsilon) \end{cases} \tag{8-28}$$

其约束条件为：

$$0 \leqslant \alpha_i \leqslant C, i = 1,2,\cdots,l$$

$$0 \leqslant \alpha_i^* \leqslant C, i = 1,2,\cdots,l$$

$$\sum_{i=1}^{l}(\alpha_i^* - \alpha_i) = 0 \tag{8-29}$$

由此可得拉格朗日待定系数 α_i 和 α_i^*，回归函数 $f(\pmb{x})$ 则为：

$$f(\pmb{x}) = \sum_{SV}(\alpha_i^* - \alpha_i)K(\pmb{x}_i,\pmb{x}) \tag{8-30}$$

8.5
支持向量机分类与回归算法的实现

由上两节可知，SVM 算法的主要核心就是求解二次规划问题。数学上解决有约束条件的二次规划（quadratic programming，QP）[20]的方法有很多种，但 QP 问题的求解算法本身就复杂且实现难度较大。更严重的是随着 SVM 训练样本数的增长，QP 问题对存储空间的需求以样本数的平方级增长。这些原因阻碍了 SVM 的更广泛应用。为此人们提出了多种改进方法，常见的有：Chunking 算法、Osuna 算法和 SMO 算法[21]。它们都利用了以下观察结论：在 QP 涉及的二阶矩阵中，把拉格朗日乘子 $\alpha_i = 0$ 所对应的行和列去掉，目标函数的值不变。这样，一个大规模的 QP 问题就可以分解为一系列小规模的 QP 问题进行求解。

其中 1998 年微软公司的 J. C. Platt 工程师提出的序列最小优化算法（sequential minimal optimization，SMO）最为有效[22]。接着 Smola 根据 J. C. Platt 为 SVC 设计的 SMO 算法提出了针对 SVR 的 SMO 算法[23]，即 Smola 算法。但 Smola 算法过于复杂，导致运算速度很慢。陶卿[24]和叶晨洲[25]简化了 Smola 算法，大大提高了运算速度。本文使用的 SVM 软件采用的就是简化的 Smola 版 SMO 算法。

在算法理论上，它可以看作是 Osuna 分解算法的一种极端情形。算法在每一步中采用有限的启发式方法选择两个对应系数违反规划条件的样本组成 QP 子问题。这样，整个过程中 QP 子问题的规模维持在 2，而这是满足约束条件的最低限度。对每个 QP 子问题，SMO 采用解析方法求解，从而大大提高了求解速度。当所有的 α_i 满足 KKT 条件时算法结束。SMO 算法所需的计算机内存与训练样本数目 n 呈线性关系，训练时间一般介于 $n \sim n^2$，因而可以处理非常大的训练样本集。目前 SMO 已成为训练 SVM 最常用的算法之一。

8.6
应用前景

基于 SLT 理论的 SVM 算法之所以从 20 世纪 90 年代以来受到很大的重视，在于它们对有限样本情况下模式识别中的一些根本性问题进行了系统的理论研究，并且在此基础上建立了一种较好的通用学习算法。以往困扰很多机器学习方法的问题，比如模型选择与过拟合问题、非线性和维数灾难问题、局部极小点问题等，在这里都得到了很大程度上的解决。而且，很多传统的机器学习方法都可以看作是 SVM 算法的一种实现，因而 SLT 和 SVM 被很多人视作研究机器学习问题的一个基本框架。一方面研究如何用这个新的理论框架解决过去遇到的很多问题；另一方面则重点研究以 SVM 为代表的新的学习方法，研究如何让这些理论和方法在实际应用中发挥作用。

SLT 有比较坚实的理论基础和严格的理论分析，但其中还有很多问题仍需人为决定。比如结构风险最小化原则中的函数子集结构的设计、SVM 中的内积函数（包括参数）的选择等。尚没有明确的理论结果指导我们如何进行这些选择。另外，除了在监督模式识别中的应用外，SLT 在函数拟合、概率密度估计等机器学习问题以及在非监督模式识别问题中的应用也是一个重要研究方向。

我们认为，SLT 和 SVM 算法（包括 SVC 和 SVR）有可能在化学化工和材料领域得到深入和广泛的应用，以往用人工神经网络、传统统计模式识别和线性及非线性回归等数据挖掘算法研究和处理的化学化工和材料数据都可能在应用 SVM 算法后得到更好的处理结果。特别是样本少、维数多的"小样本难题"，应用 SVM 算法建模会特别有效。可以预计，将来在分析化学的数据处理、化学数据库的智能化、有机分子的构效关系（QSAR、QSPR）、分子和材料设计、试验设计、化工生产优化以及环境化学、临床化学、地质探矿等多方面都有可能展开 SLT 和 SVM 算法的应用研究，并取得良好效果。

我们的研究工作已经证明：在处理噪声不大的实验或观测数据方面，特别是小样本数据集的机器学习方面，支持向量分类和支持向量回归与传统算法相比，常能显示明显的优越性。在工业生产过程的优化建模方面支持向量机算法的应用前景如何呢？初步计算实践表明：支持向量机用于规模不大的工业数据集，例如样本数百个、影响因子数十个的数据文件，即使噪声较大，用 SVC 或 SVR 也能得到很好的数学模型。非但如此，用 SVR 留一法还能起去噪声的作用：用留一法预报时，离群点（outliers）往往是预报误差最大的样本。据此可通过删去离群点的方法改进建模。至于新产品试制和故障诊断等工作，因是小样本问题，应用支持向量机的好处是显而易见的。

参 考 文 献

[1] Domine D, Devillers J, Chastrette M, et al. Non-linear mapping for structure-activity and structure-property modeling[J]. Journal of Chemomatrics, 1993, 7: 227-242.

[2] Wang Z, Jenq H, Kowalski B R. ChemNets: Theory and application[J]. Analytical Chemistry, 1995, 67: 1497-1504.

[3] Ruffini R, Cao J. Using neural network for springback minimization in a channel forming process[J]. SAE Mobilus, 1998, 107: 980082.

[4] Fukunaga K. Introduction to statistical pattern recognition[J]. Amsterdam: Elsevier, 1972.

[5] 陈念贻, 钦佩, 陈瑞亮, 等. 模式识别在化学化工中的应用[M]. 北京: 科学出版社, 2002.

[6] Chen N, Lu W. Chemometric methods applied to industrial optimization and materials optimal design[J]. Chemometrics and intelligent laboratory systems, 1999, 45: 329-333.

[7] Chen N, Lu W. Software package "Materials Designer" and its application in materials research[J]. Intelligent Processing and Manufacturing of Materials, Hawaii, 1999.

[8] Lu W, Yan L, Chen N. Pattern recognition and ANNS applied to the formobility of complex Idide[J]. Journal of Molecular Science, 1995, 11: 33.

[9] 刘亮, 包新华, 冯建星, 等. α-唑基-α-芳氧烷基频哪酮（芳乙酮）及其醇式衍生物抗真菌活性的分子筛选[J]. 计算机与应用化学, 2002, 19: 465.

[10] 陆文聪, 包新华, 吴兰, 等. 二元溴化物系（MBr-M'Br₂）中间化合物形成规律的逐级投影法研究[J]. 计算机与应用化学, 2002, 19: 474.

[11] 陆文聪, 冯建星, 陈念贻. 二种过渡元素和一种非过渡元素间形成三元金属间化合物的规律[J]. 计算机与应用化学, 2000, 17: 43.

[12] 陆文聪, 阎立诚, 陈念贻. PVPEC-PTC 和 V-PTC 材料优化设计专家系统[J]. 计算机与应用化学, 1996,

13: 39.

[13] Vapnik V N. The nature of statistical learning theory[M]. Berlin: Springer, 1995.

[14] Wan V, William C. Support vector machines for speaker verification and identification[C]//Neural Networks for Signal Processing. Proceedings of the IEEE Workshop, 2000, 2: 775-784.

[15] Thorsten J. Learning to classify text using support vector machines[J]. Universitaet Dortmund, 2001.

[16] Burbidge R, Trotter M, Buxton B, et al. Drug design by machine learning: support vector machines for pharmaceutical data analysis[J]. Computer and Chemistry, 2001, 26: 5-14.

[17] Trotter M W B, Buxton B F, Holden S B. Support vector machines in combinatorial chemistry[J]. Measurement and Control, 2001, 34: 235-239.

[18] Van G T, Suykens J A K, Baestaens D E, et al. Financial time series prediction using least squares support vector machines within the evidence framework[J]. IEEE Transactions on Neural Networks, 2001, 12: 809-821.

[19] Vapnik V N. 统计学习理论的本质[M]. 张学工, 译. 北京: 清华大学出版社, 2000.

[20] 袁亚湘, 孙文瑜. 最优化理论与方法[M]. 北京: 科学出版社, 1999.

[21] Keerthi S S, Shevade S K, Bhattacharyya C, et al. Improvements to platt's SMO algorithm for SVM classifier design[J]. Neural Computation, 2014, 13: 637-649.

[22] Platt J C. Fast training of support vector machines using sequential minimal optimization, advances in kernel methods[J]. Support Vector Machines (Edited by Scholkopf B, Burges C, Smola A), Cambridge: MIT Press, 1998.

[23] Smola A J, Scholkopf B. A tutorial on support vector regression[J]. Statistics and Computing, 1998, 14: 199-222.

[24] 陶卿, 曹进德, 孙德敏. 基于支持向量机分类的回归方法[J]. 软件学报, 2002, 13: 1024-1027.

[25] 叶晨洲. 数据挖掘算法泛化能力与软件平台的研究与应用[D]. 上海：上海交通大学, 2002: 71-75.

第9章

集成学习方法

9.1
集成学习算法概述

集成学习（ensemble learning，EL）是一种新的机器学习范式，它使用多个（通常是同质的）学习器来解决同一个问题。由于集成学习可以有效地提高学习系统的泛化能力，因此它成为国际机器学习界的研究热点。

在机器学习领域，最早的集成学习方法是 Bayesian Averaging。在此之后，集成学习的研究才逐渐引起了人们的关注。L. K. Hansen 和 P. Salamon[1]使用一组神经网络来解决问题，除了按常规的做法选择出最好的神经网络之外，他们还尝试通过投票法将所有的神经网络结合起来求解。他们的实验结果表明，这一组神经网络形成的集成，比最好的个体神经网络的性能还好。正是这一超乎人们想象的结果，使得集成学习引起了很多学者的重视。1990 年，R. E. Schapire[2]通过一个构造性方法对弱学习算法与强学习算法是否等价的问题做了肯定的证明，证明多个弱分类器（基本分类器）可以集成为一个强分类器，他的工作奠定了集成学习的理论基础。这个构造性方法就是 Boosting 算法的雏形。但是这个算法存在着一个重大的缺陷，就是必须知道学习算法正确率的下限，这在实际中很难做到。在 1995 年，Y. Freund 和 R. E.Schapire[3]

做了进一步工作，提出了 AdaBoost 算法，该算法不再要求事先知道泛化下界，可以非常容易地应用到实际的问题中去。1996 年，L. Breiman 提出了与 Boosting 相似的技术 Bagging，进一步促进了集成学习的发展。

狭义地说，集成学习是指利用多个同质的学习器来对同一个问题进行学习，这里的"同质"是指所使用的学习器属于同一种类型，例如所有的学习器都是决策树、都是神经网络等等。广义地说，只要是使用多个学习器来解决问题，就是集成学习[4, 5]。在集成学习的早期研究中，狭义定义采用得比较多，而随着该领域的发展，越来越多的学者倾向于接受广义定义。所以在广义的情况下，集成学习已经成为了一个包含内容相当多的、比较大的研究领域。

大致上来说，集成学习的构成方法可以分为四种。

① 输入变量集重构法。这种构成方法，用于集成的每个算法的输入变量是原变量集的一个子集。这种方法比较适用于输入变量集高度冗余的时候，否则的话，选取一个属性子集，会影响单个算法的性能，最终影响集成的结果。

② 输出变量集重构法。这种构成方法，主要是通过改变输出变量集，将多分类问题转换为二分类问题来解决。

③ 样本集重新抽样法。在这种构成方法中，用于集成的每个算法所对应的训练数据都是原来训练数据的一个子集。目前的大部分研究主要集中在使用这种构成方法来集成学习，如 Bagging、Boosting 等等。样本集重新抽样法对于不稳定的算法来说，能够取得很好的效果。不稳定的算法指的是当训练数据发生很小变化的时候，结果就能产生很大变化的算法。如神经网络、决策树。但是对于稳定的算法来说，效果不是很好。

④ 参数选择法。对于许多算法如神经网络、遗传算法来说，在算法应用的开始首先要解决的就是要选择算法参数。而且，由于这些算法操作过程的解释性很差，对于算法参数的选择没有确定的规则可依。在实际应用中，就需要操作者根据自己的经验进行选择。在这样的情况下，不同的参数选择，最终的结果可能会有很大的区别，具有很大的不稳定性。

集成算法的作用主要体现在如下四个方面。

① 提高预测结果的准确性。机器学习的一个重要目标就是对新的测试样本尽可能给出最精确的估计。构造单个高精度的学习器是一件相当困难的事情，然而产生若干个只比随机猜想略好的学习器却很容易。研究者们在应用研究中发现，将多个学习器进行集成后得到的预测精度明显高于单个学习

器的精度，甚至比单个最好的学习器的精度更高。

② 提高预测结果的稳定性。有些学习算法单一的预测结果时好时坏，不具有稳定性，不能一直保持高精度的预测。通过模型的集成，可以在多种数据集中以较高的概率普遍取得很好的结果。

③ 解决过拟合问题。在对已知的数据集合进行学习的时候，我们常常选择拟合度值最好的一个模型作为最后的结果。也许我们选择的模型能够很好地解释训练数据集合，但是却不能很好地解释测试数据或者其他数据，也就是说这个模型过于精细地刻画了训练数据，对于测试数据或者其他新的数据泛化能力不强，这种现象就称为过拟合。为了解决过拟合问题，按照集成学习的思想，可以选择多个模型作为结果，对于每个模型赋予相应的权重，从而集合生成合适的结果，提高预测精度。

④ 改进参数选择。对于一些算法而言，如神经网络、遗传算法，在解决实际问题的时候，需要选择操作参数。但是这些操作参数的选取没有确定性的规则可以依据，只能凭借经验来选取，对于非专业的一般操作人员会有一定的难度。而且参数选择不同，结果会有很大的差异。通过建立多个不同操作参数的模型，可以解决选取参数的难题，同时将不同模型的结果按照一定的方式集成就可以生成我们想要的结果。

集成学习经过了十几年的不断发展，各种不同的集成学习算法不断被提了出来，其中以 Boosting 和 Bagging 的影响最大。这两种算法也是被研究得最多的，它们都是通过改造训练样本集来构造集成学习算法。

Kearns 和 Valiant 指出[4]，在 PCA 学习模型中，若存在一个多项式级的学习算法来识别一组概念，并且识别正确率很高，那么这组概念是强可学习的；而如果学习算法识别一组概念的正确率仅比随机猜测略好，那么这组概念是弱可学习的。Kearns 和 Valiant 提出了弱学习算法与强学习算法的等价性问题，即是否可以将弱学习算法提升成强学习算法的问题。如果两者等价，那么在学习概念时，只要找到一个比随机猜测略好的弱学习算法，就可以将其提升为强学习算法，而不必直接去找通常情况下很难获得的强学习算法。1990 年，R. E. Schapire[6]通过一个构造性方法对该问题做出了肯定的证明，其构造过程称为 Boosting。1995 年 Y. Freund[7]对其进行了改进。在 Freund 的方法中通过 Boosting 产生一系列神经网络，各网络的训练集决定于在其之前产生的网络的表现，被已有网络错误判断的示例将以较大的概率出现在新网络的训练集中。这样，新网络将能够很好地处理对已有网络来说是很困难的示例。另一方面，虽然 Boosting 方法能够增强神经网络集成的泛化能力，但是同时也有可能使集成过分偏向于某几个特别困难的示例。因此，该方法不太稳定，有时能起到很好的作用，有时却没有效果。1995 年，Y. Freund 和 R. E. Schapire 提出了 AdaBoost（adaptive boosting）算法[3]，该算法的效率与 Freund[7, 8]算法很接近，而且可以很容易地应用到实际问题中，因此，该算法已成为目前最流行的 Boosting 算法。

9.2
Boosting 算法

Boosting[3, 6-12]方法总的思想是学习一系列分类器，在这个系列中每一个分类器对它前一个分类器导致的错误分类例子给予更大的重视。尤其是在学习完分类器之后，增加由之导致分类错误的训练示例的权值，并通过重新对训练示例计算权值，再学习下一个分类器。这个训练过程重复了几次。最终的分类器从这一系列的分类器中综合得出。在这个过程中，每个训练示例被赋予一个相应的权值，如果一个训练示例被分类器错误分类，那么就相应增加该例子的权值，使得在下一次学习中，分类器对该样本示例代表的情况更加重视。Boosting 是一种将弱分类器通过某种方式结合起来得到一个分类性能大大提高的强分类器的分类方法。这种方法将一些粗略的经验规则转变为高度准确的预测法则。强分类器对数据进行分类，是通过弱分类器的多数投票机制进行的。已经有理论证明任何弱分类算法都能够被有效地转变或者提升为强学习分类算法。该算法其实是一个简单的弱分类算法提升过程，这个过程通过不断的训练，可以提高对数据的分类能力。整个过程如下所示：

① 先通过对 N 个训练数据的学习得到第一个弱分类器 h_1；

② 将 h_1 分错的数据和其他的新数据一起构成一个新的有 N 个训练数据的样本，通过对这个样本的学习得到第二个弱分类器 h_2；

③ 将 h_1 和 h_2 都分错了的数据加上其他的新数据构成另一个新的有 N 个训练数据的样本，通过对这个样本的学习得到第三个弱分类器 h_3；

④ 最终经过提升的强分类器 h_{final} = Majority Vote (h_1, h_2, h_3)。即某个数据被分为哪一类要通过 h_1、h_2、h_3 的多数表决。

9.3

AdaBoost 算法

对于 Boosting 算法，存在两个问题：

① 如何调整训练集，使得在训练集上训练弱分类器得以进行；

② 如何将训练得到的各个弱分类器联合起来形成强分类器。

针对以上两个问题，AdaBoost 算法进行了如下调整：

① 使用加权后选取的训练数据代替随机选取的训练数据，这样将训练的焦点集中在比较难分的训练数据上；

② 将弱分类器联合起来时，使用加权的投票机制代替平均投票机制。让分类效果好的弱分类器具有较大的权重，而分类效果差的分类器具有较小的权重。

AdaBoost 算法是 Y. Freund 和 R. E. Schapire 根据在线分配算法提出的，他们详细分析了 AdaBoost 算法错误率的上界 ε，以及为了使强分类器 h_{final} 达到错误率 ε，算法所需要的最多迭代次数等相关问题。与 Boosting 算法[7]不同的是，AdaBoost 算法不需要预先知道弱学习算法学习正确率的下限即弱分类器的误差，并且最后得到的强分类器的分类精度依赖于所有弱分类器的分类精度，这样可以深入挖掘弱分类器算法的潜力。

AdaBoost 算法中不同的训练集是通过调整每个样本对应的权重来实现的。开始时，每个样本对应的权重是相同的，即 $U_1(i) = 1/n(i = 1, 2, \cdots, n)$，其中 n 为样本个数，在此样本分布下训练出一弱分类器 h_1。对于 h_1 分类错误的样本，加大其对应的权重；而对于分类正确的样本，降低其权重，这样分错的样本就被突出出来，从而得到一个新的样本分布 U_2。在新的样本分布下，再次对弱分类器进行训练，得到弱分类器 h_2。依次类推，经过了 T 次循环，得到了 T 个弱分类器，把这 T 个弱分类器按一定的权重叠加（boost）起来，得到最终想要的强分类器。

给定训练样本集 $D = (\boldsymbol{x}_1, y_1), \cdots, (\boldsymbol{x}_m, y_m), \cdots, y \in \{-1, +1\}$，AdaBoost 用一个弱分类器或基本学习分类器循环 T 次，每一个训练样本用一个统一的初始化权重来标注，

$$\omega_{t,i} = \begin{cases} \dfrac{1}{2M} & y_i = +1 \\ \dfrac{1}{2L} & y_i = -1 \end{cases} \tag{9-1}$$

式中，L 为正确分类样本数；M 为错误分类样本数。

训练的目标是寻找一个优化分类器 h_t，使之成为一个强分类器。对训练样本集进行 T 次循环训练。每一轮中，分类器 h_t 都专注于那些难分类的实例，并据此对每一个训练实例的权重进行修改。具体的权重修改规则描述如下：

$$D_{t+1}(i) = \frac{D_t(i)\mathrm{e}^{-\alpha_i y_i h_t(x_i)}}{Z_t} = \frac{\mathrm{e}^{-\sum_{j=1}^{t}\alpha_i y_i h_j(x_i)}}{L \cdot \prod_{j=1}^{t} Z_j} = \frac{\mathrm{e}^{-\mathrm{mrg}(x_i, y_i, f_i)}}{L \cdot \prod_{j=1}^{t} Z_j} \tag{9-2}$$

式中，Z_t 是标准化因子；h_t 是基本分类器；$\alpha_i (\alpha_i \in R)$ 是明显能降低 h_t 重要性的一个参数；$\mathrm{mrg}(x_i, y_i, f_i)$ 是数据点在如下函数中的函数边界

$$Z_t = \sum_{i=1}^{L} D_t(i) \cdot \exp[-\alpha_i y_i h_t(x_i)] \tag{9-3}$$

式中，$D_t(i)$ 是在 t 次循环中训练实例 i 的贡献权重[13,14]，等价于式（9-1）中的初始权重。

所以，最终的分类器 H 可以通过用带权重的投票组合多个基本分类器来得到，H 可以通过下式来描述：

$$H(x) = \mathrm{sign}\left[\sum_{t=1}^{T} \alpha_t h_t(x)\right] \tag{9-4}$$

AdaBoost 算法的流程如下：

① 给定训练样本集；

② 用式（9-1）来初始化和标准化权重系数；

③ 循环 $t = 1, \cdots, T$，在循环中的每一次：

a. 根据训练集的概率分布 D_t 来训练样本，并得到基本分类器 h_t；

b. 根据式（9-2）来更新权重系数；

④ 得到预报误差最小的基本分类器 h_i；

⑤ 输出最终的强分类器 H。

AdaBoost 算法中很重要的一点就是选择一个合适的弱分类器，选择是否合适直接决定了建模的成败。弱分类器的选择应该遵循如下两个标准：①弱分类器有处理数据重分配的能力；②弱分类器必须不会导致过拟合。

9.4
Bagging 算法

L. Breiman 在 1996 年提出了与 Boosting 相似的技术——Bagging[15]。Bagging 的基础是重复取样,它把产生样本的重复 Bootstrap 实例作为训练集,每次运行 Bagging 都随机地从大小为 n 的原始训练集中抽取 m 个样本作为此回训练的集合。这种训练集被称作原始训练集合的 Bootstrap 复制,这种技术也叫 Bootstrap 综合,即 Bagging。平均来说,每个 Bootstrap 复制包含原始训练集的 63.2%,原始训练集中的某些样本可能在新的训练集中出现多次,而另外一些样本则可能一次也不出现。Bagging 通过重新选取训练集增加了分量学习器集成的差异度,从而提高了泛化能力。

L. Breiman 指出,稳定性是 Bagging 能否提高预测准确率的关键因素。Bagging 对不稳定的学习算法能提高预测的准确度,而对稳定的学习算法效果不明显,有时甚至使预测精度降低。学习算法的不稳定性是指如果训练集有较小的变化,学习算法产生的预测函数将发生较大的变化。

Bagging 与 Boosting 的区别在于 Bagging 对训练集的选择是随机的,各轮训练集之间相互独立,而 Boosting 对训练集的选择不是独立的,各轮训练集的选择与前面各轮的学习结果有关;Bagging 的各个预测函数没有权重,而 Boosting 是有权重的;Bagging 的各个预测函数可以并行生成,而 Boosting 的各个预测函数只能顺序生成。对于像神经网络这样极为耗时的学习方法,Bagging 可通过并行训练节省大量的时间开销。

给定一个数据集 $L = \{(x_1, y_1), \cdots, (x_m, y_m)\}$,基本学习器为 $h(x, L)$。如果输入为 x,就通过 $h(x, L)$ 来预测 y。

假定有一个数据集序列 $\{L_k\}$,每个序列都由 m 个与 L 具有同样分布的独立实例组成。任务是使用 $\{L_k\}$ 来得到一个更好的学习器,它比单个数据集学习器 $h(x, L)$ 要强。这就要使用学习器序列 $\{h(x, L_k)\}$。

如果 y 是数值的,一个明显的过程是用 $\{h(x, L_k)\}$ 在 k 上的平均取代 $h(x, L)$,即通过 $h_A(x) = E_L h(x, L)$,其中 E_L 表示 L 上的数学期望,h 的下标 A 表示综合。如果 $h(x, L)$ 预测一个类 $j \in \{1, \cdots, J\}$,于是综合 $\{h(x, L_k)\}$ 的一种方法是通过投票。设 $M_j = \{k, h(x, L_k) = j\}$,使 $h_A(x) = \arg\max_j M_j$。

Bagging 的算法流程如下：

① 给定训练样本集 $S = \{(x_1, y_1), \cdots, (x_n, y_n)\}$；

② 对样本集进行初始化；

③ 循环 $t = 1, \cdots, T$，在循环中的每一次：

a. 从初始训练样本集 S 中用 Bootstrap 方法抽取 m 个样本，组成新的训练集 $S' = \{(x_1, y_1), \cdots, (x_m, y_m)\}$；

b. 在训练集 S' 上用基本分类器进行训练，得到 t 轮学习器 h_t；

c. 保存结果模型 h_t；

④ 通过投票法，将各个弱学习器 $h_1, h_2, \cdots, h_t$ 通过投票法集合成最终的强学习器 $h_A(x) = \text{sign}\left[\sum h_i(x)\right]$。

Brieman 指出，Bagging 所能达到的最大正确率为：

$$r_A = \int_{x \in C} \max_j P(j \mid x) P_x(\mathrm{d}x) + \int_{x \in C'} \left[\sum_j I[h_A(x) = j] P(j \mid x)\right] P_x(x) \quad (9\text{-}5)$$

式中，C 为序正确的输入集；C' 为 C 的补集；$I(\cdot)$ 为指示函数。

参 考 文 献

[1] Hansen L K, Slamon P. Neural network ensembles[J]. IEEE Transactions on Pattern Analysis and Machine Intelligence, 1990, 12: 933-1001.

[2] Schapire R E. The strength of weak learnability[J]. Machine Learning, 1990, 5: 197-227.

[3] Freund Y, Schapire R E. A decision-theoretic generalization of online learning and an application to boosting[J]. Journal of Computer and System Sciences, 1997, 55: 119-139.

[4] Kearns M, Valiant L. Limitations on learning boolean formulae and finite automata[J]. Journal of the Association for Computing Machinery, 1994, 41: 67-95.

[5] Zhou Z, Wu J, Tang W, et al. Combining regression estimators: GA-based selective neural network ensemble[J]. International Journal of Computational Intelligence and Applications, 2001, 1: 341-356.

[6] Schapire R E, Freund Y, Bartlett P, et al. Boosting the margin: A new explanation for the effectiveness of voting methods[J]. Annals of Statistics, 1998, 26: 1651-1686.

[7] Freund Y. Boosting a weak algorithm by majority[J]. Information and computation, 1995, 121: 256-285.

[8] Freund Y, Schapire R E. Large margin classification using the perceptron algorithm[J]. Machine Learning, 1999, 37: 277-296.

[9] Freund Y, Iyer R, Schapire R E, et al. An efficient boosting algorithm for combining preferences[J]. Journal Machine Learning Research, 2004, 4: 933-969.

[10] Freund Y, Mansour Y, Schapire R E. Generalization bounds for averaged classifiers[J]. Annals of Statistics, 2004, 32: 1698-1722.

[11] Freund Y, Schapire R E. Additive logistic regression: A statistical view of boosting-Discussion[J]. Annals of Statistics, 2000, 28: 391-393.

[12] Schapire R E, Singer Y. Improved boosting algorithms using confidence-rated predictions[J]. Maching Learning, 1999, 37: 297-336.

[13] Schapire R E. The boosting approach to machine learning: an overview[J]. MSRI Workshop on Nonlinear Estimation and classification. New York: Springer, 2002.

[14] Duffy N, Helmbold D. A geometric approach to leveraging weak learners[J]. Theoretical Computer Science, 2002, 284: 67-108.

[15] Breiman L. Bagging predictors[J]. Machine Learning, 1996, 24: 123-140.

第 10 章

特征选择方法和应用

10.1
特征变量筛选方法概论

特征筛选（feature selection）自 20 世纪 70 年代就已经引起研究者的关注[1]，一直是数据挖掘中重要的子领域[2]，而特征选择技术也被广泛用到数据挖掘[3]、图像检索[4]、文本分类[5, 6]等应用领域中。

特征筛选就是选取原始特征集合的一个有效子集的过程，使得基于这个特征子集训练出来的模型准确率最高。简单来说，特征筛选就是保留有用特征，移除冗余或无关的特征。在机器学习过程中，特征筛选具有简化模型，增加模型的可解释性，缩短训练时间，避免维度灾难，改善模型通用性、降低过拟合等作用。特征筛选的一般过程包括：产生过程（搜索起点和搜索策略）、评价准则、停止准则和验证方法，如图 10-1 所示。

其中搜索起点决定了搜索方向，指出从何处开始遍历，四个不同的搜索起点，分别对应四个搜索策略。

① 搜索起点为空集，每次加入一个得分最高（评价准则进行打分）特征到已选特征子集当中，这种搜索方式即为前向搜索。

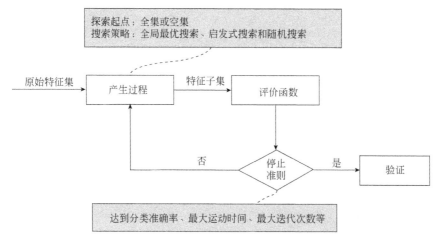

图 10-1　特征筛选的一般过程

② 搜索起点是全集（原始特征子集），每次搜索，得分最低的特征将被删除，这种搜索方式是后向搜索。

③ 搜索起点前后方向双管齐下，搜索过程中，加入 m 个特征到已选特征子集当中，并且从其中删除 n 个特征，这种搜索方式称为双向搜索。

④ 搜索起点随机选择，搜索期间增加或删除特征亦采取随机的方式，叫随机搜索，它有机会使算法从局部最优中跳出来，具有一定概率获取近似最优解。

根据特征子集的搜索方式，可将搜索策略分成全局最优搜索、启发式搜索和随机搜索。

评价准则种类较多，在分类问题中可使用分类正确率或错误率，在回归问题中则可以使用均方根误差、决定系数等。

停止准则一般与特征子集性能关系密切，可在上述评价准则不再上升或降低时停止搜索，也可以设置阈值（如指定的分类准确率、最大运行时间、最大迭代次数等），达到阈值便停止搜索，返回当前特征子集。此外，特征空间搜索完毕，特征选择过程自然就结束了。

结果验证是用最终返回的特征子集来训练和测试模型，验证其有效性，保证原始特征集合可被其取而代之，简化后续分析[7]。

特征选择有多种分类方式，下面是常见的三种：

① 根据有无类别特征，可以分为有监督、无监督特征选择算法。

② 按照搜索策略，有全局最优搜索、启发式搜索和随机搜索的特征选择算法。

③ 根据评价标准是否独立于学习算法，可划分为过滤式（filter）、封装式（wrapper）、嵌入式（embedded），本章主要介绍该分类方式。

10.2
过滤式

过滤式方法首先按照某种规则对原始特征进行选择，然后再用过滤后的特征子集来训练学习器，它完全独立于任何机器学习算法。这里的某种规则指按照发散性或相关性对各个特征进行评分，设定阈值或者待选择特征的个数，从而选择满足条件的特征。

常用的过滤式特征选择法有方差选择法[8]、相关系数法[8]、最大信息系数[9]、最大相关最小冗余[10]、卡方检验[8]、Relief[11]等。

10.2.1 方差选择法

在方差分析（analysis of variance，ANOVA）中，分析不同来源的变异对总变异的贡献大小，可以确定可控因素对研究结果影响力的大小。假如一个特征的方差很小，即样本在这个特征上基本没有差异，那么可以认为该特征对于样本区分没有什么作用。因此在使用时，可以分别计算每个特征的方差，然后根据阈值删除方差小于阈值的特征。

方差选择法将特征重要性完全归结为统计学上的方差，但实际上，方差很小的特征也可能携带非常重要的信息，这要结合特征的意义来考虑，不能脱离实际盲目使用。方差的计算还会受到异常值的影响，所以使用前需要事先对异常值进行相应的处理。

10.2.2 相关系数法

相关系数最早是由统计学家卡尔·皮尔逊设计的统计指标，是研究变量之间线性相关程度的量。在多种定义方式中，较为常用的是皮尔逊相关系数（Pearson correlation coefficient），特征变量 X 和 Y 的皮尔逊相关系数可由以下公式计算：

$$R = \frac{\sum_{i=1}^{n}(X_i - \bar{X})(Y_i - \bar{Y})}{\sqrt{\sum_{i=1}^{n}(X_i - \bar{X})^2}\sqrt{\sum_{i=1}^{n}(Y_i - \bar{Y})^2}} \tag{10-1}$$

相关系数法要计算各个特征间的相关系数，然后选取出相关系数大于阈值的特征变量对，并根据需求（变量的可解释性和可控制性等）删除变量对中的一个特征变量。对于选取出的特征变量对，也可以使用如下几种方法选择删除变量。

① 根据特征取值不同的个数判断，保留取值不同较多的特征。一般特征取值不同的越多，相对来说可能分裂的地方就越多，也就意味着这个特征包含的信息量越多。

② 将两特征变量单独与机器学习算法结合建立模型，选取使模型性能更好的特征。

值得注意的是，皮尔逊相关系数只能衡量变量间的线性相关性，该方法适合作为后续变量筛选的一个初步处理，不能依靠该方法计算特征与目标性能间的相关系数来选取特征，因为大多情况下特征与目标性能间呈现着复杂的非线性关系。

10.2.3 最大信息系数

最大信息系数（maximal information coefficient，MIC）是 2011 年 D. Reshef 提出用于检测变量之间非线性相关性的方法。该方法是在互信息法（mutual information）[12]的基础上提出的，避免了互信息中复杂的联合概率密度计算，打破了基于熵理论的评价准则，只能处理离散型特征的瓶颈，因此最大信息系数还可以应用于回归问题。最大信息系数衡量特征和类别（或目标属性）的相关性，值越大，相关性越高。特征 f_1、f_2 的 MIC 定义如下：

$$\text{MIC}(D) = \max_{XY<B(n)} M(D)_{X,Y} = \max_{XY<B(n)} \frac{I^*(D,X,Y)}{\ln[\min(X,Y)]} \qquad （10\text{-}2）$$

式中，$D = \{(f_{1i}, f_{2i}), i = 1, 2, \cdots, n\}$ 是一个有序对集合；X 表示将 f_1 的值域划分为 X 段；Y 表示将 f_2 的值域划为 Y 段；$XY < B(n)$ 表示网格数目不能大于 $B(n)$（数据总量的 0.6 或 0.55 次方）；$M(D)_{X,Y}$ 表示 D 中有序对的互信息，分子 $I^*(D,X,Y)$ 表示不同 $X \times Y$ 网格划分下的互信息最大值（有多个）；分母 $\ln[\min(X,Y)]$ 表示将不同划分下的最大互信息值归一化。

在各个特征与目标特征的 MIC 计算结束后，便可以根据 MIC 的大小对特征进行排序，然后根据阈值或者设定的特征个数选取特征变量。

10.2.4 最大相关最小冗余

最大相关最小冗余（mRMR）就是在原始特征集合中找到与类别相关性最大（max-relevance），但是特征彼此之间冗余性最小的一组特征（min-redundancy）。

从信息论的角度看，特征选择的目标就是选择特征子集 S，使得 S 与类别（目标属性）c 之间具有最大依赖度（max-dependency），即互信息 $I(S,c)$ 最大。而实际应用中，由于概率密度的估计比较难，从而基于最大依赖度的特征选择实现较困难。并且在特征筛选中，单个好的特征的组合可能并不能增加算法的性能，因为特征之间可能是高度相关的，这就导致了特征变量的冗余，从而 H. Peng 等提出了最大相关最小冗余算法[13]。

mRMR 使用特征子集 S 中的所有特征 f_i 与类别（目标属性）c 的互信息的平均值来代替最大依赖度：

$$\max D(S,c), D(S,c) = \frac{1}{|S|} \sum_{f_i \in S} I(f_i, c) \tag{10-3}$$

式中，$|S|$ 表示特征个数。

通过最大相关度准则选择出来的特征很有可能具有较多的冗余特征，因此在最大相关度准则的基础上加入如下最小冗余准则：

$$\min R(S), R(S) = \frac{1}{|S|^2} \sum_{f_i, f_j \in S} I(f_i, f_j) \tag{10-4}$$

mRMR 算法将以上两种约束结合起来，可表示为：

$$\max \Phi(D, R), \Phi(D, R) = D - R \tag{10-5}$$

若现在已经选出了 p 个特征，则可根据下面的评分函数从剩下的特征集合 $X - S_p$（S_p 表示包含 p 个特征的特征子集）中选择第 $p + 1$ 个特征加入特征子集 S_p。评分函数如下：

$$\max_{f_j \in X - S_p} \left[I(f_j, c) - \frac{1}{|S_p|} \sum_{f_i \in S_p} I(f_j, f_i) \right] \tag{10-6}$$

虽然 mRMR 在很多数据上能够取得不错的效果，但是其只考虑了冗余在数量上的大小，忽视了有些特征可能拥有的少量独有信息。因此，H. Peng 等在 mRMR 算法后还运用了封装式的序列前向选择或序列后向的方法来提升特征子集的质量。mRMR 方法还有可能过早地选入不相关的特征，而过晚地加入某些有用的特征。

10.2.5　卡方检验

经典的卡方检验（chi-square test）是一种假设检验方法，能够用于分类变量间的独立性检验。假设自变量有 N 种取值，因变量有 M 种取值，考虑自变量等于 i 且因变量等于 j 的样本频数的观察值与期望的差距，可构建统计量：

$$\chi^2 = \sum \frac{(A-E)^2}{E} \tag{10-7}$$

式中，A 为观察值；E 为期望频数。

在假设检验中，提出的原假设为变量间是独立无关的。根据卡方分布的性质可知，随着置信水平的提高，χ^2 值越大；也就是说，χ^2 值越大，将以更大的概率拒绝原假设，即两个变量的相关程度就越高，因此便可以以 χ^2 值为标准对特征进行排序来筛选变量。

10.2.6　Relief

Relief 算法是用于两类数据的分类问题的一种特征权重算法（feature weighting algorithms），根据各个特征和类别的相关性赋予特征不同的权重，此相关性基于特征对近距离样本的区分能力，权重小于某个阈值的特征将被移除。

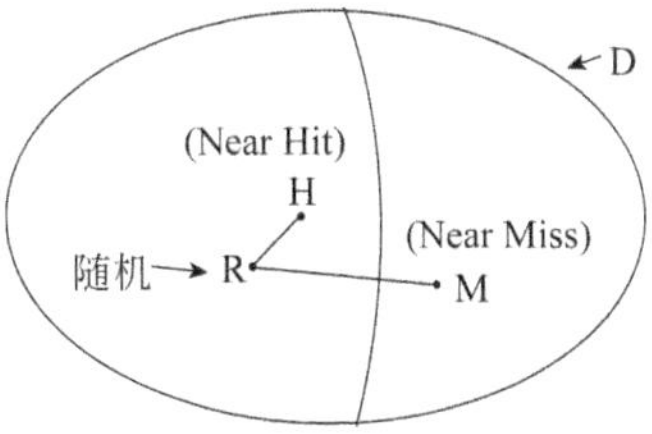

如图 10-2 所示，算法从训练集 D 中随机选择一个样本 R，然后从和 R 同类的样本中寻找最近邻样本 H，称为 Near Hit，从和 R 不同类的样本中寻找最近邻样本 M，称为 Near Miss。然后根据以下规则更新每个特征的权重：如果 R 和 Near Hit 在某个特征上的距离小于 R

图 10-2　Relief 算法示意图

和 Near Miss 上的距离，则说明该特征对区分同类和不同类的最近邻是有益的，则增加该特征的权重；反之，如果 R 和 Near Hit 在某个特征的距离大于 R 和 Near Miss 上的距离，说明该特征对区分同类和不同类的最近邻起负面作用，则降低该特征的权重。

以上过程重复 m 次，最后得到各个特征的平均权重。特征的权重越大，表示该特征的分类能力越强，反之，表示该特征分类能力越弱。

后来出现了可处理多类别问题的 ReliefF 算法[14]，以及针对回归问题提出的 RReliefF 算法[11]。

10.3

封装式

封装式方法是以后续机器学习模型的性能作为评价标准，采用搜索策略调整子集，以获取近似的最优子集的特征筛选方法，如图 10-3 所示[7]。

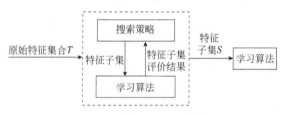

图 10-3　封装式特征筛选框架

封装式特征筛选方法由两部分组成，即搜索策略和学习算法。搜索策略在前文已有提及，主要包括全局最优搜索、启发式搜索和随机搜索[15]。学习算法的使用没有限制，主要用来评判特征子集的优劣，比如支持向量机、K 近邻、随机森林、XGBoost、高斯过程回归等。本小节的封装式方法按搜索策略的分类介绍。

10.3.1　全局最优搜索

全局最优搜索，即找到原始特征集合的全局最优子集，采用最多的是穷举法和分支定界法。

（1）穷举法

穷举法也称为耗尽式搜索，它通过搜索每一个存在的特征子集，来发现并选取符合要求的最优的特征子集。由于它可以遍历所有的特征集合，所以一定可以找到全局范围内的最优的特征组合，但算法的执行效率较低，实用性不强。

（2）分支定界法

分支定界法通过剪枝操作来缩短搜索所耗费的时间，也是目前为止全局最优搜索中唯一可以获得最优结果的方法；但是，它要求在搜索开始前预先设定最优特征子集的数目，子集评价函数要满足单调性，同时，当等待处理的特征的维数较高时，要重复多次执行算法，这些都在很大程度上限制了它的应用。

10.3.2 启发式搜索

启发式搜索是一种贪心算法，是对搜索的最优性和计算量进行了折中考虑的近似算法，其通过合理的启发规则的设计，重复迭代运算来产生最优的特征子集。

根据起始特征集合和搜索方向的不同，启发式搜索可分为序列前向选择（sequential forward selection，SFS）、序列后向选择（sequential backward selection，SBS）、双向选择（bidirectional selection，BDS）、增 L 去 R 选择（plus-L minus-R selection，LRS）、序列浮动选择（sequential floating selection，SFS）等[16]。

（1）序列前向选择

序列前向选择算法以空集为搜索起点，每次将一个能最大限度提升模型性能的特征加入特征子集，直至模型性能达到最优。

（2）序列后向选择

序列后向选择算法以全集为搜索起点建立模型，而后逐一剔除贡献最低的特征提升模型性能，直至模型性能达到最优。

（3）双向选择

使用序列前向选择从空集开始，同时使用序列后向选择从全集开始搜索，当两者搜索到一个相同的特征子集时停止搜索，在很多情况下该算法更快。

（4）增 L 去 R 选择

该算法有两种形式：算法从空集开始，每轮先加入 L 个特征，然后从中去除 R 个特征，使得评价函数值最优（$L > R$）。算法从全集开始，每轮先去除 R 个特征，然后加入 L 个特征，使得评价函数值最优（$L < R$）。

（5）序列浮动选择

增 L 去 R 选择算法中的 L 与 R 是固定的，而序列浮动选择的 L 与 R 不是固定的，是"浮动"的，也就是会变化的。序列浮动选择根据搜索方向的不同，也可以分为前向选择和后向选择两种，基本过程同增 L 去 R 选择类似。

启发式搜索的复杂性低，执行效率高，在实际的应用中使用十分广泛。需要关注的是，在序列前向和序列后向选择过程中，一旦某个特征被选择或者删除，将不能被撤回，这容易陷入局部最优。序列浮动选择则结合了序列前向选择和序列后向选择以及增 L 去 R 选择的优点，使得该算法适用性更高。

10.3.3　随机搜索

随机搜索策略选取特征随机，不确定性强，本次和下次选择的特征子集千差万别，随机搜索有一定概率使算法跳出局部最优，即防止陷入局部最优，找到近似最优解。

常用的随机搜索方法有遗传算法（genetic algorithm，GA）[17]、模拟退火（simulated annealing，SA）算法[18]、差分进化（differential evolution，DE）、蚁群算法（ant colony optimization，ACO）[19]、量子进化算法（quantum evolutionary algorithm，QEA）[20]、和声搜索算法（harmony search algorithm，HSA）、粒子群算法（particle swarm optimization，PSO）[21]、人工蜂群等。

10.4
嵌入式

嵌入式特征选择算法嵌入在学习算法当中，当模型训练过程结束就可以得到特征子集。

（1）基于树模型

嵌入式特征选择算法中最典型的是决策树算法，如 ID3[22]、C4.5[23]以及 CART 算法等，训练用到的特征便是特征选择的结果。决策树算法在树增长过程的每个递归步都必须选择一个特征，将样本集划分成较小的子集，选择特征的依据通常是划分后子节点的纯度，划分后子节点越纯，则说明划分效果越好，可见决策树生成的过程也就是特征选择的过程。

（2）基于惩罚项

比如基于 L_1 正则项的最小二乘回归方法 LASSO[24]。L_1 正则项的性质会使回归系数朝着 0 收缩，并且较小的系数可能会压缩为 0，导致特征稀疏实现特征选择。

（3）深度学习

深度学习将特征的表示和机器学习的预测学习有机地统一到一个模型中，建立一个端到端的学习算法，可有效地避免它们之间准则的不一致性。从深度学习模型中选择某一神经层的特征后就可以用来进行最终目标模型的训练[25]。

10.5
小结

（1）过滤式

过滤式方法独立于机器学习算法，从而泛化能力强；省去了学习器的训练步骤，复杂性低；可作为特征的预筛选器，快速去除大量无关特征，成本低，效率高。

但是也正因为过滤式方法独立于机器学习算法，所选的特征子集的建模效果相较于封装式方法较低。

（2）封装式

封装式方法选择的特征子集依靠于机器学习算法，从而相对于过滤式方法，封装式方法选取的特征子集的建模效果更好。封装式方法选出的特征通用性不强，当使用不同的机器学习算法时，需要针对该学习算法重新进行特征选择。此外，由于每次对子集的评价都要进行学习器的训练和测试，所以该框架计算复杂度高，执行时间长，不适合高维数据集。

（3）嵌入式

嵌入式方法效果最好速度最快，模式单调并且效果明显，但是如何设置参数，需要深厚的背景知识。

总的来说，特征变量的选取是一个偏主观的过程，往往要平衡模型的稳定性、泛化能力、复杂度以及可解释性的关系，可根据实际问题灵活组合使用，没有所谓的正误之分。

参 考 文 献

[1] Mucciardi A N, Gose E E. A comparison of seven techniques for choosing subsets of pattern recognition[J]. IEEE Transactions on Computers, 1971, 20: 1023-1031.

[2] Dietterich T. Machine-learning research: four current directions[J]. The AI Magazine, 1998, 18: 97-136.

[3] Li J, Cheng K, Wang S, et al. Feature selection: A data perspective[J]. Acm Computing Surveys, 2016, 50(6).

[4] Tao D. Asymmetric bagging and random subspace for support vector machines-based relevance feedback in image retrieval[J]. IEEE Transactions on Pattern Analysis and Machine Intelligence, 2006, 28: 1088-1099.

[5] Forman G. An extensive empirical study of feature selection metrics for text classification[J]. Journal of Machine Learning Research, 2003, 3: 1289-1305.

[6] Yan J, Liu N, Zhang B, et al. OCFS: Optimal orthogonal centroid feature selection for text categorization[C]//Proceedings of the 28th Annual International Conference on Research and Development in Information Retrieval, New York: ACM press, 2005.

[7] 李郅琴, 杜建强, 聂斌. 特征选择方法综述[J]. 计算机工程与应用, 2019. 55:10-19.

[8] 贾俊平, 何晓群, 金勇进. 统计学[M]. 北京: 中国人民大学出版社, 2015.

[9] Reshef D, Reshef Y A, Finucane H K. Detecting novel associations in large data sets[J]. Science Advances, 2011, 334: 1518-1524.

[10] Peng H, Long F, Ding C. Feature selection based on mutual information: criteria of max-dependency, max-relevance and min-redundancy[J]. IEEE Transactions on Pattern Analysis and Machine Intelligence, 2005, 27: 1226-1238.

[11] Kira K, Rendell L A. A practical approach to feature selection[C]//Proceedings of the Ninth International Workshop on Machine Learning, 1992, 1: 249-256.

[12] Jain A K, Duin R P W, Mao J. Statistical pattern recognition: a review[J]. IEEE Transactions on Pattern Analysis and Machine Intelligence, 2000, 22: 4-37.

[13] 樊鑫, 陈红梅. 基于差别矩阵和 mRMR 的分步优化特征选择算法[J]. 计算机科学, 2020, 47: 87-95.

[14] Kononenko I. Estimating attributes: analysis and extensions of relief[J]. Machine Learning, 1994, 784: 171-182.

[15] 梁伍七, 王荣华, 刘克礼. 特征选择算法研究综述[J]. 安徽广播电视大学学报, 2019, 4: 85-91.

[16] Liu H, Motoda H. Feature selection for knowledge discovery and data mining[J]. Boston: Kluwer Academic, 1998.

[17] Wutzl B, Leibnitz K, Rattay F. Genetic algorithms for feature selection when classifying severe chronic disorders of consciousness[J]. PlOS One, 2019, 14: 7.

[18] 张永波, 游录金, 陈杰新. 基于模拟退火的多标记数据特征选择[J]. 计算机工程与设计, 2011, 32: 2494-2496.

[19] 叶志伟, 郑肇葆, 万幼川. 基于蚁群优化的特征选择新方法[J]. 武汉大学学报(信息科学版), 2007, 12: 1127-1130.

[20] 周丹, 吴春明. 基于改进量子进化算法的特征选择[J]. 计算机工程与应用, 2018, 54: 146-152.

[21] 张翠军, 陈贝贝, 周冲. 基于多目标骨架粒子群优化的特征选择算法[J]. 计算机应用, 2019, 1: 1-7.

[22] Quinlan R J. Learning efficient classification procedures and their application to chess end games[J].

Machine Learning: An Artificial Intelligence Approach, 1983, 1: 463-482.

[23] Quinlan R. C4.5: Programs for machine learning[J]. California: Morgan Kaufmann, 1992.

[24] Tibshirani R. Regression shrinkage and selection via the lasso[J]. Journal of the Royal Statistical Society Series B, 1996, 58: 267-288.

[25] Zhang Y, Liu Y, Chen C H. Review on deep learning in feature selection[J]. The 10th International Conference on Computer Engineering and Networks, Xian, 2021.

第 11 章

材料数据挖掘在线计算平台

11.1
材料数据挖掘在线计算平台技术简介

在过去的几十年中，量化计算等理论计算方法作为强大的计算工具被广泛应用于材料设计领域，但这类计算通常对计算机资源有较高的要求，因此计算成本相对较高。近年来，作为一种新技术，机器学习方法被应用于诸如计算机视觉、医疗、金融、材料、化学等诸多领域，并取得了重大的进展。MGI 新理念的提出，在全球范围吹响了加快新材料研发的号角，材料研究者们联合计算机有关专家为 MGI 计划搭建了许多行之有效的基础设施，建立了大量的材料数据库，并逐步实现数据共享。然而，随着材料数据库的搭建，如何从这些数量庞大的数据库中分析数据并总结规律，以加快新材料研发，成为了一个重要的研究方向。机器学习方法的应用试图解决这一问题，研究表明：在材料机理模型应用有局限的场合，机器学习（数据挖掘）技术是材料性质定性或定量预报的有力工具，可以在新材料探寻和性能优化过程中发挥重要作用。然而，机器学习方法的开发应用不仅需要一定数据分析的专业知识，同时还需要一定计算机编程方面的能力。这一点增加了材料研究者在使用机器学习方法辅助材料设计时的学习成本，也阻碍了机器学习在材料领域的推广。

尽管数据挖掘常用算法已有商品化软件（如 MATLAB）或开源软件（如 Weka），基于 Python 编程语言的 sklearn 机器学习工具包也在机器学习研究领域中获得广泛应用，但至今依然缺乏网络共享（在线的）的材料大数据挖掘和分析软件。因此，我们在科学技术部重点研发计划的资助下研发具有自主知识产权的、针对材料大数据的快速定性或定量建模技术及其应用软件共享平台，即材料数据挖掘在线计算平台（online computational platform of materials data mining，OCPMDM）。平台的地址为 http://materials-data-mining.com/ocpmdm/，具体的使用方法可以查看在线用户手册（地址为：http://materials-data-mining.com:8080/）。

材料研究者们利用 OCPMDM 平台可以在线提交机器学习的数据文件。平台提供变量筛选、模型选择和超参数优化等功能，并支撑基于机器学习模型的候选材料的高通量筛选和性能优化，极大地降低了机器学习的学习成本，加快了基于数据挖掘的新材料设计和优化。

11.1.1　OCPMDM 平台架构

OCPMDM 平台使用 B/S 架构（browser/server architecture），用户使用网页浏览器即可访问并使用材料数据挖掘在线平台。所有计算将会在我们所提供的高性能计算服务器中进行，避免材料研究者购入额外的计算资源或由于计算资源不足导致计算耗时过久等问题。采用 B/S 架构优点有以下几点。

① 用户可以自由地通过任何电脑设备使用材料计算平台。不同于传统的软件可能会出现的无法跨平台的问题，用户可以在包括 Window、Mac OS 或 Linux 的操作系统中通过浏览器使用材料计算平台，只要用户连接了互联网，就可以使用浏览器访问平台。同时，由于计算机技术的迅猛发展，软件更新变得非常频繁，传统的客户端式的软件具有极大的局限性。此外，软件对某些底层框架的依赖问题使得使用和维护传统客户端式软件非常烦琐。使用 B/S 架构能有效地防止此类问题的发生，用户的各种不同设备，只要有浏览器便可以使用 OCPMDM 平台，大大降低了使用成本。

② 除了现有的电脑设备，用户无需购入额外的设备。采用 B/S 架构时所有计算均由平台提供的高性能服务器进行，相比使用普通主机，不仅显著提升了计算效率，也免去了材料研究者额外购买服务器或主机的成本。

③ 及时的软件更新与功能改善。不同于传统客户端软件，OCPMDM

平台的主要服务由服务器端提供，材料研究者在使用平台时，一旦出现错误，我们也可以在后台及时检查错误原因并修补相应的错误。同时，我们也会不断地针对用户反馈推出适合材料数据挖掘研究的新算法或功能，相比客户端软件下载更新的方式，平台在后台更新后仅需刷新网页即可使用新功能。

由于材料研究任务复杂，为提供更好更便利的服务，OCPMDM 平台并非一个服务一台服务器组成，它是通过多个部署在不同服务器中的不同服务组成的一个大型的计算平台。OCPMDM 的整体架构如图 11-1 所示。

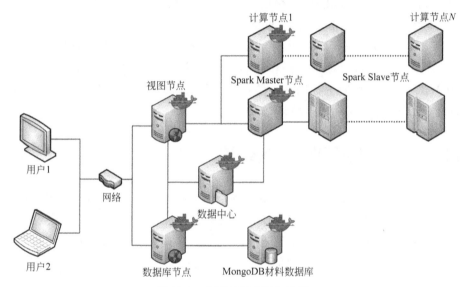

图 11-1　OCPMDM 平台架构

各个不同的节点分别用于存放用户注册信息与用户相应的资料信息，显示前端页面与任务提交，负责机器学习任务的计算以及存放材料数据等。为方便进行各个服务的快速部署，针对各个服务进行了 Docker 容器化操作，可以快速地通过各个服务的镜像启动相应的服务。

11.1.2　OCPMDM 平台技术简介

Docker 是一个发行于 2013 年开源的应用容器引擎，可看作是一种虚拟化技术，可让开发者打包开发的应用及其依赖环境到一个可移植的容器之中，随后快速发布到任何流行的 Linux 机器中[1]。Docker 生成的容器完全使用沙箱机制，相互之间不会有任何接口。虚拟机技术解决了以往将开发完毕的应用部署到生产环境时由于依赖环境复杂和应用启动步骤烦琐等导致的部署困难问题，开启了云计算时代。而 Docker 作为下一代虚拟化技术，不同于早前的虚拟机，其使用 Docker 守护进程取代了虚拟机中的虚拟机管理系统（hypervisor），Docker 守护进程可以直接与操作系统进行通信，为各个 Docker 容器分配资源。Docker 可以节省大量的磁盘空间及其他系统资源，致使 Docker 容器相比原先的虚拟机在同等硬件条件下能更好地发挥出服务器的性能。由于 OCPMDM 平台是一个具有多个节点的复杂系统，所采用的技术繁多，依赖环境复杂，使用传统部署方式将会非常复杂耗时，故在线平台工作中采用对各个节点进行 Docker 容器化的操作，使得整个 OCPMDM 平台的部署变得快速方便。

MongoDB 是一个基于分布式分件存储的数据库，是一个介于关系型数据库和非关系型数据库之间的产品[2]。MongoDB 作为现今最为常见的 NoSQL（not only SQL）数据库之一被广泛应用。其采用键值对的形式对数据进行存储，支持的数据结构非常松散，对数据结构的要求较低，具有高性能、易部署、易使用等特点。同时支持和使用高效的二进制数据存储，包括大型对象（如视频、图片等）。材料问题纷繁复杂，不同的材料所具有的性质不同、制备工艺不同和组成不同使得设计一个考虑周全的关系型表非常困难，同时在材料研究过程中会产生大量诸如图谱、文档等大型对象。上述所提到的材料数据的特点致使使用传统的结构化数据库进行存储较为困难，而 MongoDB 恰好能很好地处理材料数据的上述特点，因此在线平台采用了 MongoDB 对材料数据进行存储。

11.1.3 分布式计算简介与使用

分布式计算在数据量大的情况下具有明显优势。OCPMDM 在处理常规数据集时使用的是上传数据集文件的形式。对于大量数据分布式计算来说，数据集文件通常很大，不适合通过上传的方式进行载入。在线平台通过与数据库对接的方式，直接从数据库中将所需进行计算的数据导入至分布式计算框架之中，并且为便于管理，通常数据量较大的数据集都会将数据保存在数据库中，故使用上述方式直接从数据库中导入数据至分布式平台具有较高的效率。

如图 11-2 所示，分布式计算的具体步骤如下：

① 用户通过前端视图节点访问材料数据库节点并对需要进行计算的数据选择并导出至数据中心，进行数据的预处理，如定义目标变量、设置分类

标准和填充描述符等。

② 在设置机器学习任务时，通过视图节点选择需要计算的数据源，对分布式计算任务进行设置并提交于 Spark 主节点，主节点将任务分配至各计算节点中。

③ 计算节点直接从数据中心获取数据并进行计算，计算完毕后将结果直接写入数据中心。等待计算完毕后，用户可通过视图节点查看计算结果。

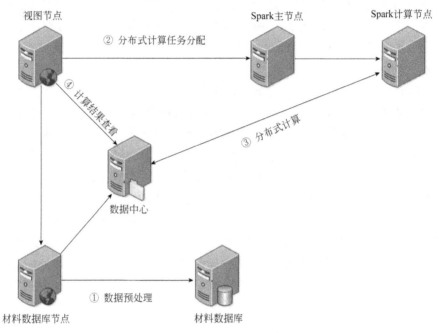

图 11-2　OCPMDM 分布式计算逻辑图

11.2
材料数据挖掘在线计算平台功能介绍

平台提供了材料研究者常用的多种功能，除包括回归、分类、模式识别等在内的机器学习建模以及模型的超参数优化功能外，平台也提供了对数据的特征筛选，ABO_3 型钙钛矿材料的描述符填充与虚拟筛选，材料数据的智能化建模等功能。

11.2.1 机器学习算法

平台提供了使用 Python 为编程语言自行编写实现的算法，同时部分算法也使用了开源机器学习算法包 scikit-learn 中所提供的机器学习算法。所提供的算法如表 11-1 所示。

表 11-1　OCPMDM 所提供的数据挖掘算法

超参数优化（hyperparameter optimization）	
遗传算法 （genetic algorithm，GA）	网格搜索 （grid search，GS）
模式识别（pattern recognition）	
主成分分析 （principal component analysis，PCA）	线性判别分析 （linear discriminant analysis，LDA or Fisher）
最佳投影 （best projective）	偏最小二乘 （partial least squares，PLS）
回归（regression）	
随机森林回归 （random forest regressor，RFR）	套索算法 （least absolute shrinkage and selection operator，LASSO）
支持向量回归 （support vector regressor，SVR）	线性回归 （linear regression）
人工神经网络 （artificial neural networks，ANN）	梯度提升回归 （gradient boosting regression，GBR）
高斯过程回归 （gaussian process regressor，GPR）	支持向量回归 （support vector regression，SVR）
相关向量机 （relevance vector machine，RVM）	
分类（classification）	
朴素贝叶斯 （naive bayes classifier）	梯度提升分类 （gradient boosting classifier，GBC）
高斯过程分类 （gaussian process classifier，GPC）	决策树 （classification and regression tree，CART）
支持向量分类 （support vector classifier，SVC）	随机森林分类 （random forest classifier，RFC）
最近邻分类 （k-nearest neighbor classifier，KNN）	逻辑回归分类 （logistic regression classifier）
相关向量分类 （relevance vector classifier，RVC）	
变量筛选（feature selection）	
遗传算法 （genetic algorithm，GA）	最大相关最小冗余 （max-relevance min-redundancy，mRMR）

上述机器学习算法的使用方法可以参考平台的帮助文档。

11.2.2　材料描述符填充

材料研究者在数据的收集过程中，往往会得到仅含有材料化学式与目标变量的数据。为了建立数据挖掘模型，首先需要将收集的材料化学式转化为分子描述符，平台提供了对钙钛矿型数据集自动进行分子描述符填充的功能。通过将数据文件传入后可获得填充分子描述符后的数据文件，从而进行下一步的机器学习算法的计算。平台提供了针对钙钛矿材料的分子描述自动填充功能，填充的描述符含 21 个分子描述符，其中包括分子量、加权离子半径、加权电负性等，这些描述符所含信息足够反映出钙钛矿材料的本质属性，在使用其作为特征变量对多个钙钛矿的不同性质建模均获得了较为良好的结果。这些参数出自 *Lange's Handbook of Chemistry*（第 16 版）[4]。表 11-2 中列出了 21 维特征变量的详细情况。

表 11-2　OCPMDM 描述符自动填充各描述符物理化学意义

A 位置加权平均离子半径（Ra）	A 位置加权平均电子亲和势（Aa）
B 位置加权平均离子半径（Rb）	B 位置加权平均电子亲和势（Ab）
A 位置加权平均电负性（Za）	A 位置加权平均熔点（Ma）
B 位置加权平均电负性（Zb）	B 位置加权平均熔点（Mb）
容忍因子（TF）	A 位置加权平均沸点（Ba）
单位晶格边值（αO_3）	B 位置加权平均沸点（Bb）
临界半径（rc）	A 位置加权平均熔化焓（Ha）
A 位置加权平均第一电离能（Ia）	B 位置加权平均熔化焓（Hb）
B 位置加权平均第一电离能（Ib）	A 位置加权平均密度（Da）
分子质量（MM）	B 位置加权平均密度（Db）
A 与 B 位置加权平均离子半径比（Ra/Rb）	

在得到填充的数据后，平台会以目标值的均值作为参考，将数据集分为正负两个类别，均值以上的为正类，均值以下的为负类。这样就得到了包含目标值、类别标签和分子描述符的数据集。如果原数据包含工艺参数等其他自变量，平台也会将它们整合在填充后的数据集中。

11.2.3　数据特征筛选

特征筛选主要是为了将数据集中的噪声特征变量或冗余的不相关的特征变量去除，从而减少输入特征变量维数而不丢失建立模型的关键信息。

OCPMDM 提供了基于遗传算法和最大相关最小冗余法的特征选择方法。其中基于最大相关最小冗余法的特征筛选考虑数据中变量之间的相关性，基于遗传算法的特征筛选与具体的机器学习算法相结合。通过特征筛选方法可以获得具有更为适合建模特征变量的新数据集。

11.2.4　智能建模

在建立材料的数据挖掘模型时，算法的选择非常重要。比较多种不同算法的结果，就需要分别建立数据挖掘模型，再分别优化不同模型后进行比较，从而增加模型选择的复杂度。因此，平台也提供了材料数据的智能化建模功能，只需按要求提交研究对象的数据集，平台会自动应用多种不同的特征筛选方法，进而结合不同的数据挖掘算法利用交叉验证比较不同算法的结果，最终返回结果最优的算法与对应的算法参数，这样就大大节省了平台使用者在前期对数据特征处理，比较不同机器学习算法和参数时的学习成本与时间成本。

11.2.5　钙钛矿材料高通量虚拟筛选

在材料数据挖掘的研究过程中，高通量筛选能够有效应用所得模型。高通量筛选首先根据设定条件生成大量虚拟样本，随后使用所建立的模型对生成的大量虚拟样本进行预报，最终从中挑选出满足目标性质的候选钙钛矿材料作为高通量筛选结果。以筛选结果所得候选材料进行实验合成，相比于传统的试错法实验合成具有更好的指向性，可以大大节省优化材料时的成本和耗时。在平台中高通量筛选采用的是网格搜索法，该方法可以按照使用者设计的元素范围和组成步长，生成所有可能的化学式。在前文提到的钙钛矿型材料数据挖掘研究中，为了获得行之有效的机器学习模型，通常采用钙钛矿型材料的分子描述符作为机器学习的特征变量，为此，平台也提供了分子描述符自动填充的功能，并使用已训练好的模型预报每个样本的目标值。根据使用者的设定，平台保留机器学习模型预报结果最好的若干条样本，由于得到的每条虚拟样本的预报值都是基于机器学习模型而来，故该材料具有很高的概率能够获得媲美乃至优于当前数据集中最佳性能的钙钛矿材料。

11.2.6　模型分享

以往在进行材料机器学习任务时，研究者需要耗费大量精力对机器学习模型调优，以得到最终可用的预报模型。同时随着实验次数的增加，不断有新的样本被补充入训练集中，使得相应的模型效果得到进一步的提高。但是这样的模型往往只应用于自己课题组内，若需要将该模型分享给相应的材料研究者们，则需要额外编写程序才能实现。而材料研究者们在计算机开发方面的相应专业知识通常有所不足，将所建立的模型开发成网络服务分享给其他研究者使用通常也较为困难，同时也需要额外的开发成本。材料基因组工程计划的核心是推动数据和模型（蕴含规律和知识）的共享，以此为出发点，为解决模型共享的问题，平台提供了快速模型共享功能，模型建立者只需简单设置便可将模型通过平台提供的网络服务进行分享，大大减小了平台用户的模型分享的开发成本。用户通过 OCPMDM 平台建立的模型均可以通过简单的设置将模型设为共享状态。任何人都能通过唯一的 URL 访问该分享模型，用于候选材料性能的在线预报。

11.3
材料数据挖掘在线计算平台应用案例

钙钛矿型离子导体在传感器、探测和能源材料上有着广泛的应用，在固体氧化物燃料电池（SOFC）上已作为一种重要的电极材料。研究者对钙钛矿型离子导体最感兴趣的是其氧化物氧离子电导率[5-11]。本节以钙钛矿氧离子电导率的数据挖掘研究为例，介绍 OCPMDM 平台的具体应用。

11.3.1　数据来源

并非所有钙钛矿和类钙钛矿化合物都可以作为具有潜力的固体氧化物燃料电池中的电极材料，本案例收集了文献中提及的大部分可用于固体氧化物燃料电池电极材料的钙钛矿数据，将此数据集作为本案例的研究样本集，其中包含 1073K 下离子电导率数值的 117 个掺杂或非掺杂的钙钛矿晶体[12-21]。将上述数据进行整理，由于氧离子导电率的数值很小，故对其取自然对数。本案例以导电能力的表征 $\ln(\sigma)$ 为目标值，使用 OCPMDM 进行描述符填充。

11.3.2 研究流程

本案例的材料数据挖掘建模与应用流程如图 11-3 所示。

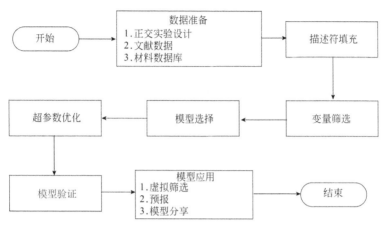

图 11-3 材料数据挖掘研究主要流程

OCPMDM 平台为了方便材料研究者的使用，为材料机器学习任务中的各个步骤都提供了相应的功能。

11.3.3 结果与讨论

（1）数据描述符填充

OCPMDM 平台提供了针对钙钛矿材料的分子描述符自动填充功能，图 11-4 为填充描述符的相应界面。用户只需将对应的材料数据文件上传至 OCPMDM 中便可自动获得填充完毕后的数据集，从而进行下一步的数据挖掘流程。

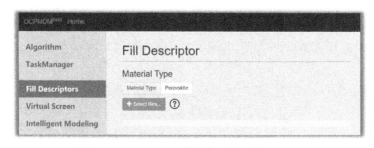

图 11-4 OCPMDM 填充描述符的相应界面

图 11-5 为用户需要上传的材料数据文件格式，其中第一列为目标值列，第二列为对应目标值的钙钛矿材料分子式，OCPMDM 平台会自动读取用户上传的第二列并将其转换为 21 维的分子描述符。在材料研究中，除了材料的成分会对性能有所影响外，材料的制备工艺条件也会对材料最终的性能起到较大的影响，在上传的数据文件中，用户也可将对应材料的制备工艺条件填充在材料分子式之后，平台也会自动将其填充至分子描述符之后。图 11-6 则为自动填充描述符后所获得的数据文件，该格式可以直接用于平台的后续计算，其中第一列为序号列；第二列为分类标签列，填充时采用均值作为评判标准将均值以上分为一类而均值以下分为另一类；第三列为目标值列；第四列开始则为平台按照对应材料的分子式填充的分子描述符。

Target	Formula
-4.95	BaIn0.5Zr0.5O3
-5.64	BaIn0.6Zr0.4O3
-6.17	BaIn0.7Zr0.3O3
-6.31	BaIn0.8Zr0.2O3
-5.64	BaIn0.9Zr0.1O3
-7.14	BaZr0.6In0.4O3
-7.21	BaZr0.7In0.3O3
-8.04	BaZr0.8In0.2O3
-14	BaZrO3
-5.81	CaTi0.5Al0.5O3
-7.29	CaTi0.75Ga0.25O3
-3.91	CaTi0.75Sc0.25O3
-5.47	CaTi0.85Ga0.15O3

图 11-5 用户上传原始数据

Number	Class	Target	Radius_A
1	1	-4.95	135
2	0	-5.64	135
3	0	-6.17	135
4	0	-6.31	135
5	0	-5.64	135
6	0	-7.14	135
7	0	-7.21	135
8	0	-8.04	135
9	0	-14	135
10	0	-5.81	100
11	0	-7.29	100
12	1	-3.91	100
13	0	-5.47	100

图 11-6 填充描述符后的数据文件

（2）特征筛选

在得到经过描述符自动填充的数据集后，我们对所获得的数据文件进行变量筛选，旨在将噪声变量去除，降低数据集的维数，从而提高模型的预报效果。图 11-7 为在线平台使用 GA 变量筛选设置页面，可以使用合理的默认参数设置，通过简单的算法选择和数据文件上传，便可进行 GA 变量筛选。

图 11-8 为变量筛选后的结果页面，从优化细节图中可以直观了解变量筛选的具体情况。另外，所筛选得到的变量名称和筛选后的模型效果可在"Show Details"中进行查看，为方便用户使用，平台提供了直接提取筛选后变量集的功能。

在使用 GA 方法对支持向量机回归（SVR）及相关向量机回归（RVR）算法进行变量筛选后，得到的筛选结果见表 11-3。从表 11-3 的筛选结果中可以看出，SVR 模型与 RVR 模型从相关系数上来看两者均获得了较好的效果，SVR 模型效果略优于 RVR 模型。

图 11-7　在线平台 GA 变量筛选设置页面

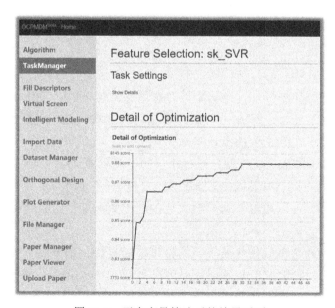

图 11-8　平台变量筛选后的结果页面

表 11-3　变量筛选结果

项目	SVR	RVR
筛选后变量集	Zb, αO₃, B_ionic, A_Tm, A_Tb, A_Hfus, B_Hfus, B_Density	Radius_A, Radius_B, TF, rc, A_ionic, B_ionic, B_aff, A_Tm, A_Tb, B_Hfus
R	0.836	0.796

（3）模型选择

进行变量筛选后，我们得到了各算法建立模型的性能表现，随后可以从中选出一个性能最佳的模型，并做进一步的优化。表 11-4 为本案例所选的三种算法所建模型的结果，从表 11-4 中可以看出，四种算法所建模型效果相似，其中 SVR 获得了最佳的结果。

表 11-4　各算法模型性能比较

项目	相关系数（R）	均方根误差（RMSE）	平均相对误差（MRE）
SVR（支持向量机回归）	0.8600	1.3012	26.25%
RVR（相关向量机回归）	0.8066	1.5287	62.83%
RFR（随机森林回归）	0.8288	1.4332	60.27%

相比于 SVR 算法，RVR 算法建模耗时更长，且效果不及 SVR；而 RF 算法的结果不如 SVR 算法的结果，且 RF 集成算法的可调超参数较多，在进行超参数优化时需要较长时间的调参工作，故综合考虑后最终采用 SVR 算法作为建模算法。

（4）超参数优化

在模型选择完毕后，为进一步提升模型的性能，SVR 算法的超参数仍需优化，我们通过 GA 搜索最适合的超参数。与变量筛选相类似，GA 超参数优化同样给定了较为适合的默认参数，用户无需过多的设置，只需简单填写和上传需要计算的数据文件便可进行相应的计算。图 11-9 为进行超参数优化设置时的页面，其中主要优化惩罚系数 C，不敏感通道的 ε 及径向基核函数的 γ 参数。用户可以通过勾选需要优化的超参数，随后给定优化范围，来进行相应的超参数优化任务。

图 11-10 为超参数优化结果，同样可以通过优化细节图查看具体优化情况，优化后的超参数取值及模型效果可在"Show Details"中进行查看。

本节中针对钙钛矿氧离子电导率数据集进行的 SVR 超参数优化，结果表明：当 $C=2.75$，$\varepsilon=0.05$；$\gamma=0.19$ 时，模型在交叉验证中获得最佳效果。

图 11-9 超参数优化设置时的页面

图 11-10 超参数优化结果

（5）模型建立与验证

在进行了上述一系列计算过程后，确定了建模算法、建模所使用的变量集和建模的超参数，模型也就基本确定了，此时，需要对模型的效果进行评估，通常使用交叉验证来验证模型的效果。图 11-11 为使用 SVR 算法对已筛选获得的数据集和优化所得的超参数进行 k 折交叉验证的设置页面。勾选交叉验证项并给定交叉验证分组数量便可进行交叉验证。

图 11-11　模型交叉验证设置页面

图 11-12 为模型交叉验证结果，通过实验值与预测值之间的关系图和下方给出的回归中的各项指标可以看出模型结果较好，特别是对于氧离子电导率较高区域中的样本点，实验值和预测值更为接近，这将有利于通过高通量筛选对具有高的氧离子电导率钙钛矿材料进行预报。在进行完模型验证后，以上述模型设置进行实际建模（即不勾选交叉验证选项）。此时，所建立模型即为随后实际应用的针对钙钛矿氧离子导电率的机器学习回归模型。

（6）高通量筛选

在建立模型后，本节中将使用该模型进行材料的高通量筛选。高通量筛选利用所建模型预测大量候选样本的电导率，旨在筛选出更高电导率的候选钙钛矿材料。由于该候选材料是基于机器学习模型而来，故该材料具有很高的概率能够获得媲美或更优于当前数据集中最佳性能的钙钛矿材料。图 11-13 为进行高通量筛选设置页面，通过简单的选择筛选的模型和筛选的材料组成范围，用户便可进行高通量筛选，通过筛选后结果图 11-14 所示，根据平台的高通量筛选结果，$La_{0.75}Ba_{0.25}Ga_{0.74}Mg_{0.02}Ni_{0.24}O_3$ 和 $La_{0.75}Ba_{0.25}Ga_{0.74}Mg_{0.01}Ni_{0.25}O_3$ 候选钙钛矿材料很有可能具有良好的氧离子电导率，非常具有实验价值。

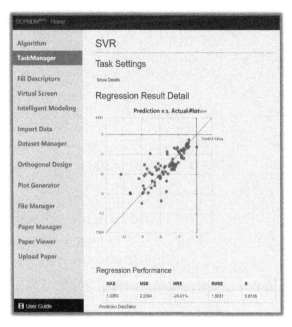

图 11-12　模型交叉验证结果

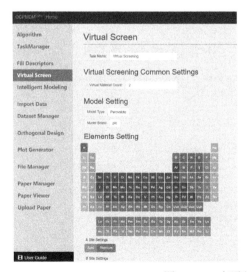
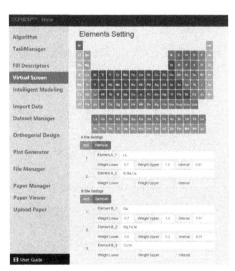

图 11-13　高通量筛选设置页面

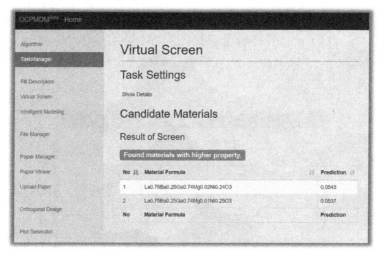

图 11-14　高通量筛选结果

（7）模型分享

为了材料实验研究者方便使用在 OCPMDM 平台上所建数据挖掘模型，有必要将所建模型开发成一个网络服务在 OCPMDM 平台上分享。这样的网络服务开发工作门槛较高，同时也需要额外的开发成本。本项功能针对这一点，提供了只需简单设置便可将数据挖掘模型分享的功能，大大减少了模型分享的开发成本。

模型分享是除了高通量筛选外的另外一种实用的模型应用方法。图 11-15为模型分享设置页面，通过填写模型的相应信息，材料研究者可快速建立在线预测服务。如本案例中通过设置后即可建立针对钙钛矿氧离子电导率的在线预测服务。图 11-16 为预测服务页面，用户只需输入材料的分子式便可获

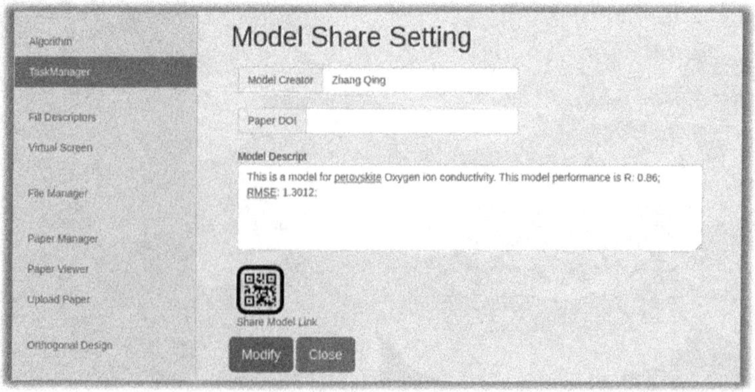

图 11-15　模型分享设置页面

图 11-16　预测服务页面

得该材料的预测值，以供材料研究者参考。模型的分享很大程度上会有益于机器学习在材料领域应用的推广，知识的共享是推动学科的重要途径，该项功能具有非常广泛实用的应用前景。

11.4
小结

OCPMDM 平台集成了材料数据挖掘任务中常用的机器学习算法，包括多元统计分析、偏最小二乘回归、聚类分析、关联分析、模式识别（最近邻法、主成分分析法、Fisher 判别矢量法、最佳投影法等）、决策树、随机森林、人工神经网络、支持向量机、相关向量机、遗传算法等，建成了可扩充的材料数据挖掘算法库和智能化数据挖掘应用平台，用以解决材料数据挖掘有关分类、回归、聚类、降维等问题，提供了材料数据的特征变量筛选和机器学习模型的比较选择和超参数优化，以及候选样本的高通量筛选的功能，从而高效、方便、快速地支撑基于机器学习的材料基因工程（特别是材料设计和优化）研究。

OCPMDM 平台的特色功能包括变量自动填充、算法智能优化、模型在线应用等。所谓"变量自动填充"是针对特定材料（比如钙钛矿功能材料）的分子式，OCPMDM 平台能自动填充分子描述符；所谓"算法智能优化"是针对材料大数据挖掘和分析的关键步骤（包括特征变量筛选、模型选择等），OCPMDM 平台能自动利用算法库的遗传算法筛选特征变量，利用最佳投影算法自动选择分类最佳的模式识别投影图，利用留一法交叉验证结果自动选择回归模型等；所谓"模型在线应用"是利用服务器在线提供所建机器学习模型的应用和共享功能，用户（实验工作者）只需在线输入未知样本的分子式或机器学习模型所用的自变量，OCPMDM 平台就能自动给出机器学习模型对于未知样本的预报结果。

OCPMDM 平台的用户是材料科学工作者，高效实用的在线计算平台降低了材料机器学习建模的成本，加快了材料数据挖掘和模型应用的过程。因此，OCPMDM 平台在材料基因工程研究领域具有广阔的应用前景。

参 考 文 献

[1] Docker. Docker Inc, 2018. https://www.docker.com.

[2] State of MongoDB March, DB-Engines, 2010. https://www.mongodb.com.

[3] Pedregosa F V, Gramfort G A, Michel V, et al. Scikit-Learn: machine learning in python[J]. Journal of Machine Learning Research, 2011, 12: 2825-2830.

[4] Speight J. Lange's Handbook of Chemistry[J]. New York: McGraw-Hill Education, 2005.

[5] Ullmann H, Trofimenko N, Tietz, F, et al. Correlation between thermal expansion and oxide ion transport in mixed conducting perovskite-type oxides for SOFC cathodes[J]. Solid State Ionics, 2000, 138: 79-90.

[6] Kato H, Yugami H. Doping effect of Sr^{2+} on electrical conductivity in $La_{1-x}Sr_xSc_{1-y}Al_yO_3$ perovskite-type oxides[J]. Electrochemistry, 2008, 76: 334-337.

[7] Yang F, Zhang H, Li L, et al. High ionic conductivity with low degradation in a-site strontium-doped nonstoichiometric sodium bismuth titanate perovskite[J]. Chemistry of Materials, 2016, 28: 5269-5273.

[8] Ma G L, Shimura T, Iwahara H. Ionic conduction and nonstoichiometry in $Ba_xCe_{0.90}Y_{0.10}O_{3-a}$[J]. Solid State Ionics, 1998, 110: 103-110.

[9] Rajendran D N, Nair K R, Rao P P, et al. Ionic conductivity in new perovskite type oxides: $NaAZrMO_6$ (A = Ca or Sr; M = Nb or Ta)[J]. Materials Chemistry and Physics, 2008, 109: 189-193.

[10] Pal'guev S F. Oxygen transport in perovskite oxides with high electronic conductivity[J]. Russian Journal of Applied Chemistry, 2000, 73: 1829-1843.

[11] Xu L, Lu W, Peng C, et al. Two semi-empirical approaches for the prediction of oxide ionic conductivities in ABO_3 perovskites[J]. Computational Materials Science, 2009, 46: 860-868.

[12] Manthiram A, Kuo J F, Goodenough J B. Characterization of oxygen-deficient perovskites as oxide-ion electrolytes[J]. Solid State Ionics, 1993, 62: 225.

[13] Ishihara T, Honda M, Takita Y. Oxide ion conductivity in doped $NdAlO_3$ perovskite-type oxides[J]. Journal of The Electrochemical Society, 1994, 141: 3444.

[14] Hashimoto H K, Hidefumi K, Hiroyasu I. Conduction properties of $CaTi_{1-x}M_xO_{3-a}$ (M=Ga, Sc) atelevated temperatures[J]. Solid State Ionics, 2001, 139: 179-187.

[15] Lybye D, Poulson F W, Mogensen M. Conductivity of A- and B-site doped LaAlO$_3$, LaGaO$_3$, LaScO$_3$ and LaInO$_3$ perovskites[J]. Solid State Ionics, 2000, 128: 91-103.

[16] Ishihara T, Furutani H, Honda M, et al. Improved Oxide ion conductivity in La$_{0.8}$Sr$_{0.2}$Ga$_{0.8}$Mg$_{0.2}$O$_3$ by doping Co[J]. Chemistry of Materials, 1999, 11: 2081-2088.

[17] Tatsumi I, Ishikawa S, Chunying Y, et al. Oxide ion and electronic conductivity in Co doped La$_{0.8}$Sr$_{0.2}$Ga$_{0.8}$Mg$_{0.2}$O$_3$ perovskite oxide[J]. Physical Chemistry Chemical Physics, 2003, 5: 2257-2263.

[18] Ishihara T, Shibayama T, Nishiguchi H, et al. Oxide ion conductivity in La$_{0.8}$Sr$_{0.2}$Ga$_{0.8}$Mg$_{0.2-x}$Ni$_x$O$_3$ perovskite oxide and application for the electrolyte of solid oxide fuel cells[J]. Journal of Materials Science, 2001, 36: 1125-1131.

[19] Tatsumi I, Ishikawa S, Hosoi, et al. Oxide ionic and electronic conduction in Ni-doped LaGaO$_3$-based oxide[J]. Solid State Ionics, 2004, 175: 319-322.

[20] Lybye D, Bonanos N. Proton and oxide ion conductivity of doped LaScO$_3$[J]. Solid State Ionics, 1999, 125: 339-344.

[21] Hayashi H, Inaba H, Matsuyama M, et al. Structural consideration on the ionic conductivity of perovskite-type[J]. Solid State Ionics, 1999, 122: 1-15.

第 12 章

钙钛矿型材料的数据挖掘

12.1
钙钛矿型材料数据挖掘概论

  自 1839 年在俄罗斯中部境内的乌拉尔山脉由德国矿物学家古斯塔夫罗斯（R. Gustav）首次发现钙钛矿以来，钙钛矿材料因其丰富多彩的物理和化学性质而被研究者们广泛关注。我们以钙钛矿的英文命名"perovskite"为主题词在 web of science 上进行查询，文章数量达数十万篇，研究热点涵盖超导、压电、光伏、光电纳米器件（发光二极管）、催化等领域，研究内容包含材料性能的稳定和提升、结构的创新（二维、异质结构）等[1, 2]。研究工具既有传统的实验方法，又有量子化学和机器学习辅助的材料设计方法。其中，利用机器学习辅助材料设计的方法在"材料基因组计划"（materials genome initiative，MGI）的推动下，越来越被广大研究者接受，并成为开发新材料的主流工具之一。

  本章节我们以材料的实验数据为驱动，分别研究了用物理化学参数和工艺参数预测钙钛矿材料居里温度和比表面积，并通过虚拟筛选寻找具有更高居里温度和更大比表面积的钙钛矿材料的问题。通过多种机器学习方法，我们设计、筛选并最终发现了高于数据集中的最高居里温度的材料和大于数据集中最大比表面积的材料。同时，本工作还为实验工作者提供了 ABO_3 钙钛矿材料比表面积的在线预报模型，实验工作者可以在实验之前对 ABO_3 钙钛矿材料的比表面积先进行预报，进一步促进机器学习辅助材料设计和可控制备的研究。

12.2
钙钛矿型材料居里温度的数据挖掘

　　钙钛矿型复合氧化物，通常用 ABO_3 表示，其中 B 位置的元素为可配位形成八面体的金属阳离子，常由 50 余种金属或者非金属元素如 Ti、Fe、Ga 和 Nb 等构成。A 位元素为可以平衡 BO_3 阴离子电荷，使整个体系呈电中性的金属阳离子，可由 20 多种元素例如 Ca、Ba、Sr、Pb 以及从 La 到 Lu 的镧系金属构成。很多钙钛矿的 A 位和 B 位，并不一定被单一的元素所占据，即有两个甚至更多的阳离子会随机占据 A 点与 B 点的位置。引起这种现象的原因，有的是自然界中的矿物共生，有的则是人为的掺杂。例如 $(K_{0.5}Na_{0.5})NbO_3$，Na 和 K 各有一半的概率在 A 位点出现。又如 $Pb(Zr_{0.52}Ti_{0.48})O_3$，Zr 有 52% 而 Ti 则有 48% 的可能在 B 位点出现。当然也会出现双掺杂的情况，即 A 位和 B 位都不是单一元素，如本工作研究的锰系钙钛矿材料。

　　居里温度（Curie temperature，T_c），又称为居里点，是钙钛矿材料的重要物理性能之一。它对钙钛矿材料的许多应用有重要的影响，如对磁光存储介质擦除和写入新数据、焊接铁的温度控制，以及当温度变化时稳定发动机磁场；在压电材料中，居里温度的高低直接反映了压电材料的工作范围。为了拓展材料的服役区间、提高材料在极端条件下的服役性能，研究者们通过掺杂、取代或形成固溶体的方式设计出一系列钙钛矿新材料体系[3, 4]，以合成出具有比室温高的 T_c 或更高 T_c 的钙钛矿材料。其中，J. Yu 等[5]合成了一种非常复杂的钙钛矿材料（$Pb_{0.6}Bi_{0.4}Ti_{0.75}Zn_{0.15}Fe_{0.1}O_3$），其 T_c=978K。然而，钙钛矿结构材料素有"变色龙"之称，不同离子在 A、B 位上的相互组合可以形成具有不同晶体结构及性能迥异的钙钛矿材料，若考虑材料制备工艺因素，情况将会更加复杂，通过炒菜方式来突破现有的 T_c 是一个极大的挑战。

　　我们利用文献报道的钙钛矿材料居里温度数据和物理化学参数，使用支持向量机（support vector machine，SVM）、相关向量机（relevance vector machine，RVM）和随机森林（random forest，RF）算法分别建立了 T_c 的预测模型。结果表明，三种模型均具有较高的精度和可靠性。k折交叉验证的结果表明，利用支持向量机建立的回归模型（support vector regression，SVR）比其它两种模型具有更好的预测性能。在此基础上，借助该 SVR 模型对虚拟样本进行了筛选，发现了具有比现有数据集中最高的 T_c 还要高的钙钛矿材料。本工作所概述的方法可为新材料性能优化提供有价值的线索，加速材料优化设计的过程。

12.2.1 数据集

从 9 篇文献[6-14]中收集到了 47 份钙钛矿材料数据样本，这些样本在 A 位和 B 位分别掺杂多种不同的元素，这为后续钙钛矿材料筛选提供了有利的条件。目标（T_c）的取值范围为 170~380 K。根据先验知识和报道文献，使用了 21 个物理化学参数作为原始特征变量来描述上述样本（见表 12-1）。47 份样本构成的数据集被划分为两部分：用于建模的训练集和用于验证的测试集。测试集由具有最高 T_c 的前五个样本组成，其余部分构建了训练集。

表 12-1　钙钛矿材料的 21 个特征描述符

序号	含义	特征
1	A 位加权离子半径/Å	R_a
2	B 位加权离子半径/Å	R_b
3	A 位加权鲍林电负性	χ_{pa}
4	B 位加权鲍林电负性	χ_{pb}
5	容忍因子	t
6	单位晶格边长/Å	$\alpha_O{}^3$
7	临界半径/Å	r_c
8	A 位加权电离能/(kJ/mol)	I_{1a}
9	B 位加权电离能/(kJ/mol)	I_{1b}
10	分子质量/(g/mol)	M
11	A 位对 B 位离子半径的比值	R_a/R_b
12	A 位加权电子亲和性/eV	EA_a
13	B 位加权电子亲和性/eV	EA_b
14	A 位金属熔点温度/℃	t_{ma}
15	B 位金属熔点温度/℃	t_{mb}
16	A 位金属沸点温度/℃	t_a
17	B 位金属沸点温度/℃	t_b
18	A 位金属熔化焓/(kJ/mol)	$\Delta_{fus}H_a$

序号	含义	特征
19	B 位金属熔化焓/(kJ/mol)	$\Delta_{fus}H_b$
20	A 位金属密度/(g/cm³)	ρ_a
21	B 位金属密度/(g/cm³)	ρ_b

注：1Å=0.1nm。

12.2.2　特征变量筛选

特征筛选是决定模型成功与否的关键因素。在建立模型之前进行特征筛选，可以去除与目标值无关的特征，减轻噪声干扰，提高模型的预测能力和泛化性能，进一步降低过拟合的风险。冗余特征的去除还会降低学习任务的难度，缩短学习时间，节约计算开销。本工作采用了遗传算法[15,16]来选择相关特征，并分别以 SVR 和 RVM 模型的相关系数（correlation coefficient，R）为最优特征子集的评价准则。而对 RF 算法而言，特征筛选是树生长过程中固有的过程，因而 RF 不需要进行额外的特征选择[17]。

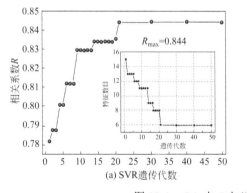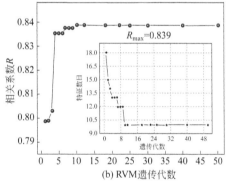

图 12-1　GA 中 R 与遗传迭代次数的关系

GA 中 R 与遗传迭代次数的关系如图 12-1 所示，从图中可以看出，SVR算法和 RVM 算法分别在 20 代和 9 代进化后出现了最大的 R 值，各自找到了两个最优的特征子集，分别包含 6 个和 10 个参数,筛选的最优特征子集见表 12-2所示。

表 12-2　GA 特征筛选的结果

算法	选择的特征
SVR	χ_{pb}, r_c, R_a/R_b, EA_a, t_{mb}, t_a
RVM	R_a, χ_{pa}, t, r_c, I_{1a}, R_a/R_b, EA_a, t_a, $\Delta_{fus}H_a$, ρ_b

12.2.3 参数优化

为了进一步提高模型的性能，本工作采用 GA 算法和网格搜索（grid search，GS）对 SVR 和 RVM 算法的超参数进行优化，以 k 折交叉验证（$k=20$）的实验值和预测值之间的均方根误差（root mean square error，RMSE）和相关系数 R 分别定义为 SVR 模型和 RVM 模型的超参数优化的评价适应度函数。对于非线性核 SVR 模型而言，其泛化性能取决于参数 C 和 ε 的合理设置。参数 C 是一个正则化常数，确定对估计误差的正则化惩罚，设置的范围为 $0 \sim 100$，步长为 1。参数 ε 是不敏感损失参数，其反映了真实输出值与模型输出值之间可容忍的最大误差，是整个训练集满足边界条件的一个重要参数，它的变化范围为 $0.01 \sim 1$，步长为 0.01。此外，参数 σ 是非线性核函数——径向基核函数（radial basis function，RBF）中的一个参数，其变动范围设置为 $0.5 \sim 1.4$，步长为 0.1。超参数的优化过程如图 12-2 所示，优化后的参数结果列于表 12-3 中。

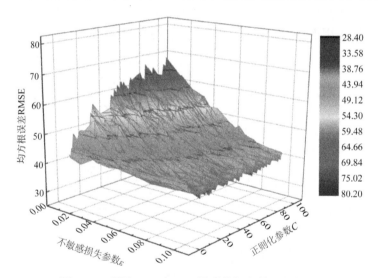

图 12-2 利用 GA 对 SVR 模型的超参数进行优化

表 12-3 SVR、RVM 与 RF 模型的最佳超参数

算法	超参数	
SVR	$C = 2$；$\sigma = 0.2$；$\varepsilon = 0.01$	
RVM	$\gamma = 0.171$	
RF	评估器	100
	最大特征	0.05
	最小样本叶	0.001

对于 RVM 模型，只需对径向基函数的 γ 参数进行优化。超参数的优化过程和结果分别见图 12-3 和表 12-3。从图中可看出，精度最高的 SVR 和 RVM 模型的评价函数值分别是 $RMSE_{min}=28.666$ 和 $R_{max}=0.855$。

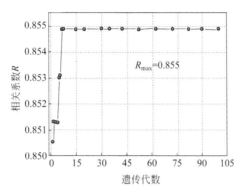

图 12-3　使用 GA 的 RVM 的超参数优化过程

采用网格搜索的方法对 RF 模型的三个超参数（受程序限制），即评估器（estimators）、最大特征（max features）和最小样本叶（min samples leaf）进行优化，以模型的相关系数 R 为最优超参数的评价适应度函数。"评估器"表示 RF 中子树的数目。"最大特征"表示允许 RF 子树所使用的最大特征数。"最大特征"等于 0.2 时，意味着子树可以使用的特性占全部特性的 20%。"最小样本叶"用于限制叶节点的最小样本数占总数的百分比。在优化过程中，"评价器"设置为 100、250 或者 500。"最大特征"的范围为 0.0～1.0，步长为 0.05。"最小样本叶"为 0.1、0.01 或 0.001。超参数的优化过程和结果分别见图 12-4 和表 12-3。

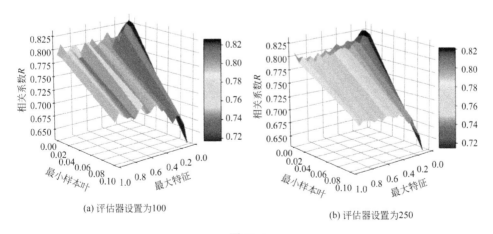

图 12-4

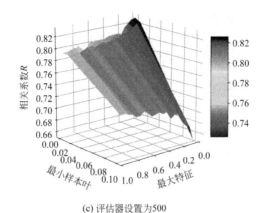

(c) 评估器设置为500

图 12-4　使用网格搜索优化 RF 超参数的过程

12.2.4　模型的评价

　　k 折交叉验证对上述三种模型的评价结果如图 12-5 和表 12-4 所示。对比

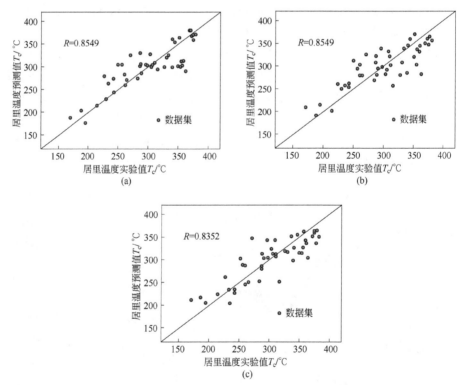

图 12-5　SVR（a）、RVM（b）和 RF（c）模型的
k 折交叉验证的实验值和预测值的比较

表 12-4　三个模型的 k 折交叉验证的结果

算法	R	RMSE	MSE	MAE	MRE
SVR	0.8549	28.6659	821.74	21.2125	0.0725
RVM	0.8549	28.6691	821.92	22.7540	0.0796
RF	0.8352	30.3969	923.97	24.4089	0.0842

分析表明，SVR 模型 R 最高，RMSE 最低，与此同时，SVR 模型的均方误差（mean squared error，MSE）、平均绝对误差（mean absolute error，MAE）和平均相对误差（mean relative error，MRE）也是三种算法中最低的。

为了进一步分析模型，绘制了每个模型的预测残差分布图，如图 12-6 所示。结果表明，三种模型的残差基本符合正态分布。其中，RVM 和 RF 模型的残差主要在−40～40，SVR 模型的残差分布变化范围为−20～20。RVM 和 RF 模型分布连续性优于 SVR 模型，而 SVR 模型的残差分布最为集中。从以上分析可知，SVR 模型在所有模型中具有最佳的预测性能。

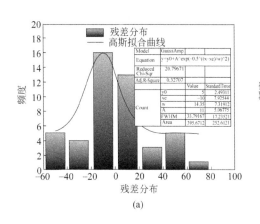

(a)

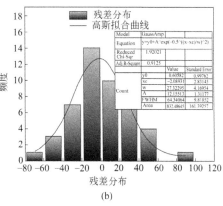

(b)

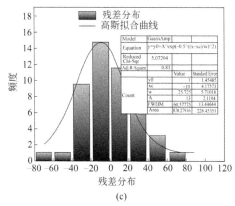

(c)

图 12-6　SVR（a）、RVM（b）和 RF（c）模型的预测残差的分布

12.2.5　模型的检验

　　利用训练集所建立的三个模型对测试集中的样本进行了预测，结果列在表 12-5 和图 12-7 中。从表 12-5 可以看出，三个模型对测试样本的预测值都比实验值小，其中 RVM 模型最明显，这可能是因为测试集中的样本目标值皆高于训练集中的样本目标值。从图 12-7 可以发现，测试集中的点都被投影到了拟合线的右侧，并且 RVM 和 SVR 模型的预测点分别离拟合线最远和最近。当测试集目标值超出了训练集目标值的范围时，SVR 在预测方面表现最好，而 RVM 表现最差。此外，三种模型的预测值都比实验值低，这是由于具有高于训练集最高 T_c 的样本的预测值一般具有负残差。

表 12-5　测试集中的样本的预测值

序号	Exp_T_c	SVR_T_c	Res_SVR	RVM_T_c	Res_RVM	RF_T_c	Res_FR
1	380	370.124	−9.876	345.971	−34.029	359.159	−20.841
2	377	360.919	−16.081	351.626	−25.374	349.503	−27.497
3	375	360.033	−14.967	334.755	−40.245	351.786	−23.214
4	372.5	368.314	−4.186	350.114	−22.386	352.234	−20.266
5	372	356.356	−15.644	351.438	−20.562	347.942	−24.058

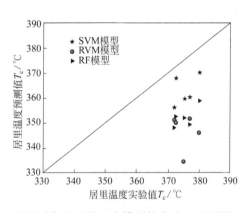

图 12-7　用测试集验证的三个模型的实验 T_c 和预测 T_c 的比较

12.2.6　虚拟筛选

　　从以上分析可知，SVR 模型在预测 T_c 时表现出稳定的性能。因此，在虚拟筛选出可能高于数据集中最高 T_c 的候选钙钛矿材料时，我们采用了 SVR 模型。根据数据集中样本的特征，在生成虚拟新样本时遵守下列限制：

① A 位和 B 位分别包含不超过 3 个和 2 个不同的掺杂原子。

② 在 A 位掺杂的第一个原子是 La，掺杂比例为 0.6~1，其步长为 0.02。A 位掺杂的第二个原子可以为 Ca、Sr、Ag、Pb 或 Ba，掺杂比例为 0.0~0.4，步长为 0.02。A 位中的第三个原子可以为 Ag、Ba、Sm、Nd、Ca 或 Pr，其掺杂比例为剩余值。

③ B 位中的第一个原子为 Mn，掺杂比为 0.9~1.0，步长为 0.02。在 B 空间的第二原子可能是 Cu、Fe、V、Al、Cr，掺杂比例为剩余值。

利用 GA 生成虚拟样本时，其种群设置为 80。图 12-8 说明了如何使用 GA 来找到更高 T_c 的过程。从图中可以看出，当 GA 迭代的次数为 22 时，发现具有更高 T_c 的钙钛矿材料（$La_{0.66}Sr_{0.3}Ba_{0.04}MnO_3$），SVR 模型预测该化合物 T_c 的结果如表 12-6 所示。这个材料的 T_c 值超过了数据集中最高的 T_c，它的实验值很可能更高，因为具有高于训练集最高 T_c 的样本，往往具有负残差。虽然，RVM 和 RF 模型也用于预测虚拟样本的 T_c，但是结果并不理想，所预测的 T_c 皆未超过数据集中的最高 T_c。

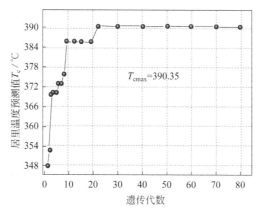

图 12-8　利用 GA 发现更高 T_c 的过程

表 12-6　具有更高 T_c 的钙钛矿材料

钙钛矿	SVR	RVM	RF
$La_{0.66}Sr_{0.3}Ba_{0.04}MnO_3$	390.35	373.07	366.77

12.3 钙钛矿型材料比表面积的数据挖掘

ABO$_3$型钙钛矿氧化物由于结构稳定以及材料自身独特的物理化学性质，在光催化领域有着广泛的应用。钙钛矿的比表面积（specific surface area, SSA）对于材料光催化性能有着重要的影响，因此其可以作为评价材料催化性能的一个重要参数。如何利用数据挖掘技术，设计具有更高比表面积的钙钛矿材料，对于研究光催化具有重要的研究意义。

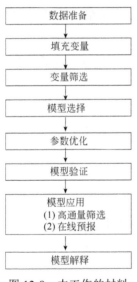

图 12-9　本工作的材料数据挖掘流程

本工作我们从材料的结构特征、组成和制备条件入手，借助数据挖掘方法建立了一个可用于筛选所需比表面积的 ABO$_3$ 型钙钛矿材料的在线预报模型。主要思路如图 12-9 所示。首先，我们从已经发表的文献中收集数据，通过在线预报平台（online computation platform for materials data mining, OCPMDM）[18]的特征变量填充功能，自动生成特征描述符。其次，通过特征变量选择、模型选择、超参数优化和模型验证，利用不同类型的材料数据挖掘算法，构建钙钛矿 SSA 预测模型[19]。借助于该预测模型和高通量筛选方法，实验研究人员可利用自己先验知识筛选出较高比表面积的钙钛矿材料。接下来，为了将实验工作者和计算工作者的工作更好更快地结合起来，我们开发了一个用户友好的、可公开访问的在线 web 服务器，用于在线预报 ABO$_3$型钙钛矿材料的比表面积。最后通过模式识别方法逆向验证了我们设计的材料，进行了合理性的解释。

本工作中整个计算过程均在实验室自行开发编名为 ExpMiner 的软件包和在线平台 OCPMDM 中进行。ExpMiner 软件包中包括多种数据挖掘的方法，如人工神经网络、支持向回归、遗传算法、偏最小二乘法、前进后退法和多元线性回归等主流算法，同时还有我们自己的特色算法，如模式识别、最佳投影、超多面体算法等。整个研究过程中特征变量选择、参数优化、模型建立、检验和解释在 ExpMiner 的软件包中完成，特征描述符填充和虚拟样本高通量筛选在 OCPMDM 在线平台上实现。在线平台的网址为：http://materials-data-mining.com/ocpmdm/。

12.3.1 数据集

我们以"perovskite"和"photocatalytic"为关键词在 web of science 上进行查询，将收集到的文献中的 DOI 和摘要导出，借助文本挖掘发现比表面积 SSA 经常被用来评价光催化性能。利用文本挖掘方法我们对文献进一步操作，提取出材料分子式和对应的比表面积。在提取过程中，我们发现溶胶-凝胶法、水热合成法和固相合成法是使用最多的三种合成方法，最终以数据最多的溶胶-凝胶合成法为基础，收集了比表面积在 $1 \sim 60$ m²/g 之间的 50 组 ABO₃ 型钙钛矿数据[20-33]。

众所周知，在材料制备过程中，不同的合成方法、不同的工艺条件参数决定了材料的最终结构（和晶粒大小），而结构又决定了材料的性能。因此，可通过 QSPR，将材料的性质、结构和工艺三者联系在一起。根据收集的样本分子式，运用在线平台填充了 21 个原子参数［数据来自 *Lange's Handbook of Chemistry*（16th ed.）］，另有 3 个从文献中收集的工艺参数，一共有 24 个描述符，列于表 12-7 中。

表 12-7　原子参数和工艺参数描述符

序号	含义	特征
1	A 位元素的原子半径/Å	R_a
2	B 位元素的原子半径/Å	R_b
3	A 位元素的鲍林电负性	E_a
4	B 位元素的鲍林电负性	E_b
5	容忍因子	t
6	单位晶格边长/Å	$\alpha_O{}^3$
7	临界半径/Å	r_c
8	A 位元素的电离势/(J/mol)	Z_a
9	B 位元素的电离势/(J/mol)	Z_b
10	分子量	M
11	A 位元素与 B 位元素半径之比	R_a/R_b
12	A 位元素的电子亲和力/(J/mol)	A-aff
13	B 位元素的电子亲和力/(J/mol)	B-aff
14	A 位元素的熔点/℃	A-T_m

序号	含义	特征
15	B 位元素的熔点/℃	B-T_m
16	A 位元素的沸点/℃	A-T_b
17	B 位元素的沸点/℃	B-T_b
18	A 位元素的熔化焓/(J/mol)	A-H_{fus}
19	B 位元素的熔化焓/(J/mol)	B-H_{fus}
20	A 位元素的加权密度/(g/cm³)	D-A
21	B 位元素的加权密度/(g/cm³)	D-B
22	煅烧温度/℃	CT
23	煅烧时间/min	AH
24	干燥时间/min	DT

12.3.2 特征变量筛选

在机器学习过程中，当特征数较大、样本数相对较小的时候，易产生过拟合现象。特征筛选能够更好地摆脱模型构建中的冗杂、嘈杂或不相关的描述符，使算法的训练时间缩短，降低输入空间维数而不损失重要信息，进而提高预报能力。本工作基于 GA 算法，结合不同的学习器对特征变量进行了筛选，筛选结果如表 12-8 所示：

表 12-8　GA 基于不同学习器的特征筛选的结果

数据挖掘方法	最小 RMSE	变量名称
GA-PLS	8.037	$\alpha_O{}^3$、A-T_m、D-B、CT、AH
GA-SVR	3.984	B-aff、B-T_m、A-T_b、CT、AH
GA-ANN	5.838	R_a、$\alpha_O{}^3$、r_c、Z_a、Z_b、A-T_m、D-B、CT、AH

从表 12-8 中可看出，GA-SVR 方法获得的变量筛选结果最好，其对应最小的 RMSE 即 3.984，优于 GA-ANN（遗传算法-人工神经网络）和 GA-PLS（遗传算法-偏最小二乘）。图 12-10 为 GA-SVR 变量筛选的 RMSE 值随迭代次数的变化图，从图中可看出，8 次迭代演化后，RMSE 值达到最小 3.984，对应的变量包括 3 个原子参数和 2 个工艺参数。其中 3 个原子参数分别是：B 位元素的电子亲和能（B-aff），B 位元素的熔点（B-T_m），A 位元素的沸点（A-T_b）。2 个工艺参数分别是：煅烧温度（CT）和煅烧时间（AH）。

以 GA-SVR 方法筛选出的特征子集构建了新的数据集并对其进行了划

分：从 50 个数据中随机抽取了 10 个样本组成测试集，剩下的 40 个样本作为训练集，数据列于表 12-9 和表 12-10 中。

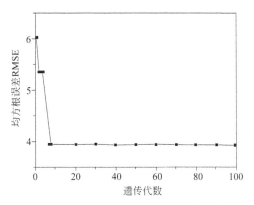

图 12-10　均方根误差 RMSE 的值随迭代次数的变化

表 12-9　钙钛矿型材料机器学习训练集

序号	分子式	SSA /(m²/g)	B-aff /(J/mol)	B-T_m /℃	A-T_b /℃	CT /℃	AH /h
1	$ZnTiO_3$	1.05	7.6	1670	907	900	2
2	$LaFeO_3$	1.08	15.7	1538	3464	900	4
3	$BiFeO_3$	0.7514	15.7	1538	1564	900	4
4	$BiTi_{0.15}Fe_{0.85}O_3$	0.9507	14.485	1557.8	1564	900	4
5	$LaCoO_3$	17	63.8	1495	3464	750	4
6	$LaCo_{0.94}Mg_{0.06}O_3$	19	57.632	1444.3	3464	750	4
7	$LaCo_{0.90}Mg_{0.10}O_3$	21	53.52	1410.5	3464	750	4
8	$LaCo_{0.80}Mg_{0.20}O_3$	22	43.24	1326	3464	750	4
9	$La_{0.5}Bi_{0.2}Ba_{0.2}Mn_{0.1}FeO_3$	27.75	15.7	1538	2626.7	500	4
10	$La_{0.5}Bi_{0.2}Ba_{0.2}Mn_{0.1}FeO_3$	12.46	15.7	1538	2626.7	700	4
11	$La_{0.5}Bi_{0.2}Ba_{0.2}Mn_{0.1}FeO_3$	5.91	15.7	1538	2626.7	800	4
12	$LaFeO_3$	11.39	15.7	1538	3464	600	5
13	$LaMg_{0.2}Fe_{0.8}O_3$	15.07	4.76	1360.4	3464	600	5
14	$LaMg_{0.6}Fe_{0.4}O_3$	24.41	−17.12	1005.2	3464	600	5
15	$LaMg_{0.8}Fe_{0.2}O_3$	13.32	−28.06	827.6	3464	600	5
16	$LaMgO_3$	10.17	−39	650	3464	600	5
17	$LaCrO_3$	3.95	64.3	1907	3464	600	5
18	$LaMg_{0.2}Cr_{0.8}O_3$	8.42	43.64	1655.6	3464	600	5
19	$LaMg_{0.6}Cr_{0.4}O_3$	18.41	2.32	1152.8	3464	600	5
20	$PrFeO_3$	10.88	15.7	1538	3520	700	5
21	$LaFe_{0.9}Co_{0.1}O_3$	51.2	20.51	1533.7	3464	750	10
22	$LaFe_{0.1}Co_{0.9}O_3$	42.8	58.99	1499.3	3464	750	10
23	$LaFeO_3$	8.5	15.7	1538	3464	700	3

序号	分子式	SSA /(m²/g)	B-aff /(J/mol)	B-T_m /℃	A-T_b /℃	CT /℃	AH /h
24	$SrTiO_3$	16.4	7.6	1670	1382	650	10
25	$La_{0.002}Sr_{0.998}TiO_3$	19.7	7.6	1670	1386.164	650	10
26	$La_{0.005}Sr_{0.995}TiO_3$	22.3	7.6	1670	1392.41	650	10
27	$La_{0.01}Sr_{0.99}TiO_3$	24.1	7.6	1670	1402.82	650	10
28	$La_{0.02}Sr_{0.98}TiO_3$	23.2	7.6	1670	1423.64	650	10
29	$LaFeO_3$	9.5	15.7	1538	3464	700	4
30	$La_{0.5}Bi_{0.2}Ba_{0.2}Mn_{0.1}FeO_3$	20.04	15.7	1538	3464	700	2
31	$La_{0.5}Bi_{0.2}Ba_{0.2}Mn_{0.1}FeO_3$	8.5	15.7	1538	3464	800	2
32	$La_{0.5}Bi_{0.2}Ba_{0.2}Mn_{0.1}FeO_3$	5.8	15.7	1538	3464	900	2
33	$LaNiO_3$	14.1	111.5	1455	3464	600	2
34	$LaNiO_3$	12.7	111.5	1455	3464	700	2
35	$LaNiO_3$	6.5	111.5	1455	3464	900	2
36	$LaNiO_3$	15.1	111.5	1455	3464	600	4
37	$LaNiO_3$	12.2	111.5	1455	3464	600	6
38	$LaFeO_3$	21.9	15.7	1538	3464	500	4
39	$LaFeO_3$	5.24	15.7	1538	3464	800	4
40	$LaFeO_3$	1.09	15.7	1538	3464	1000	4

表 12-10 钙钛矿材料机器学习测试集

序号	分子式	SSA /(m²/g)	B-aff /(J/mol)	B-Tm /℃	A-Tb /℃	CT /℃	AH /℃
1	$La_{0.5}Bi_{0.2}Ba_{0.2}Mn_{0.1}FeO_3$	20.63	15.7	1538	2626.7	600	4
2	$La_{0.5}Bi_{0.2}Ba_{0.2}Mn_{0.1}FeO_3$	4.19	15.7	1538	2626.7	900	4
3	$LaMg_{0.4}Fe_{0.6}O_3$	17.63	−6.18	1182.8	3464	600	5
4	$LaMg_{0.4}Cr_{0.6}O_3$	29.71	22.98	1404.2	3464	600	5
5	$LaMg_{0.8}Cr_{0.2}O_3$	14.46	−18.34	901.4	3464	600	5
6	$La_{0.5}Bi_{0.2}Ba_{0.2}Mn_{0.1}FeO_3$	25.8	15.7	1538	3464	500	2
7	$La_{0.5}Bi_{0.2}Ba_{0.2}Mn_{0.1}FeO_3$	22.55	15.7	1538	3464	600	2
8	$LaNiO_3$	11.8	111.5	1455	3464	800	2
9	$LaFeO_3$	15.37	15.7	1538	3464	600	4
10	$LaFeO_3$	10.07	15.7	1538	3464	700	4

12.3.3　SVR 模型的建立与留一法检验

在进行支持向量回归之前，我们对建模的参数进行优化。模型参数优化是通过极小化目标函数使得模型输出和实际观测数据之间达到最佳的拟合程度，本工作使用的是网格搜索法 GS。网格搜索法是指定参数值的一种穷举搜索方法，即将各个参数可能的取值进行排列组合，生成"网络"，然后将各组合用于 SVR 训练，并使用留一法交叉验证（leave one out cross-validation，LOOCV）对每个参数组合的表现进行评估。在尝试了所有的参数组合后，返回一个合适的学习器。在 GS 算法下，为了获得最具有泛化能力的 SVR 模型，LOOCV 的 RMSE 被用作泛化性能的评价准则，一般来说，RMSE 值越小，模型的预测效果越好。

参数优化涉及的搜索范围和步长如下：C 在 1～100 之间，步长为 1；ε 在 0.01～0.1 之间变化，步长为 0.01；γ 从 0.5 变化到 1.5，步长为 0.1。最优的一组参数对应 LOOCV 获得的最小的 RMSE。进行 GS 后发现，当核函数为径向基核函数 rbf 且 C、ε 和 γ 参数分别为 73、0.03 和 0.9 时，获得留一法最小的 RMSE，为 3.745。图 12-11 为网格参数优化的结果图：

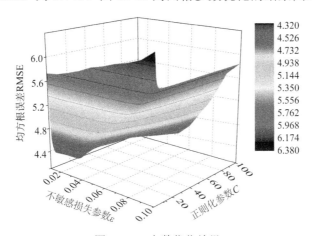

图 12-11　参数优化结果

采用支持向量机回归算法的径向基核函数和优化后的参数（$C=73$，$\varepsilon=0.03$ 和 $\gamma=0.9$）、结合 SVR 筛选出来的特征子集构建了钙钛矿的比表面积 SSA 与特征变量之间的关系模型，留一法交叉验证结果如表 12-11 和图 12-12 所示，其中预测的 SSA（m^2/g）与实验的 SSA（m^2/g）的相关系数 R 达到 0.935，均方根误差 RMSE 为 3.745。

表 12-11　训练样本集的支持向量机留一法交叉验证的结果

序号	Exp_SSA	SVR_SSA	AE
1	1.05	2.03	0.98
2	1.08	3.19	2.11
3	0.7514	2.08	1.33

序号	Exp_SSA	SVR_SSA	AE
4	0.9507	1.17	0.22
5	17	17.00	0.00
6	19	18.54	−0.46
7	21	18.42	−2.58
8	22	21.51	−0.49
9	27.75	22.79	−4.96
10	12.46	10.39	−2.07
11	5.91	5.15	−0.76
12	11.39	11.89	0.50
13	15.07	17.78	2.71
14	24.41	16.75	−7.66
15	13.32	18.79	5.47
16	8.65	4.70	−3.95
17	3.95	6.18	2.23
18	8.42	10.54	2.12
19	18.41	22.87	4.46
20	10.88	7.64	−3.24
21	51.2	45.51	−5.69
22	42.8	48.50	5.70
23	8.5	13.64	5.14
24	16.4	21.36	4.96
25	19.7	20.99	1.29
26	22.3	21.12	−1.18
27	24.1	21.07	−3.03
28	23.2	21.37	−1.83
29	9.5	8.62	−0.88
30	20.04	13.24	−6.80
31	8.5	11.05	2.55
32	5.8	2.46	−3.34
33	14.1	18.05	3.95
34	12.7	13.86	1.16
35	6.5	15.84	9.34
36	15.1	10.28	−4.82
37	12.2	15.74	3.54
38	21.9	16.54	−5.36
39	5.24	4.72	−0.52
40	1.09	1.74	0.65

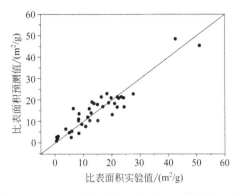

图 12-12　留一法建模的实验值与计算值的关系

12.3.4　与其他算法的结果比较

图 12-13 是采用 PLS 和 ANN 方法对训练集进行留一法交叉检验后的结果。PLS 算法中，均方根误差 RMSE、计算值与实际值的相关系数 R 分别为 8.995 和 0.542。ANN 算法中，RMSE 和 R 分别为 7.374 和 0.762。相比较而言，SVR 的 RMSE 更小而 R 更大，因此 SVR 模型的预测性能更胜一筹。

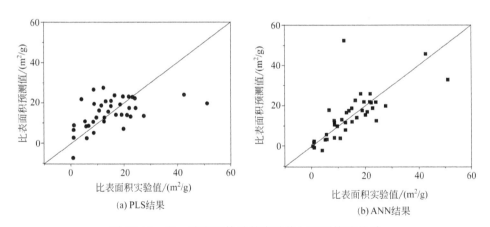

(a) PLS结果　　　　　　　　　　(b) ANN结果

图 12-13　留一法交叉检验的实验值与预测值的关系

12.3.5　SVR 外部测试集验证

外部测试集中样本没有参与训练学习，借助已学得的模型对测试集中样本的输出值进行预报，可以检验模型的预测性能。图 12-14 是借助 SVR 学习器对训练集进行学习训练、对测试集进行预报的结果。从结果数据可发现，测试集的平均相对误差 MRE 较大，为 25.20%。究其原因，可能是钙钛矿材料的 SSA 对合成方法和煅烧温度等因素敏感引起的。文献中曾报道，使用相同方法合成同一材料 $LaMgO_3$，最终所得材料的比表面积 SSAs 分别为 $7.13m^2/g$ 和 $10.17m^2/g$。实验结果的 MRE 在 29.89%~42.64% 之间，由此可看出，我们模型的 MRE 在合理的实验误差允许范围之内。

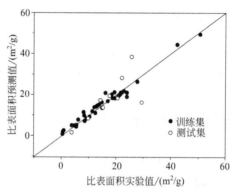

图 12-14　SVR 法测定钙钛矿样品的实验 SSA 与预测 SSA

以上结果是基于随机方法分割训练集和测试集后学习所得，为了避免随机分离的偶然性，我们又重新随机划分了训练集和测试集 3 次，使用上述筛选的 5 个变量用来建模，得到的结果如图 12-15 和表 12-12。

表 12-12　三次随机抽样的建模预报结果

次数	RMSE	MRE/%
1	1.706	22.96
2	2.945	29.09
3	2.711	29.77

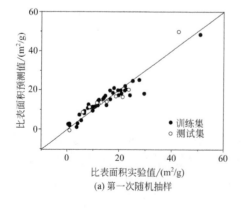

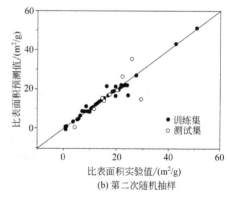

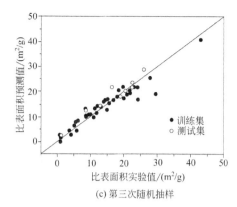

(c) 第三次随机抽样

图 12-15　SVR 法测定钙钛矿样品的实验 SSA 与预测 SSA

以上测试结果表明，随机分离对模型的预测存在着差异，但差异的影响不大，误差都在实验误差的允许范围之内。

12.3.6　高通量筛选

高通量筛选是模型建立后的一种常见的应用方法，高通量筛选首先生成大量的虚拟样本。随后，使用所建立的模型对所生成的大量虚拟样本进行预报。最终，从中挑出具有目标性质的候选钙钛矿材料作为高通量筛选结果，对筛选结果的材料进行试验合成。这种方法相比传统的试错法实验合成具有更好的指向性，可以大大节省优化材料时的成本和耗时。

从上述结构可知，SVR 模型在预测 SSA 时表现出稳定的性能。因而本节中使用该模型进行材料的高通量筛选。筛选时以模型的预报输出值为评判标准，选出在指定范围内具有最高比表面积的候选 ABO_3 型钙钛矿材料。由于该候选材料是基于机器学习模型而来，故该方法可能筛选出比当前数据样本中最佳性能更好的材料。

本工作中，我们设计的 ABO_3 型钙钛矿材料都是立方晶型的，在 OCPMDM 平台上进行高通量样本生成时，样本的设计遵守下列边界条件：

① A 位点为不掺杂其他金属离子的 La 元素；

② B 位点 Fe 掺杂 Mg 或 Co 不超过 100%，步长为 0.01；

③ 煅烧温度为 500～1000℃，步长为 100℃；

④ 煅烧时间为 2～10h，步长为 1h。

图 12-16 为高通量筛选设置界面，按照上述边界条件，我们将各参数填入界面中相应空格处，程序根据设置自动生成满足条件的新样本并结合模型

进行预测筛选。最终结果显示，有 5 个新样本的比表面积比原始数据集中最高的还要高，可以用来指导实验者设计具有更高比表面积的钙钛矿材料。表 12-13 列举出了从 2000 多个虚拟候选样本中筛选出的 5 个样本的信息。从表中可看出，这 5 个样本都是钙钛矿结构，容忍因子 t 的值在 0.85～0.9 之间。虚拟样本中最高 SSA 为 58.09m^2/g，超出了训练集中的 SSA 最大值（51.2m^2/g）。

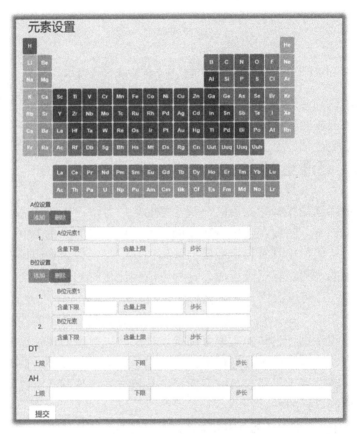

图 12-16　高通量筛选设置界面

表 12-13　高通量筛选出的 5 个具有更高比表面积的 ABO$_3$ 型钙钛矿材料

分子式	SSA/(m^2/g)	CT/℃	AH/h	t
LaFe$_{0.8}$Mg$_{0.2}$O$_3$	57.70	900	10	0.8668
LaFe$_{0.7}$Mg$_{0.3}$O$_3$	58.09	900	10	0.8594
LaFe$_{0.9}$Co$_{0.1}$O$_3$	54.81	900	10	0.8821
LaFe$_{0.8}$Co$_{0.2}$O$_3$	54.82	900	10	0.8823
LaFe$_{0.7}$Co$_{0.3}$O$_3$	52.03	800	10	0.8826

12.3.7 模型分享

以往在进行材料机器学习任务时，各大课题组耗费大量的精力对机器学习模型进行调优。同时，随着实验次数的增加，不断有新的样本被补充加入训练集中，从而使得相应的模型效果得到显著的提高。但是，这样的模型经常只能被用于自己的课题组内，若能够将该模型分享给相应的材料研究者们，则能够更好地指导实验者进行实验。材料基因组工程计划的核心是推动数据共享，以此为出发点，我们将实验室设计的 OCPMDM 平台进行了二次开发，构建了基于本文 SVR 模型的 ABO_3 型钙钛矿 SSA 的在线预测 web 服务器，用于模型的分享和推广应用。

实验科学家可应用此服务器来预测自行设计的新材料样本的 SSA，从而指导自己的实验。应用过程中，只需输入模型中的两个工艺参数 CT 和 AH，另外三个原子参数可借助 OCPMDM 的描述符自动填充功能来完成，图 12-17 显示了 ABO_3 型钙钛矿 SSA 的在线预测实例。在输入新型 ABO_3 型钙钛矿的材料分子式，煅烧温度和煅烧时间后，点击"predict"按钮，即可得到新型 ABO_3 型钙钛矿的 SSA。

图 12-17　ABO_3 型钙钛矿的 SSA 在线预测实例

12.3.8 模型的模式识别解释

所有的模式识别方法的原理都可归结为"多维空间图像识别"问题，

即将特征变量的几何张成多维样本空间，将各类样本的代表点"记"在多维空间中，根据"物以类聚"的原理，同类或相似的样本间的距离应较近，不同类的样本间距离应较远。这样，就可以用适当的计算机模式识别技术去"识别"各类样本的形状，试图得到描述各类样本在多维空间中分布范围的数学模型。

本工作利用 Fisher 模式识别方法对 SVR 模型的预测结果进行了解释。根据文献报道，我们把数据集中 SSA 小于 $10m^2/g$ 的样本定义为劣类样本，把 SSA 大于 $10m^2/g$ 定义为优类样本，高通量筛选出来的 5 个材料作为未知样本。利用已知的优劣样本建立了材料的 Fisher 判别矢量图，依据 Fisher 判别矢量图对 5 个未知样本进行了预测验证，结果如图 12-18 所示。其中，空心圆圈代表比表面积小于 $10m^2/g$ 的样本，正方形代表比表面积大于 $10m^2/g$ 的样本，三角形为设计的 5 个新材料。

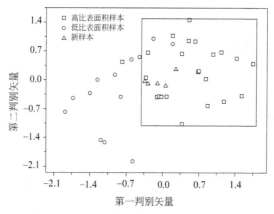

图 12-18　不同样本的 Fisher 判别矢量图

从上述判别矢量图中我们可以看出，优类样本和劣类样本基本可以区分，同时本工作设计的 5 个新材料，也很好地投影在了我们训练集中样本的优类区域，该结果说明了我们设计筛选出的这 5 个具有高比表面积的新材料具有可信性。

12.3.9　模型的敏感性分析

敏感性分析方法可以考察目标变量随某一变量的变化情况。在进行敏感性分析时，其他变量需要固定，本工作固定的敏感点变量为优类样本中心对应的变量值。为了深入探究比表面积与各特征变量之间的关系，我们进行了 5 个相关的特征变量与目标值 SSA 的敏感性分析，如图 12-19 所示。

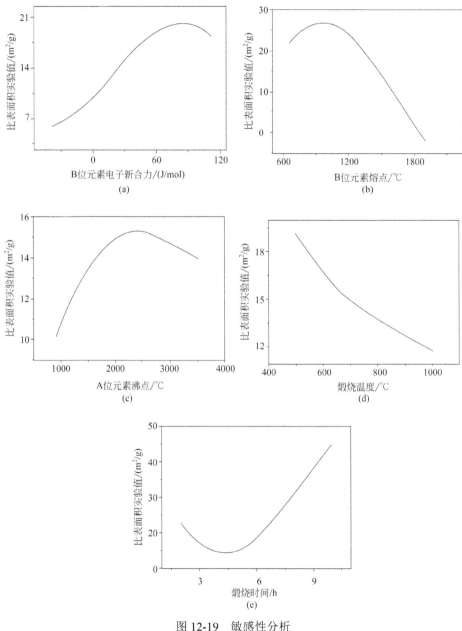

图 12-19 敏感性分析

图 12-19（a）显示比表面积 SSA 与 B 位电子吸附能的关系。从图中可以看到两者关系类似于一条抛物线。随着 B 位电子吸附能的增加，比表面积逐渐增加。一般在 60～90 之间比表面积比较高。

图 12-19（b）说明比表面积与 B 位元素熔点的关系。在 1000 ℃时 SSA 达到最大值。

图 12-19（c）反映了比表面积 SSA 与 A 位元素的关系。在 2000℃时，比表面积达到了最大值。

图 12-19（d）显示了比表面积与煅烧温度之间的关系，煅烧温度越高，比表面积会越小。

图 12-19（e）反映了比表面积与煅烧时间的关系，图中可看出，煅烧时间大于 6h 后，比表面积逐渐增加。

由敏感性分析，我们可以清楚知道比表面积与相关的特征变量之间的关系，了解目标变量是随着特征变量如何变化的，变化趋势又是如何，从而更好地指导我们找到性能优异的材料。

12.4
小结

本工作以钙钛矿材料为研究对象，以给予新材料探索实验一定的参考或指导为导向，以机器学习来辅助材料设计为出发点，对钙钛矿材料的居里温度 T_c 和比表面积 SSA 进行了机器学习模型的建立、高通量筛选和在线预报。主要分为两个部分。

在第一部分工作中，我们建立了 ABO_3 型钙钛矿的居里温度 T_c 与原子参数之间的学习模型，通过 k 折交叉验证，SVR 模型比 RVM 和 RF 模型具有更好的预测性能，其 R 值为 0.8549，RMSE 为 28.6659，MRE 为 0.0725。利用虚拟筛选样本和 SVR 模型，发现了钙钛矿材料 $La_{0.66}Sr_{0.3}Ba_{0.04}MnO_3$ 的 T_c 值有可能高于数据集中的最高 T_c 值，该方法可推广应用于该类材料的设计及可控合成，对于指导合成新材料具有重要的研究意义。

在第二部分工作中，我们建立了 ABO_3 型钙钛矿的比表面积 SSA 与原子参数和工艺参数之间的机器学习模型，以此来寻找特定比表面积的 ABO_3 型钙钛矿材料。采用文献中报道的 40 组数据组成训练集，10 组数据作为测试集，以 SSA 为目标变量，24 个描述符作为候选的特征自变量。在比较了不同的特征变量筛选方法的结果后，选择 GA-SVR 组合特征方法进行变量筛选，结果筛选出 5 个建模变量。根据不同建模方法所得结果，选出了最佳建模方法为 SVR，其建模结果的 RMSE 和 R 分别为 1.79 和 0.986；留一法交叉验证结果的 RMSE 和 R 分别为 3.745 和 0.935；利用所建 SVR 模型进行高通量筛选，获得了 5 个具有较高比表面积的钙钛矿材料，并给出了它们的分子式和工艺条件。与此同时，本工作提供的 ABO_3 钙钛矿材料比表面积的在线预报模型有助于实验工作者在实验之前对 ABO_3 钙钛矿材料的比表面积先进行预报，从而促进机器学习辅助该类材料设计的研究。

参 考 文 献

[1] Tao S, Gen L, Jing Z. Compositional design strategy for high performance ferroelectric oxides with perovskite structure[J]. Ceramics International, 2017, 43: 2910-2917.

[2] Kazuhide A, Shuichi K. Ferroelectric properties in epitaxially grown $Ba_xSr_{1-x}TiO_3$ thin films[J]. Journal of Applied Physics, 1995, 77: 6461-6465.

[3] Phong P T, Ngan L T T, Bau L V, et al. Study of critical behavior using the field dependence of magnetic entropy change in $La_{0.7}Sr_{0.3}Mn_{1-x}Cu_xO_3$ (x=0.02 and 0.04)[J]. Ceramics International, 2017, 43: 16859-16865.

[4] Dinh C L, Thanh T D, Anh L H, et al., Critical properties around the ferromagnetic- paramagnetic phase transition in $La_{0.7}Ca_{0.3-x}A_xMnO_3$ compounds (A = Sr, Ba and x=0, 0.15, 0.3)[J]. Journal of Alloys and Compounds, 2017, 725: 484-495.

[5] An F, Cao F, Yu J. Piezoelectric properties of Ca-modified $Pb_{0.6}Bi_{0.4}(Ti_{0.75}Zn_{0.15}Fe_{0.10})O_3$ ceramics[J]. Ceramics International, 2012, 38: S211-S214.

[6] Nabil K, Sami K, Ahmed H, et al. Magnetocaloric properties in the Cr-doped $La_{0.7}Sr_{0.3}MnO_3$ manganites[J]. Physica B-Condensed Matter, 2009, 404: 285-288.

[7] Cheikh-Routhou K W, Koubaa M, Cheikhrouhou A. Structural, magnetotransport, and magnetocaloric properties of $La_{0.7}Sr_{0.3-x}Ag_xMnO_3$ perovskite manganites[J]. Journal of Alloys and Compounds, 2008, 453: 42-48.

[8] Koubaa M, Cheikh-Rouhou K W, Cheikhrouhou A. Magnetocaloric effect and magnetic properties of $La_{0.75}Ba_{0.1}M_{0.15}MnO_3$ (M=Na, Ag and K) perovskite manganites[J]. Journal of Alloys and Compounds, 2009, 479: 65-70.

[9] Debnath J, Zeng R, Kim J, et al. Large magnetic entropy change near room temperature in $La_{0.7}$ $(Ca_{0.27}Ag_{0.03})MnO_3$ perovskite[J]. Journal of Alloys and Compounds, 2011, 509: 3699-3704.

[10] Sankarrajan S, Sakthipandi K, Manivasakan P, et al. On-line phase transition in $La_{1-x}Sr_xMnO_3$ ($0.28 \leqslant x \leqslant 0.36$) perovskites through ultrasonic studies[J]. Phase Transitions, 2011, 84: 657-672.

[11] Anwar M, Faheem A, Heun K B. Influence of Ce addition on the structural, magnetic, and magnetocaloric properties in $La_{0.7-x}Ce_xSr_{0.3}MnO_3$ ($0 \leqslant x \leqslant 0.3$) ceramic compound[J]. Ceramics International, 2015, 41: 5821-5829.

[12] Ja D, Dharri A, Oummezzine M, et al. Effect of substitution of Fe for Mn on the structural, magnetic

properties and magnetocaloric effect of LaNdSrCaMnO$_3$[J]. Journal of Magnetism and Magnetic Materials, 2015, 378: 353-357.

[13] Chau N, Nhat H, Luong N, et al. Structure, magnetic, magnetocaloric and magnetoresistance properties of La$_{1-x}$Pb$_x$MnO$_3$ perovskite[J]. Physical B-Condensed Matter, 2003, 327: 270-278.

[14] Anwar M, Faheem A, Heun K B. Structural distortion effect on the magnetization and magnetocaloric effect in Pr modified La$_{0.65}$Sr$_{0.35}$MnO$_3$ manganite[J]. Journal of Alloys and Compounds, 2014, 617: 893-898.

[15] Browning N J, Ramakrishnan R, von L O. Genetic optimization of training sets for improved machine learning models of molecular properties[J]. Journal of Physical Chemistry Letters, 2017, 8: 1351-1359.

[16] Nekoei M, Mohammadhosseini M, Pourbasheer E. QSAR study of VEGFR-2 inhibitors by using genetic algorithm-multiple linear regressions (GA-MLR) and genetic algorithm-support vector machine (GA-SVM): a comparative approach[J]. Medicinal Chemistry Research, 2015, 24: 3037-3046.

[17] Svetnik V, Liaw A, Tong C, et al. Random forest: a classification and regression tool for compound classification and QSAR modeling[J]. Journal of Chemical Information and Computer Sciences, 2003, 43: 1947-1958.

[18] Zhang Q, Chang D, Zhai X, et al. OCPMDM: Online computation platform for materials data mining[J]. Chemometrics and Intelligent Laboratory Systems, 2018, 177: 26-34.

[19] Shi L, Chang D, Ji X, et al. Using data mining to search for perovskite materials with higher specific surface area[J]. Journal of Chemical Information and Modeling, 2018, 58: 2420-2427.

[20] Li S, Jing L, Fu W, et al. Photoinduced charge property of nanosized perovskite-type LaFeO$_3$ and its relationships with photocatalytic activity under visible irradiation[J]. Materials Research Bulletin, 2007, 42: 203-212.

[21] Li Y, Yao S, Wen W, et al. Sol-gel combustion synthesis and visible-light-driven photocatalytic property of perovskite LaNiO$_3$[J]. Journal of Alloys and Compounds, 2010, 491: 560-564.

[22] Parida K M, Reddy K H, Martha S, et al. Fabrication of nanocrystalline LaFeO$_3$: an efficient sol-gel auto-combustion assisted visible light responsive photocatalyst for water decomposition[J]. International Journal of Hydrogen Energy, 2010, 35: 12161-12168.

[23] Sun H, Yang H, Cui S, et al. Simultaneous Mg-modification inside and outside of LaCoO$_3$ lattice and their photocatalytic properties[J]. Chinese Journal of Inorganic Chemistry, 2016, 32: 1704-1712.

[24] Tijare S N, Bakardjieva S, Subrt J, et al. Synthesis and visible light photocatalytic activity of nanocrystalline PrFeO$_3$ perovskite for hydrogen generation in ethanol-water system[J]. Journal of Chemical Sciences, 2014, 126: 517-525.

[25] Tijare S N, Joshi M V, Padole P S, et al. Photocatalytic hydrogen generation through water splitting on nano-crystalline LaFeO$_3$ perovskite[J]. International Journal of Hydrogen Energy, 2012, 37: 10451-10456.

[26] Li H, Cui Y, Wu X, et al. Effect of La contents on the structure and photocatalytic activity of La-SrTiO$_3$ catalysts[J]. Chinese Journal of Inorganic Chemistry, 2012, 28: 2597-2604.

[27] Hu R, Li C, Wang X, et al. Photocatalytic activities of LaFeO$_3$ and La$_2$FeTiO$_6$ in p-chlorophenol degradation under visible light[J]. Catalysis Communications, 2012, 29: 35-39.

[28] Tavakkoli H, Yazdanbakhsh M. Fabrication of two perovskite-type oxide nanoparticles as the new adsorbents in efficient removal of a pesticide from aqueous solutions: Kinetic, thermodynamic, and adsorption studies[J]. Microporous and Mesoporous Materials, 2013, 176: 86-94.

[29] Josephine B A, Manikandan A, Teresita V M. Fundamental study of LaMg$_x$Cr$_{1-x}$O$_{3-\delta}$ perovskites nano-photocatalysts: Sol-gel synthesis, characterization and humidity sensing[J]. Korean Journal of

Chemical Engineering, 2016, 33: 1590-1598.

[30] Teresita V M, Manikandan A, Josephine B A, et al. Electromagnetic properties and humidity-sensing studies of magnetically recoverable LaMg$_x$Fe$_{1-x}$O$_{3-\delta}$perovskites nano-photocatalysts by sol-gel route[J]. Journal of Superconductivity and Novel Magnetism, 2016, 29: 1691-1701.

[31] Abdulkadir I, Jonnalagadda S B, Martincigh B S. Synthesis and effect of annealing temperature on the structural, magnetic and photocatalytic properties of La$_{0.5}$Bi$_{0.2}$Ba$_{0.2}$Mn$_{0.1}$FeO$_{3-\delta}$[J]. Materials Chemistry and Physics, 2016, 178: 196-203.

[32] Orak C, Atalay S, Ersoz G. Photocatalytic and photo-Fenton-like degradation of methylparaben on monolith-supported perovskite-type catalysts[J]. Separation Science and Technology, 2017, 52: 1310-1320.

[33] Perween S, Ranjan A. Improved visible-light photocatalytic activity in ZnTiO$_3$ nanopowder prepared by sol-electrospinning[J]. Solar Energy Materials and Solar Cells, 2017, 163: 148-156.

第 13 章

染料敏化太阳能电池材料的数据挖掘

13.1
概述

　　能源是人类赖以生存的重要物质基础，也是社会发展和各种经济活动进步的原动力。近年来，随着经济的不断发展，人们对能源的需求不断增长。由于传统的化石能源储量有限而且会造成严重的环境污染，严重制约了人类社会的可持续发展，因此清洁可再生能源日益受到广泛的关注。其中太阳能具有资源丰富，应用不受地域限制、清洁无污染等优点，在新能源领域中具有巨大的发展潜力和广阔的应用前景。太阳能电池可以通过光伏发电技术实现光电直接转换，是有效利用太阳能的重要途径之一。高效的太阳能电池材料的开发和研究逐渐变成了科研领域的研究重点[1-3]。

13.1.1　染料敏化太阳能电池

　　太阳能电池的整体分类按照其历史与制作材料可分为三代。第一代太阳能电池，即硅基半导体电池。此类电池发展时间长，技术较成熟，但是其材料成本高，工艺又相对复杂，使用寿命问题也是制约其发展的难点。硅基电池虽然是目前国际光伏市场上的主流产品，占世界光伏产量的80%以上，但是还存在着生产过程高能耗和环境污染的问题。第二代太阳能电池，即多元化合物薄膜太阳能电池，这类电池含有的一些元素具有严重的污染性，另外铟和硒都是稀有元素，原材料来源受到很大限制。第三代太阳能电池是引入了有机物和纳米技术的新型薄膜太阳能电池，包括染料敏化太阳能电池和钙钛矿太阳能电池等。

染料敏化太阳能电池（dye-sensitized solar cells，DSSCs）由瑞士的洛桑高等工业学院 Grätzel 教授课题组于 1991 年采用纳米多孔电极替代平板电极研发得到[3]。自此，此类电池逐步走进科研人员的视野，并成为新时期革命性的新型光伏技术。染料敏化太阳能电池具有制作成本低、原材料丰富、制备简单、稳定性好、对环境无污染等优点，被认为是潜力巨大的太阳能电池种类之一，引起很多科研工作者的广泛关注[4-7]。根据 2020 年美国国家可再生能源实验室最新更新的 1976—2020 年太阳能电池转化效率（power conversion efficiency，PCE）信息，可以看到虽然新兴的技术如量子点、钙钛矿、染料敏化等太阳能电池的效率不是最高，但显示出巨大的发展潜力。其中染料敏化太阳能电池效率已达到14%[8,9]，虽然与硅基电池相比还有很大差距，但在高效率、稳定性、耐久性等方面仍有可观的发展前景。

染料敏化太阳能电池是一种新型薄膜太阳能电池的低成本光伏器件，以光敏染料和纳米二氧化钛为主要原料，将太阳能转换为电能。染料敏化太阳能电池主要由纳米多孔半导体薄膜（TiO_2）、染料敏化剂（dye）、氧化还原电解质（electrolyte）、对电极（Pt）和导电基底（FTO）等几部分组成[10]。当太阳光照射到电池上，敏化剂接收光子并激发电子注入到 TiO_2 的导带，染料自身失去电子变为氧化态，并被扩散的电解质 I^- 还原为基态，注入到导带中的电子透过导电玻璃和外电路传输到对电极，形成电流。而 I_3^- 在对电极重新得到电子被还原为 I^-，从而形成 DSSCs 的一个光电化学反应的循环过程（图 13-1）。

13.1.2　染料敏化剂及其数据挖掘研究现状

染料敏化剂是 DSSCs 的核心部分，起着捕获太阳光的作用，还影响到电子的注入及复合效率，直接决定 DSSCs 的光电转化效率。在许多研究小组 20 多年的共同努力下，大量的染料敏化剂被开发出来，包括金属配合物染料

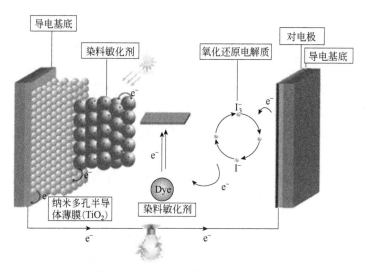

图 13-1　DSSCs 工作原理示意图

和不含金属的有机染料。前者主要由一个金属离子和至少一个桥联配体配位形成，它对可见光的吸收主要是由中心金属离子和配体间的电荷转移过程来实现。有机染料敏化剂分子由于具有高的摩尔吸收系数、对环境友好、结构易于调控等优点，引起了广大科研工作者的广泛关注。迄今为止不计其数的有机染料分子已经应用于染料敏化太阳能电池。

　　作为染料敏化太阳能电池的重要组成之一，染料敏化材料的开发和设计尤为重要。实验上从大量的有机材料中筛选出适宜的光敏化剂，是一项异常艰辛的工作，不仅工作量大，而且耗费时间长；另外受实验条件的限制，在实验上投入大量的资源，却往往很难获得理想的成果。在实验之前使用数据挖掘和量子化学方法设计具有潜在光电特性的高效敏化剂显得非常重要。运用量化方法对通过经验设计的分子进行光电性能的计算，我们组做了一些相关工作[10-18]，为实验合成提供了理论指导。但是运用量化方法从大量的化合物中筛选出性能优异的敏化剂，计算和时间成本也都很大。近年来，数据挖掘方法和技术被广泛地应用在很多材料设计中。数据挖掘方法可以用来构建定量的结构-性质关系（QSPR），从而设计新型敏化剂，然后用量化预测候选敏化剂的性能，筛选出性能优异敏化剂，降低研发成本，有效加速高效敏化剂的研发。

　　最近，V. Vishwesh 等报道，根据 QSPR 模型设计了基于吩噻嗪的新型染料，该类染料基于结构片段建立，通过遗传算法进行了筛选，最后通过量化计算预测了光电特性[19]。H. Li 等建立了一个多级级联模型，通过将量子化学分子描述符与机器学习相结合的方法来预测所有有机染料作为敏化剂的DSSCs 的 PCE 值[20]。K. Supratik 等报道了采用分子描述符代替结构片段，通过 GA 结合多元线性回归（multiple linear regression，MLR）来构建 QSPR 模型，并验证了所设计染料的电子结构以及吸收光谱[21]。这些理论研究对加速敏化剂的研发做了很大的贡献。

13.1.3　N-P 类敏化剂研究现状

　　N-杂化的苝类（N-P）染料是一类不含金属的有机敏化剂，具有高摩尔消光系数和带隙可调的特点，结构见图 13-2，其中 R₁、R₂ 和 R₃ 是各种芳香取代基。此类染料中，N-P 结构具有高共轭性和强的给电子能力。目前，通过结构修饰，实验科学家们得到了一系列的 N-P 类染料，例如 C 系、QB 系、NPS 系等敏化剂[22-24]。其中，敏化剂 C281 在所有N-P 染料中具有最高的性能，其 PCE 为 13%[22]。这些实验研究表明了 N-P 类敏化剂在 DSSCs 应用中具有很大的潜力，也为该类染料在 DSSCs 中的应用

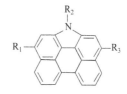

图 13-2　N-P 类染料结构
R₁、R₂ 和 R₃ 是不同的官能团

做出了突出贡献。但是，传统实验在探索潜在的敏化剂的研究过程中时间消耗较长，且合成和表征的成本也很高。为了加速发现用于高效 DSSCs 的 N-P 类敏化剂，在实验之前使用数据挖掘和量化方法设计并验证具有潜在光电特性的此类敏化剂显得非常重要。

13.2
N-P 类敏化剂的数据挖掘

　　为了加速高效 N-P 类敏化剂的研发，我们将运用数据挖掘与量子化学相结合的目标驱动方法，首次设计高效染料太阳能电池 N-P 类的敏化剂（图13-3）。在半导体均为 TiO₂ 膜的实验条件下，从 Web of Science 数据库搜索所有文献，共收集了 54 种 N-P 染料。运用遗传算法-多元线性回归方法（GA-MLR）

对包含结构描述符和实验工艺中的电解质的特征池进行特征变量筛选，构建了鲁棒性强的 QSPR 模型。基于对模型中特征描述符的结构意义的充分理解，我们设计了 PCE 增加约 20% 的潜在 N-P 类染料。通过密度泛函理论（DFT）和含时密度泛函（TD-DFT）方法对所设计的敏化剂进行了光电性能预测[25]。

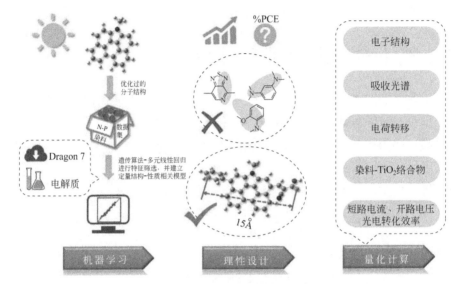

图 13-3　高效 N-P 类染料设计流程

13.2.1　数据集与特征变量的计算

数据集：从现有文献中共收集到 54 个具有实验 PCE 值的 N-P 类染料[22-24,26-42]，其中 48 个染料的 PCE 值在$[Co(bpy)_3]^{2+/3+}$电解质条件下测得，6 个染料的 PCE 值分别在$[Co(bpy)_3]^{2+/3+}$和$I^{-/3-}$电解质下测得，因此我们把电解质也作为变量之一。

特征变量的计算：所有敏化剂结构在 B3LYP/ 6-311G(d, p)[43]水平上进行几何优化和频率计算，确保是能量最低构型。基于优化的结构，使用 Dragon 软件生成了包含 30 个类别的 960 个描述符[44]（详细信息见表 13-1）。

数据预处理：首先根据变量相关性对所有描述符变量进行筛选，删除变量对中强相关变量，然后使用 MinMax 方法进行变量归一化[45]。考虑到样本集的数量较少，随机划分数据集的方式会比较容易引起极端划分情况，我们根据样本在高维空间内的分布情况来进行等间距采样方法，按照 3∶1 的比例将样本划分为训练集与测试集[46]。

表 13-1 Dragon 描述符种类及定义

描述符种类	定义
组成指标	反映化学组成成分
环描述符	环结构的存在
拓扑指数	分子拓扑结构的数量
步长和路径指数	路径、步长和自动返回步长的计数
连接指数	连接的非氢原子数
信息索引	分子的总数和信息含量
2D 矩阵描述符	由代数运算符计算的图论矩阵
2D 自相关描述符	描述考虑的特性如何沿着拓扑分子结构分布
负荷特征值	化学相似度/多样性
类似 P-VSA 描述符	范德华表面积的数量
ETA 指数	拓展的拓扑化学原子指数
边缘邻接指数	有关图边之间的连通性的信息
几何描述符	3D 结构的几何信息
3D 矩阵描述符	与 2D 矩阵的描述符相同，但使用欧几里得距离
3D 自相关描述符	与 2D 自相关相同，但使用欧几里得距离
RDF 描述符	在半径为 R 的球体中找到原子的概率分布
3D-MoRSE 描述符	来自 3D 原子坐标的信息，通过电子衍射研究中使用的变换来准备理论散射曲线
WHIM 描述符	加权整体不变分子描述符
GETAWAY 描述符	几何、拓扑和原子权重集合
Randic 分子轮廓	Randic 提出的分子描述符序列
功能组数	分子中特定官能团的数量
以原子为中心的片段	分子中特定原子类型的数量
原子型电子态指数	有关与每个原子类型相关的电子可及性的结构信息
CATS 2D	有关与生物靶标潜在相互作用类型的信息，目的是鉴定具有不同骨架结构的同功能结构
2D 原子对	2D 结构中 2 个原子对之间的相关信息
3D 原子对	3D 结构中 2 个原子对之间的相关信息
电荷描述符	电荷信息
分子性质	描述通过文献模型获得的理化和生物学特性以及一些分子特性
类药物指数	当满足类药物分子的共有定义的所有标准时，取值为 1 的变量，否则为 0
CATS 3D	与 CATS 2D 相同，但使用欧几里得距离

13.2.2 特征变量的筛选和建模

遗传算法（GA）是一种基于自然界生物自然选择和演化机制的随机和自

适应搜索算法。它可以用于查找最佳子集的特征，与其他优化算法相比，GA 可以根据响应面上未知的梯度方向进行局部最优解的搜索。另一方面，多元线性回归（MLR）算法由于其公式简单、系数含义明确的特点，有助于我们充分理解模型中特征变量的结构意义，相比较其他模型更有利于设计分子结构。结合两个算法的优点，我们运用遗传算法-多元线性回归方法（GA-MLR）可以精确筛选得到用于描述分子结构特性的最佳特征的集合，然后使用 MLR 建立 QSPR 模型。本工作运用 GA-MLR 共建立 16 种鲁棒性较强的模型。它们所筛选出的描述符及训练集的模型评价指标决定系数的结果如表 13-2。

表 13-2　16 种模型筛选的特征及决定系数的值

No.	特征 1	特征 2	特征 3	特征 4	特征 5	R^2_{train}	Q^2_{LOO}	R^2_{test}
1	MATS5i	H3s	Mor20u	CATS2D_03_AA	EL	0.855	0.787	0.802
2	MATS5i	P_VSA_MR_6	CATS3D_12_AL	CATS2D_03_AA	EL	0.850	0.801	0.838
3	MATS5i	CATS3D_15_AL	B04[N-N]	CATS2D_03_AA	EL	0.861	0.807	0.804
4	Mor18u	CATS3D_09_DL	R7u+	CATS2D_03_AA	EL	0.862	0.821	0.815
5	D/Dtr12	B03[N-O]	CATS2D_06_AA	CATS2D_03_AL	EL	0.852	0.795	0.769
6	R3s	F06[N-N]	B03[N-O]	D/Dtr06	EL	0.866	0.822	0.773
7	R3s	GATS5i	MW	CATS2D_03_AA	EL	0.851	0.798	0.807
8	R3s	CATS2D_03_AA	B06[N-N]	D/Dtr06	EL	0.856	0.813	0.763
9	MW	R4e	B03[N-O]	CATS2D_06_AA	EL	0.860	0.807	0.815
10	R3s	GATS5i	RDF045u	CATS2D_03_AA	EL	0.857	0.813	0.837
11	Mor18u	R7u+	B03[N-O]	CATS3D_08_AN	EL	0.857	0.815	0.788
12	MATS5i	CATS3D_15_AL	QZZm	CATS2D_03_AA	EL	0.852	0.796	0.795
13	Mor18u	R7u+	CATS3D_08_AN	CATS2D_03_AA	EL	0.861	0.818	0.799
14	R3m+	GATS5i	RDF040u	CATS2D_03_AA	EL	0.853	0.794	0.792
15	Mor18u	R7u+	CATS3D_10_DL	CATS2D_03_AA	EL	0.852	0.808	0.802
16	MATS5i	CATS3D_15_AL	HATS4u	CATS2D_03_AA	EL	0.856	0.804	0.800

基于对模型评价指标结果以及特征变量尽可能直接映射分子结构来考虑，最终选择的是表 13-2 的第 3 个模型。该模型中所有染料分子的特征变量的值见表 13-3。基于所选的 5 个描述符，建立的特征变量和 PCE 的 QSPR 模型是：

$$
\begin{aligned}
\text{PCE(\%)} = {} & 4.25(\pm 0.53) - 1.13(\pm 0.37)\text{EL} - 5.78(\pm 0.48)\text{CATS2D\_03\_AA} \\
& + 4.81(\pm 0.81)\text{CATS3D\_15\_AL} - 0.70(\pm 0.34)\text{B04[N-N]} \\
& + 6.14(\pm 0.83)\text{MATS5i}
\end{aligned}
\tag{13-1}
$$

式中，EL 是电解液的电势；CATS2D$_{03_{AA}}$ 表示拓扑距离为 3 的 A-A 原子对的频率。CATS3D$_{15_{AL}}$ 表示具有空间欧几里得距离 15 的 A-L 原子对的频率。B04 [N-N]表示是否存在拓扑距离为 4 的 N-N 原子对。MATS5i 是电离势加权延迟为 5 的 Moran 自相关描述符。

表 13-3　数据集中染料分子的特征变量的值

染料	CATS3D$_{15_{AL}}$	MATS5i	CATS2D$_{03_{AA}}$	B04[N-N]	EL	PCE(Exp.)
C261	10	0.0778	0	1	−5.10	8.8
C261	10	0.0778	0	1	−4.60	6.3
C262	24	0.0708	0	1	−5.10	7.3
C262	24	0.0708	0	1	−4.60	4.9
C263	19	0.0690	1	1	−5.10	5.0
C266	17	0.0721	0	0	−5.10	9.0
C267	20	0.0840	0	0	−5.10	8.6
C269	16	0.0572	0	1	−5.10	8.0
C270	19	0.0688	0	1	−5.10	8.8
C271	5	0.0820	0	0	−5.10	6.7
C272	13	0.0907	0	0	−5.10	10.4
C275	29	0.1192	0	0	−5.10	12.5
C276	21	0.0805	0	0	−5.10	9.4
C277	33	0.0819	0	0	−5.10	11.5
C278	32	0.1030	0	0	−5.10	12.0
C279	20	0.0523	0	0	−5.10	8.0
C280	25	0.1295	0	0	−5.10	11.8
C281	26	0.1445	0	0	−5.10	13.0
C286	27	0.0660	0	0	−5.10	9.0
C287	22	0.0853	0	0	−5.10	10.5
C288	21	0.1339	0	0	−5.10	12.0
C289	16	0.0826	0	1	−5.10	10.2
C289	16	0.0826	0	1	−4.60	7.0
C290	17	0.0918	0	1	−5.10	10.1
C290	17	0.0918	0	1	−4.60	8.0
C294	24	0.1274	0	0	−5.10	11.5
C295	32	0.1288	0	0	−5.10	12.4
CPD-1	19	0.0261	0	0	−5.10	7.2
CPD-2	11	0.0144	0	0	−5.10	5.2
CPD-3	3	−0.0108	0	0	−5.10	4.7
CPD-4	9	−0.0109	0	0	−5.10	5.0

染料	CATS3D$_{15AL}$	MATS5i	CATS2D$_{03AA}$	B04[N-N]	EL	PCE(Exp.)
HW-1	8	0.0674	0	0	−5.10	7.6
HW-1	8	0.0674	0	0	−4.60	5.1
HW-2	19	0.0716	0	0	−5.10	9.8
HW-3	16	0.0851	0	0	−5.10	10.7
HW-3	16	0.0851	0	0	−4.60	7.1
ND01	18	0.0603	0	1	−4.60	7.5
ND02	22	0.0678	0	1	−4.60	8.3
ND03	20	0.0499	0	1	−4.60	6.7
ND04	21	0.0627	0	1	−4.60	7.0
NPS-1	8	0.0364	0	0	−4.60	4.9
NPS-2	17	0.0404	0	0	−4.60	7.7
NPS-3	23	0.0320	0	0	−4.60	7.4
NPS-4	4	0.0589	0	0	−4.60	8.3
QB1	24	0.0888	2	0	−5.10	5.8
QB2	35	0.0697	2	0	−5.10	6.1
QB3	32	0.0572	2	0	−5.10	5.5
QB4	22	0.1176	2	0	−5.10	4.7
QB5	26	0.1022	2	0	−5.10	5.7
QB6	38	0.0776	2	0	−5.10	4.3
SC-2	23	0.0770	0	0	−5.10	10.6
SC-3	47	0.0556	0	1	−5.10	11.5
YTF-1	11	0.1115	1	0	−4.60	7.6
YTF-2	13	0.1048	1	1	−4.60	4.4

13.2.3　模型的验证

　　为了保证 QSPR 模型的可靠性、鲁棒性和泛化性，我们对 N-P 类染料的机器学习模型进行了内外部的验证，训练集、留一法交叉验证和测试集的决定系数 R^2_{train}、Q^2_{LOO} 和 R^2_{test} 分别为 0.861、0.807 和 0.804，说明该模型具有强的可靠性和预测能力。N-P 类染料作为敏化剂的太阳能电池的实验 PCE 和模型预测 PCE 的散点图见图 13-4。此外，所有测试化合物均在训练数据的范围内，表明预测的可靠性。同时也运用了 Y 随机检验来检查模型的鲁棒性[21]，通过欧几里得距离方法检查了应用域（AD），以符合经济合作与发展组织（OECD）的原则[47]。

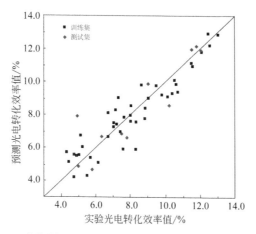

图 13-4　N-P 类染料敏化太阳能电池 PCE 的计算值和实验值散点图

13.3
分子设计与性能预报

13.3.1　特征变量的解释

QSPR 模型由 5 个特征变量组成，包含 4 个 Dragon 描述符和 1 个工艺条件。5 个特征变量中，3 个对 PCE 值具有负影响，而其他的 2 个则具有正影响。

EL：是工艺条件电解质的氧化还原电位，对 PCE 具有负影响，也就是说，EL 值越小，PCE 值越高。在我们的数据集中，存在两种电解质，一种是钴基电解质，一种是碘基电解质。例如，在碘基电解质溶液中，染料分子 C261、C262、C289、C290 的 PCE 分别为 7%、7.9%、7.5%及 8.0%，然而在钴基溶液条件下，它们的 PCE 相应地分别为 8%、9.1%、8.7%及 9.1%。当电解质为钴基溶液时，电势较低，实验测试的 PCE 值较高，这一点和模型预测结果相符。另外，也有文献表明，钴配合物是一种比碘更好的还原电位氧化还原介体，可以对 C 钴配体进行微调来提高 DSSCs 效率。为了得到高的 PCE 的太阳能电池，我们建议在相关工作中采用钴基电解质。

CATS2D$_{03_{AA}}$：指拓扑距离为 3 的 A-A 原子对的频率，该描述符对 PCE 值有负影响。"A"指的是氢键受体原子（具体指不和 H 相邻的 O 和 N）。在我们的数据集中，CATS2D$_{03_{AA}}$ 大多是由拓扑距离为 3 的 N-O 原子对和 N-N 原子对贡献的［见图 13-5（a）阴影部分所示］。例如，化合物 QB1～QB6 的 PCE 值与其他染料的效率相比都不高，主要原因是它们的结构中含有 2 对拓扑距离为 3 的 N-O 原子对。另外，染料 C263 和 C270 相比，其余的 4 个特征值基本一致，但是由于分子中含有一对拓扑距离为 3 的 N-N 原子对，C263 的 PCE 值明显低于 C270。

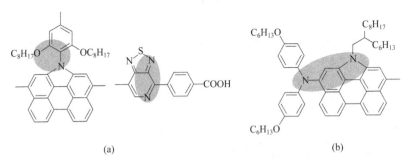

图 13-5　分子中的 A-A 原子对（a）和 N-N 原子对（b）

B04[N-N]：表示拓扑距离为 4 的 N-N 原子对的存在与否［见图 13-5（b）中阴影部分］，当存在时为 1，不存在时为 0。它对染料的 PCE 值同样有着负影响。染料 HW-3 和 C290 比较，在其余 4 个描述符值相近的情况下，由于 C290 存在一对拓扑距离为 4 的 N-N 原子对，它的 PCE 值比较低。

CATS3D$_{15_{AL}}$：该描述符属于 CATS3D 描述符，对 PCE 是正贡献。它是二维 CATS2D 描述符到三维空间的扩展，在概念上类似于 CATS2D 描述符，主要的区别是原子对的空间欧几里得距离而不是拓扑距离。显然，CATS3D$_{15_{AL}}$ 指的是空间欧几里得距离为 15 Å 时的 A-L 原子对的个数。在这里，"L"指的是亲脂性原子，对于本工作中大多数研究的染料来说，"L"是仅和 S 原子相邻的 C 原子（C—S—C）或者是仅和 C、H 原子相邻的 C 原子（C—C—C）。例如，染料 C276 的 CATS3D$_{15_{AL}}$ 值为 21，意味着有 21 个 A-L 原子对。然而在染料 C277 中，由于在 N-P 杂环引入了长碳链，增加了 C—C—C 结构，C277 的 A-L 原子对的个数激增到了 33，相应地，C277 的 PCE 值也提高了。

MATS5i：此描述符是 2D 自相关描述符，来源于 MATSKw，w 是加权分子图的原子性质，K 是将 Moran 系数应用于分子图来计算的，可以由下面的

公式得到:

$$\mathrm{MATS5i} = \frac{\dfrac{1}{\varDelta} \displaystyle\sum_{i=1}^{n_{\mathrm{AT}}} \sum_{j=1}^{n_{\mathrm{AT}}} \delta_{ij}(w_i - \overline{w}) \cdot (w_j - \overline{w})}{\dfrac{1}{n_{\mathrm{AT}}} \displaystyle\sum_{i=1}^{n_{\mathrm{AT}}} (w_i - \overline{w})^2} \qquad (13\text{-}2)$$

该特征变量对 PCE 值产生正影响。式中,w_i 是任何原子性质;$\overline{w}$ 是其在分子上的平均值;n_{AT} 是原子数;δ_{ij} 是克罗内克符号(如果 $\delta_{ij}=k$,等于 1,否则为 0,δ_{ij} 是 i 和 j 两个原子之间的拓扑距离);$\varDelta$ 是 Kronecker 增量的总和,即距离等于 k 的原子对的数量。

MATS5i 是由电离势加权滞后为 5 的 Moran 自相关描述符。从公式中可以看出,设分子的平均电离势为 $\overline{w}$,当拓扑距离为 5 的一对原子的电离势同时高于或同时低于分子的平均电离势时,$(w_i - \overline{w}) \cdot (w_j - \overline{w})$ 为正,方程式的值增加。MATS5i 对 PCE 值有影响。例如,C277 和 C278 是一对同分异构体,它们结构的差异影响了拓扑距离为 5 的原子对的值。因此,当其他 4 个描述符值相近的时候,由于 C278 的 MATS5i 值高于 C277,它的 PCE 值也相对较高。

13.3.2 分子设计与 PCE 预报

根据对特征描述符的充分理解,我们选择数据集中具有最高 PCE 值的染料 C281 作为参考染料,在此基础上进行结构修饰,设计了潜在的染料候选分子。

考虑到 CATS2D$_{03_{AA}}$ 和 B04[N-N]的负影响,我们在结构设计中避免出现拓扑距离为 3 的 A-A 原子对以及拓扑距离为 4 的 N-N 原子对。为了提高 CATS3D$_{15_{AL}}$ 的值,增加 PCE 值,设计分子时增加空间欧几里得为 15Å 的 A-L 原子对,可以改变目前分子中 A 和 L 原子的位置,使其恰好为 15Å,也可以在合适的位置引入 A 或者 L 原子。但是,无论哪种方法,都会对分子的总电离势能造成一定影响,从而影响另一个描述符 MATS5i 的值。由于 MATS5i 比较抽象,其物理意义很难直接反映在分子结构设计中,我们在尽量保持 MATS5i 变化甚微的情况下,来提高 CATS3D$_{15_{AL}}$ 的值。在这些设计策略上,我们设计了 5 个新颖的染料分子 D1-D5,结构如图 13-6 所示。

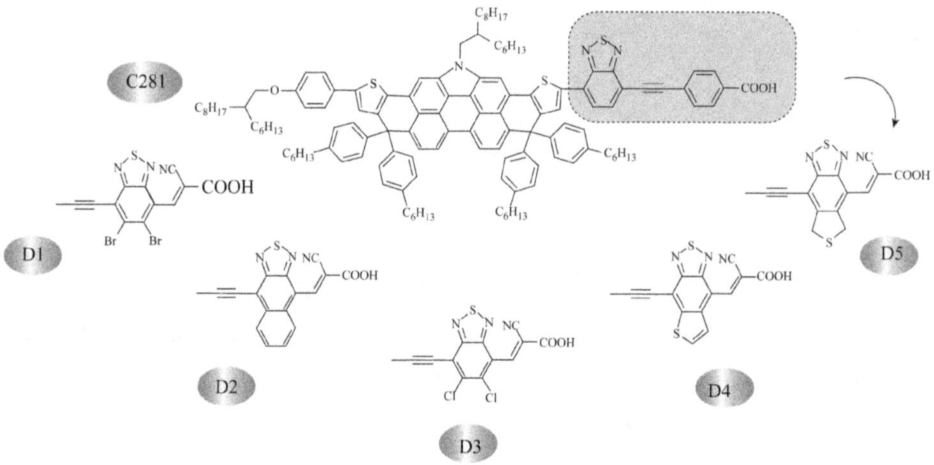

图 13-6　设计分子的结构

为了提高 CATS3D$_{15_{AL}}$ 的值，我们将受体部分的苯甲酸换成了另一种常见的锚定基团丙烯氰基酸。由于引进了一个"A"原子（在这里指的是氰基中的 N 原子），A-L 原子对的数量明显上升。三键的位置也进行了相应调整，一些亲脂性的原子加入到了辅助受体基团当中。这些改变都是为了提高空间欧几里得距离为 15Å 的 A-L 原子对的个数，所以 5 个设计染料的 CATS3D$_{15_{AL}}$ 值明显提高了。

为了减少描述符 CATS2D$_{03_{AA}}$ 和 B04[N-N]对 PCE 的影响，设计分子的这两个描述符值均为 0，与 C281 保持一致。尽管引入新原子导致了不可避免的电离势的改变，造成了 MATS5i 的值略微减少，但是 CATS3D$_{15_{AL}}$ 的值有了大幅度的提升，基本是原先的两倍。运用模型设计策略设计的新的染料分子的 MLR 模型预测的 PCE 提高了 15%～21%（见表 13-4）。

表 13-4　设计分子和参考分子的描述符与 PCE 值

染料	CATS3D$_{15_{AL}}$	MATS5i	CATS2D$_{03_{AA}}$	B04[N-N]	EL	PCE
C281	26	0.14448	0	0	−5.10	13.0
D1	50	0.14200	0	0	−5.10	15.4
D2	55	0.13607	0	0	−5.10	15.7
D3	47	0.13960	0	0	−5.10	15.0
D4	53	0.13381	0	0	−5.10	15.4
D5	51	0.13258	0	0	−5.10	15.2

13.4

量化验证

13.4.1　计算方法

为了验证设计染料的性能，我们运用量子化学方法预测了设计染料的光电性能。所有新设计的染料基态的几何结构优化都是在 B3LYP/6-311G（d, p）水平下进行的，运用相同方法计算它们的振动频率以确保这些优化的几何结构不存在虚频。

基于优化的几何构型，运用 TD-DFT 方法计算了染料在四氢呋喃（tetrahydrofuran，THF）溶剂中的紫外-可见吸收光谱（UV-Vis）。为了使理论预测的 UV-Vis 吸收光谱更可靠，我们对数据集中染料的 UV-vis 吸收光谱进行了不同的 TD-DFT 方法的探索。我们在 6-311G(d, p)基组上，运用 MPWPW91[48]、MN15[49,50]、M062X[51]、M08HX[52]、M06[51]和 CAM-B3LYP[53] 计算了数据集中染料分子的 UV-vis 吸收光谱，运用导体极化连续模型（C-PCM）模拟溶剂效应，溶剂采用各个染料相应的实验溶剂，最大吸收波长（λ_{max}）的计算值与实验值见表 13-5。结果表明，TD-MPWPW91 泛函预测的吸收光谱最接近实验数据。因此，我们运用该方法预测设计染料的紫外可见吸收光谱。因参考染料 C281 的实验溶剂是四氢呋喃，所以设计分子也同样是考虑了该溶剂的溶剂效应。

表 13-5　不同泛函计算得到的染料最大吸收波长与实验值

染料	实验值	M06	MPWPW91	M062X	MN15	CAM-B3LYP	M082X
C261	563	624	543	531	563	526	535
C262	489	627	516	477	527	473	480
C263	—	748	591	523	599	520	530
C266	526	594	513	501	530	498	500
C267	540	631	549	531	566	527	532
C269	471	601	503	466	513	463	467
C270	526	636	541	506	552	503	508
C271	508	543	495	487	511	487	485

染料	实验值	M06	MPWPW91	M062X	MN15	CAM-B3LYP	M082X
C272	512	605	523	489	533	489	489
C275	536	635	544	507	554	506	507
C276	461	590	501	465	510	465	465
C277	560	669	572	528	580	527	528
C278	565	667	580	538	590	539	538
C279	470	632	534	494	543	494	494
C280	609	746	629	578	638	548	578
C281	609	746	629	578	638	575	578
C286	452	595	496	457	506	456	458
C287	539	672	568	525	577	523	527
C288	577	702	599	555	609	553	556
C289	550	674	563	523	574	518	527
C290	569	716	597	551	607	545	556
C294	561	658	565	529	576	528	529
C295	567	676	577	537	587	536	538
CPD-1	488	581	510	487	523	486	486
CPD-2	524	671	574	535	587	534	534
CPD-3	450	530	467	458	481	460	457
CPD-4	516	594	528	508	541	511	507
HW-1	498	590	512	479	522	479	479
HW-2	512	603	522	488	532	489	489
HW-3	517	611	527	492	537	492	493
QB1	531	564	491	478	506	477	477
QB2	550	613	526	500	540	497	500
QB3	502	714	594	547	607	545	547
QB4	501	565	499	480	513	480	481
QB5	532	656	555	518	568	516	520
QB6	525	627	538	510	553	507	510
SC-2	523	626	532	495	542	494	496
SC-3	522	643	544	507	555	505	510
ND01	522	604	508	495	526	486	497
ND02	526	622	514	498	531	489	500
ND03	527	617	514	499	532	490	501
ND04	527	616	511	495	528	486	497
NPS-1	472	578	495	467	507	463	466
NPS-2	472	595	503	473	515	469	473
NPS-3	472	608	502	468	513	464	468
NPS-4	512	539	482	469	496	469	468
YTF-1	525	655	539	501	551	495	501
YTF-2	516	666	549	515	563	511	515

为了探索分子内的电荷转移，基于优化的几何构型，运用 Multiwfn 3.4 软件模拟了染料从基态到 S1 激发态的电子密度差分图（electron density difference map，EDDM）、分子内电荷转移（charge transfer，CT）参数、电荷转移数目（charge transfer number，q_{ct}）和电荷转移距离（charge transfer distance，D_{ct}）[54]。

为了模拟染料在 TiO_2 表面上的吸附，运用 Material Studio 7.0 软件构造了$(TiO_2)_{38}$偶合簇，该团簇模型的氧化电位接近 TiO_2 半导体的实验值。吸附模式采用了 DSSCs 中常用的双齿吸附模式[55]。在 DMol3 模块下，广义梯度校正近似法（GGA）用于优化$(TiO_2)_{38}$偶合簇和染料-TiO_2体系的结构。使用 Perdew-Burke-Ernzerhof（PBE）泛函在 DNP 基组下模拟交换相关效应。基于优化的体系结构，运用 MPWPW91/SVP/C-PCM 方法模拟染料在 THF 溶剂中的电子结构。运用 Multiwfn 3.4 计算了 TiO_2 的部分态密度（PDOS）和总态密度（TDOS）。以上计算除了特别指出的软件外，其余所有计算均在 Gaussian16 程序包上进行[56]。

13.4.2　电子结构

众所周知，电子结构是影响光伏效率的重要因素，前线分子轨道（frontier molecular orbital，FMO）的能级和相应分布与染料的电子激发和跃迁特性密切相关。图 13-7 显示了染料的前线分子轨道能级，染料的最低未占分子轨道（LUMO）能级高于 TiO_2 导带能级（$-4.00eV$），表明这些染料可以有效地将电子注入 TiO_2 导带，染料的最高占据分子轨道（HOMO）能级低于电解质溶液的氧化还原电位$-5.10eV$,表明氧化态的染料可以通过从电解质中获得电子而再生。与 C281 相比，设计的染料具有显著更低的 LUMO 能级，HOMO 能级变化不太明显。为此，我们单独计算了染料受体部分的前线分子轨道能级，结果见表 13-6。由于对受体部分和 π 桥进行了修饰，共轭桥链被延长，因此锚定基团的 LUMO 能级显著降低，这也是所有分子 LUMO 能级降低的主要原因。设计分子由于具有更低的 LUMO 能级，所以其带隙更窄。D1-D5 及 C281 的 LUMO-HOMO 带隙值分别为 2.45eV、2.28eV、2.43eV、2.45eV、2.55eV 和 2.87eV。其中，D2 的带隙最窄，相比 C281 降低了 20.56%。因此，设计染料分子因较窄的带隙会产生更有效的电子激发,从而提高光捕获效率,并扩大光谱吸收范围。

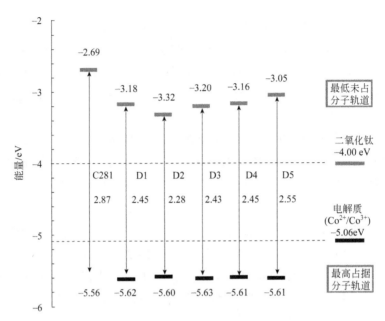

图 13-7　染料的前线分子轨道能级

表 13-6　染料受体部分的前线分子轨道能级

染料	带隙/eV		能级/eV			
	染料	分离的受体	染料		分离的受体	
			HOMO	LUMO	HOMO	LUMO
C281	2.87	4.75	−5.56	−2.69	−7.20	−2.45
D1	2.45	4.63	−5.62	−3.18	−7.83	−3.20
D2	2.25	3.60	−5.60	−3.32	−6.95	−3.35
D3	2.43	4.64	−5.63	−3.20	−7.87	−3.23
D4	2.45	3.94	−5.61	−3.16	−7.11	−3.17
D5	2.55	4.59	−5.61	−3.05	−7.64	−3.05

　　根据图 13-8 所示的染料前线分子轨道的空间分布，我们可以看出在这些染料中，最高占据分子轨道主要在整个染料中部 N-P 结构处离域，而最低未占分子轨道则位于 π 桥和受体区域，呈现明显的电荷分离，这种分布可以保证在染料分子的激发过程中，电子有效实现从给体到受体的分子内电荷转移过程。一般来说，适当的电子离域是有利于电子转移的，因为这可以促进吸收光谱的红移，从而更好地匹配太阳辐射光谱，对提高染料敏化太阳能电池的光转换效率是有利的。此外，LUMO 上的电子密度主要分布在受体部分，表明染料和半导体之间的电子耦合是有利的，也就是说，这样的电子结构可能有利于电子从染料注入到半导体中。因此，可以认为设计的染料能够有效

地把电子从染料给体注入半导体中。

　　为了进一步研究分子内电荷转移，我们计算了电子密度差分图（图 13-8），也计算了从基态到第一激发态的电荷转移距离（D_{ct}）和电荷转移数（q_{ct}）（表 13-7）。图 13-8（另见文前彩图）中的蓝色电子云（电荷密度降低）主要分布在染料的 N-P 结构。同时，紫色电子云（电荷密度增加）分布在辅助受体和铆接基团上。另外，除了 D2 和 D3 以外，设计染料的 q_{ct} 均高于 C281，并且 D_{ct} 均大于 C281。尤其是 D1、D4 和 D5，它们的 q_{ct} 和 D_{ct} 比参考染料大。以上结果均表明所设计的染料在分子内电荷转移中显示出良好的性能。

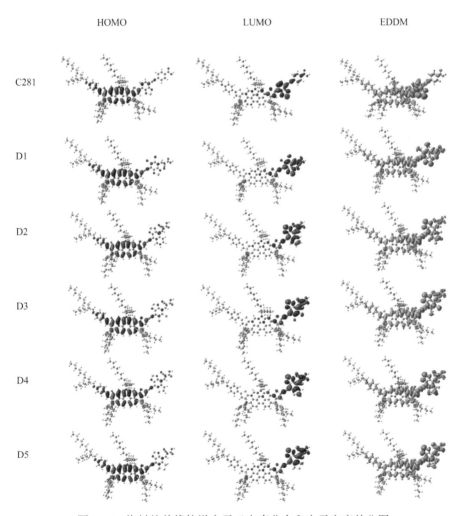

图 13-8　染料的前线轨道电子云密度分布和电子密度差分图

表 13-7   设计染料的最大吸收波长（λ_{max}）、振荡强度（f）、
激发能（E）、跃迁的主要类型以及 q_{ct} 和 D_{ct}

染料	E/eV	λ_{max}/nm	F	H→L[①]	H→L+1	q_{ct}/e	D_{ct}/Å
C281	1.97	629	1.95	84.90%	6.16%	1.02	5.33
D1	1.75	708	1.57	88.60%	5.01%	1.05	5.66
D2	1.57	791	1.52	87.68%	2.43%	0.93	5.44
D3	1.73	716	1.50	89.33%	4.61%	1.01	5.67
D4	1.74	714	1.63	86.83%	4.42%	1.05	5.74
D5	1.83	677	1.68	86.40%	6.35%	1.07	5.77

① H=HOMO，L=LUMO。

13.4.3   吸收光谱

作为高效的染料敏化太阳能电池的关键部件，敏化剂必须在宽吸收范围内具有较强的光捕获能力。为了评估设计染料的光捕获能力，我们运用方法论中筛选出的最适合 N-P 类染料的 CPCM-TD-MPWPW91/6-311G(d, p)方法在 THF 溶剂中模拟了紫外可见光的吸收光谱和相关参数，结果如图 13-9 和表 13-7 所示。

从图 13-9 中可以看出，所有染料的最大吸收光谱均有明显的红移。它们的吸收光谱范围覆盖了整个可见光区域，甚至拓宽到了近红外区，最大吸收波长集中在 700～800 nm 之间。D1～D5 的最大吸收波长分别为 708nm、

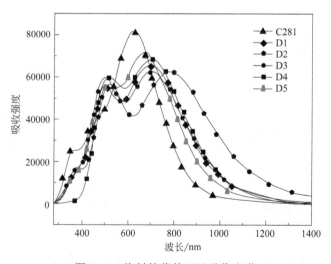

图 13-9   染料的紫外可见吸收光谱

791nm、716nm、714nm 和 677nm，与参考染料相比，分别红移了 79nm、162nm、87nm、85nm 和 48nm。这是因为在 π 桥中引入了强大的吸电子基团，这一结果和带隙的预测值保持了一致。

此外，激发能（excitation energy，E）、振子强度（oscillator strength，f）和相应轨道跃迁数据列在表 13-7 中。可以看出，所有染料在 λ_{max} 处的跃迁主要归因于 HOMO→LUMO，这与大多数非金属有机染料的特性一致，共轭桥链的结构有效地拓宽了吸收光谱。设计染料的光谱红移将导致短路电流密度的提高，从而增加 PCE 值。

13.4.4 染料和 TiO$_2$ 络合物

为了更加真实模拟太阳能电池的性能，我们研究了染料吸附在(TiO$_2$)$_{38}$耦合簇上的复合物的几何结构和电子性质。吸附方式采用双齿化学吸附，两个 Ti—O 化学键，使染料内的羧酸结构稳定地连接在半导体氧化物表面。一般来说，染料吸附半导体的稳定性可以用体系吸附能（E_{ads}）和吸附化学键长两个参数来描述。吸附能可以通过分别预测染料（E_{dye}）、半导体（E_{TiO_2}）、染料吸附半导体后的复合物体系（$E_{dye+TiO_2}$）的能量，根据下面吸附能计算公式得到：

$$E_{ads} = E_{dye+TiO_2} - E_{dye} - E_{TiO_2} \tag{13-3}$$

设计染料-TiO$_2$ 络合物体系的吸附能和键长如表 13-8 所示，Ti—O 键的键距范围为 2.15～2.22Å。染料-TiO$_2$ 络合物的吸附能范围是 -16.43～-15.72kcal/mol（1kcal=4.186kJ）。这些结果表明染料在 TiO$_2$ 上具有足够的吸附强度。此外，HOMO 电子云主要集中分布在染料上，LUMO 电子云完全分布在半导体上，这种电子云密度分布确保了电子从染料到 TiO$_2$ 半导体的有效注入（图 13-10）。

表 13-8 染料-TiO$_2$ 络合物吸附能（E_{ads}）及表面吸附 Ti—O 键长

染料	E_{ads}/(kcal/mol)	Ti—O 化学键长/Å	
C281	−16.34	2.16	2.16
D1	−15.86	2.17	2.22
D2	−16.36	2.15	2.15
D3	−15.72	2.17	2.19
D4	−16.43	2.20	2.20
D5	−16.32	2.20	2.19

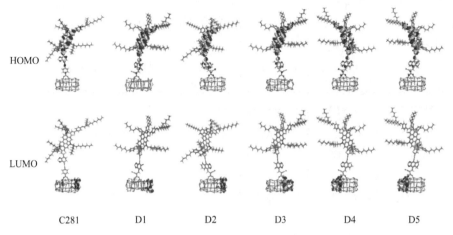

图 13-10 染料吸附半导体体系的前线轨道电子密度分布图（FMOs）

13.4.5 综合效率

评估 DSSCs 的光电转化效率的重要参数是短路电流密度（J_{sc}），开路电压（V_{oc}），填充因子（FF）和入射太阳能（P_{inc}），可表示为：

$$PCE = FF \frac{V_{oc} J_{sc}}{P_{inc}} \tag{13-4}$$

式中，填充因子和入射太阳能取决于实验条件，所以我们主要分析短路电流密度和开路电压这两个参数。

短路电流密度：DSSCs 的短路电流（J_{sc}）是决定电池光电转换效率的重要参数之一。短路电流可通过下面公式计算得到。

$$J_{sc} = \int_\lambda LHE(\lambda) \Phi_{inj} \eta_{coll} I_s(\lambda) d\lambda \tag{13-5}$$

式中，LHE(λ)是指定波长的光捕获效率；Φ_{inj} 是电子注入效率；η_{coll} 是电荷收集效率；$I_s(\lambda)$ 是 AM1.5G 光谱辐照强度。LHE(λ)可以通过公式 LHE(λ) = $1 - 10^{-\varepsilon(\lambda)\Gamma}$ 计算，Γ 是敏化剂分子在半导体上的表面负载量（mol/cm²），本节采用参考染料 C281 的实验值 1.4×10^{-7} mol/cm²，$\varepsilon(\lambda)$ 是相应波长的摩尔吸收系数。如果在实验条件一样，染料结构相近的情况下，Φ_{inj} 和 η_{coll} 的乘积相近，则可以按照常数处理。如果把该乘积表示为 η，可以通过下面公式得到。

$$\eta=\frac{J^{\text{Exp.}}_{\text{scC281}}}{\displaystyle\int_{\lambda}\text{LHE}(\lambda)_{\text{C281}}(I_{\text{s}})(\lambda)\text{d}\lambda} \qquad (13\text{-}6)$$

式中，$J^{\text{Exp.}}_{\text{scC281}}$ 为参考染料 C281 的实验短路电流。那么设计染料的预测值可以简化为：

$$J^{\text{pre}}_{\text{sc}}=\eta\int_{\lambda}\text{LHE}(\lambda)I_{\text{s}}(\lambda)\text{d}\lambda \qquad (13\text{-}7)$$

LHE 模拟结果表明（图 13-11）：和参考染料比较，设计染料的 LHE 曲线明显拓宽，顺序为 D2 > D4 > D3 > D1 > D5 > C281，说明设计染料的光捕获效率均大于参考染料的光捕获效率。LHE 曲线的显著拓宽归因于吸收光谱的明显红移。这说明设计染料的吸收光谱与太阳光谱更匹配，这将会导致更高的短路电流。

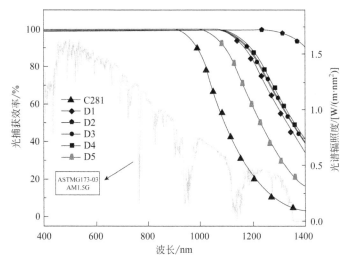

图 13-11　染料的光捕获效率曲线图

预测的设计染料的短路电流（表 13-9）如预期一致大幅提高，从参考染料的 21.69mA/cm² 提高到 23.98～26.13mA/cm²。染料 D2 具有最大的预测短路电流，这与 D2 具有最宽的且最大的吸收光谱、拓宽最多的 LHE 曲线一致。短路电流的提高将使得 DSSCs 的光电转化效率提高。

开路电压：V_{oc} 是影响目标值的另一个重要因素，可以通过公式获得：

$$V_{\text{oc}}=\frac{E_{\text{CB}}+\Delta E_{\text{CB}}}{q}+\frac{k_{\text{B}}T}{q}\ln\left(\frac{n_{\text{c}}}{N_{\text{CB}}}\right)-\frac{E_{\text{redox}}}{q} \qquad (13\text{-}8)$$

式中，E_{CB} 是 TiO_2 导带边缘电势（-4.00eV）；E_{redox} 是电解质的氧化还原

电势（-5.10eV）；K_b 是玻尔兹曼常数；T 是温度（300K）；n_c 是半导体上的电子数目；N_{CB} 是 TiO_2 的态密度（$7 \times 10^{20} cm^{-3}$）；q 是单位电荷；ΔE_{CB} 是染料吸附到 TiO_2 的 E_{CB} 的位移。E_{CB} 与 ΔE_{CB} 之和定义为二氧化钛的投影态密度，表示为 E_{CBM}。通过实验矫正过的开路电压可以表示为：

$$V_{oc}^{pre} = \beta \left[\frac{E_{CBM} - E_{redox}}{q} + \frac{k_b T}{q} \ln \left(\frac{n_c}{N_{CB}} \right) \right] \quad （13-9）$$

式中，β 是实验开路电压和预测开路电压的校正系数。计算的 V_{oc}^{pre} 值列于表 13-9。半导体上的电子数目 n_c 表明，电子从染料 D1 向 $(TiO_2)_{38}$ 簇注入的电子数目与从参考染料 C281 相当，说明染料 D1 表现出良好的电荷转移性能。D1 的 V_{oc} 较高，可能是由于电荷重组减少。染料 D2 则相反，虽然强共轭性的受体结构拓宽了敏化剂光谱吸收范围，但是受体有非常强的吸电子能力，会降低电子注入到 TiO_2 导带的效率。因此，强吸电子能力的受体可能会是导致 V_{oc} 值降低的一个主要因素。由 E_{CBM} 和 n_c 预测结果（表 13-9）可以看出，设计染料与参考染料具有相似的电荷转移性能和相近的二氧化钛密度。根据公式，计算得到的设计染料的 V_{oc} 范围为 788～816mV。该值与 C281 接近，结构的修饰对开路电压的影响不大。

表 13-9 设计染料和 C281 的 J_{sc}、V_{oc}、量化计算和模型预测的 PCE 值

染料	$J_{sc}/(mA/cm^2)$	E_{CBM}/eV	n_c/cm^{-3}	V_{oc}/mV	$PCE_{quan}/\%$	$PCE_{model}/\%$
C281	21.69	-3.93	5.14×10^{24}	815	12.99	12.90
D1	25.06	-3.93	5.14×10^{24}	813	14.99	15.42
D2	26.13	-3.98	4.84×10^{24}	788	15.16	15.74
D3	25.25	-3.93	4.93×10^{24}	814	15.09	15.00
D4	25.00	-3.93	4.63×10^{24}	816	15.01	15.43
D5	23.98	-3.93	4.32×10^{24}	813	14.31	15.17

光电转化效率：由于染料分子结构与 C281 相似且假设实验条件保持一致，故实验相关的参数 $\frac{FF}{P_{inc}}$ 取 C281 的数值（$0.000735 mA \cdot V/cm^2$），根据光电转化效率公式我们计算了光电转换效率（见表 13-9），所有设计染料的 PCE 值都高于 14.3%，与参考染料相比提高了 10.2%～16.7%。原因正如上文分析，根据 QSPR 模型中特征变量映射的结构片段设计的染料都具有更窄的带隙和更宽的光谱范围，导致短路电流密度得到了明显的提高，从而设计染料的 PCE 值也相应地增加。同样地，先前的 QSPR 模型预测得到的 PCE 值也都比参考染料高。模型预测结果和量化结果均说明我们设计的染料是

性能优异的染料，并且模型预测值与量化计算得到的 PCE 值基本一样，平均相对误差约为 3.1%。这进一步说明，QSPR 模型在新染料的设计中具有重要的指导作用。

13.5
小结

我们结合数据挖掘与量化计算结合，以最有发展潜能的 N-环并苝类有机染料敏化剂作为研究对象，首次建立鲁棒性高的 N-P 类染料的 GA-MLR 模型，深度挖掘模型描述符的结构意义，设计了五个性能优异的敏化剂 D1～D5，并验证设计敏化剂的性能。主要内容有：

（1）建立鲁棒性强的多元线性 QSPR 模型

通过文献收集了 54 组具有实验 PCE 值的 N-环并苝类染料，构建了染料分子的结构，计算了描述结构的变量 970 个。运用 GA-MLR 的方法对变量集（包括结构特征描述符和实验条件电解质）的变量进行筛选，最后选出了 5 个变量：CATS2D$_{03_{AA}}$、B04[N-N]、CATS3D$_{15_{AL}}$、MATS5i 和 EL，建立了鲁棒性强且泛化能力强的 MLR 模型。该模型的训练集（R^2_{train}）、留一法（Q^2_{LOO}）和测试集（R^2_{test}）的预测 PCE 值和实验 PCE 值之间的相关系数分别为 0.861、0.807 和 0.804。

（2）新型 N-环并苝类染料的结构设计

根据建模的结果，筛选出了 5 个特征变量，其中 4 个是 Dragon 生成的与结构相关的描述符，另一个是电解质实验条件。针对变量的选择，我们推断，在以后的染料敏化太阳能电池中，选择钴基电解质可以有效提高光电转换效率。根据对其余 4 个结构特征变量的深入讨论，挖掘出其与分子结构之间的关系。基于对特征变量的充分理解，我们设计出了 5 个新型的 N-P 类型染料敏化剂，根据模型对它们的 PCE 进行了相应预测，都得出了令人满意的结果，最高的 PCE 提高了 21%。

（3）设计的新染料光电性能的量化验证

量化计算是预测有机光伏材料，尤其是染料敏化太阳能电池的敏化剂分子性能最可靠的计算方法。我们采用密度泛函理论和含时密度泛函理论计算了设计染料的电子结构和光吸收等相关性质，计算结果表明设计染料的带隙减小了 11.1%～20.6%，最大吸收波长增加了 7.6%～25.8%。它们具有比参考染料更宽的 LHE 曲线，短路电流密度明显提高了 10.6%～20.5%。DFT 计算的设计染料的 PCE 增加了 10.2%～16.7%，说明设计的染料分子是高效 DSSCs 的 N-P 敏化剂候选对象。此外量化结果与 QSPR 模型结果基本一致，平均相对误差仅为 3.1%，表明运用数据挖掘和量化方法结合策略来预测性能优异的染料敏化剂的有效性。

本工作结合数据挖掘和量化计算，首次对 N-并苝类染料进行了 QSPR 研究，设计了新的高性能染料分子，并对其性能进行了量化验证。我们希望可以指导实验研究人员对设计染料进行合成，对 DSSCs 性能的提高起到了推动作用。此外，该方法预报结果准确性较高，可用于加速其他先进有机能源材料的设计，对于指导合成新材料具有重要的研究意义。

参 考 文 献

[1] Janez P. Renewable energy sources and the realities of setting an energy agenda[J]. Science, 2007, 315: 810-811.

[2] Quirin S, Jeff T, Tony S, et al. Electricity without carbon[J]. Nature, 2008, 454: 816-823.

[3] Brian O, Michael G. A low-cost, high-efficiency solar cell based on dye-sensitized colloidal TiO$_2$ films[J]. Nature, 1991, 353: 737-740.

[4] Michael G. Photoelectrochemical cells[J]. Nature, 2001, 414: 338-344.

[5] Michael G. Dye-sensitized solar cells[J]. Journal of Photochemistry and Photobiology C-Photochemistry Reviews, 2003, 4: 145-153.

[6] Anders H, Gerrit B, Licheng S, et al. Dye-sensitized solar cells[J]. Chemical Reviews, 2010, 110: 6595-6663.

[7] Ambika P, Tina T, Thomas K R J, et al. Fine tuning the absorption and photovoltaic properties of benzothiadiazole dyes by donor-acceptor interaction alternation via methyl position[J]. Electrochimica Acta, 2019, 304: 1-10.

[8] Sung H K, Myung J J, Yu K E, et al. Porphyrin sensitizers with donor structural engineering for superior performance dye-sensitized solar cells and tandem solar cells for water splitting applications[J]. Advanced Energy Materials, 2017, 7: 10.

[9] Simon M, Aswani Y, Peng G, et al. Dye-sensitized solar cells with 13% efficiency achieved through the molecular engineering of porphyrin sensitizers[J]. Nature Chemistry, 2014, 6: 242-247.

[10] Shao Y, Wei Z, Mendoza L M M, et al. First-principles screening and design of C275-based organic dyes for highly efficient dye-sensitized solar cells[J]. Solar Energy, 2020, 207: 759-766.

[11] Xu Y, Xu X, Li M, et al. Prediction of photoelectric properties, especially power conversion efficiency of cells, of IQ1 and derivative dyes in high-efficiency dye-sensitized solar cells[J]. Solar Energy, 2020, 195: 82-88.

[12] Fu Y, Lu T, Xu Y, et al. Theoretical screening and design of SM315-based porphyrin dyes for highly efficient dye-sensitized solar cells with near-IR light harvesting[J]. Dyes and Pigments, 2018, 155:

292-299.

[13] Li M, Li K, Ling D, et al. Theoretical study of WS-9-based organic sensitizers for unusual vis/nir absorption and highly efficient dye-sensitized solar cells[J]. Journal of Physical Chemistry C, 2015, 119: 9782-9790.

[14] Li M, Li K, Ling D, et al. Theoretical study of acene-bridged dyes for dye-sensitized solar cells[J]. Journal of Physical Chemistry A, 2015, 119: 3299-3309.

[15] Sheng Y, Li M, Martha M, et al. Rational design of SM315-based porphyrin sensitizers for highly efficient dye-sensitized solar cells: a theoretical study[J]. Journal of Molecular Structure, 2020, 1205: 127567.

[16] Xu Y, Li M, Fu Y, et al. Theoretical study of high-efficiency organic dyes with the introduction of different auxiliary heterocyclic acceptors based on IQ1 toward dye-sensitized solar cells[J]. Journal of Molecular Graphics & Modelling, 2019, 86: 170-178.

[17] Li Z, Lu T, Gao H, et al. Design of benzobisthiadiazole analogues as promising anchoring groups for highly efficient dye-sensitized solar cells[J]. Acta Physico-Chimica Sinica, 2017, 33: 1789-1795.

[18] Wei Z, Li M, Lu W. Theoretical study of high-efficiency organic dyes with different electron-withdrawing groups based on R6 toward dye-sensitized solar cells[J]. Acta Physico-Chimica Sinica, 2020, 36: 1905084.

[19] Vishwesh V, Bjorn K A. A quantitative structure-property relationship study of the photovoltaic performance of phenothiazine dyes[J]. Dyes and Pigments, 2015, 114: 69-77.

[20] Li H, Zhong Z, Li L, et al. A cascaded QSAR model for efficient prediction of overall power conversion efficiency of all-organic dye-sensitized solar cells[J]. Journal of Computational Chemistry, 2015, 36: 1036-1046.

[21] Supratik K, Juganta K R, Jerzy L. In silico designing of power conversion efficient organic lead dyes for solar cells using todays innovative approaches to assure renewable energy for future[J]. npj Computational Materials, 2017, 3: 22.

[22] Yao Z, Wu H, Li Y, et al. Dithienopicenocarbazole as the kernel module of low-energy-gap organic dyes for efficient conversion of sunlight to electricity[J]. Energy & Environmental Science, 2015, 8: 3192-3197.

[23] Yu F, Cui S, Li X, et al. Effect of anchoring groups on N-annulated perylene-based sensitizers for dye-sensitized solar cells and photocatalytic H-2 evolution[J]. Dyes and Pigments, 2017, 139: 7-18.

[24] Yan C, Ma W, Ren Y, et al. Efficient triarylamine perylene dye-sensitized solar cells: influence of triple-bond insertion on charge recombination[J]. ACS Applied Materials & Interfaces, 2015, 7: 801-809.

[25] Ju L, Li M, Tian L, et al. Accelerated discovery of high-efficient N-annulated perylene organic sensitizers for solar cells via machine learning and quantum chemistry[J]. Materials Today Communications, 2020, 25: 101604.

[26] Yao Z, Zhang M, Li R, et al. A metal-free N-annulated thienocyclopentaperylene dye: power conversion efficiency of 12% for dye-sensitized solar cells[J]. Angewandte Chemie-International Edition, 2015, 54: 5994-5998.

[27] Wang J, Xie X, Weng G, et al. A low-energy-gap thienochrysenocarbazole dye for highly efficient meso-scopic titania solar cells: understanding the excited state and charge carrier dynamics[J]. Chemsuschem, 2018, 11: 1460-1466.

[28] Zhang M, Yao Z, Yan C, et al. Unraveling the pivotal impacts of electron-acceptors on light absorption and carrier photogeneration in perylene dye sensitized solar cells[J]. ACS Photonics, 2014, 1: 710-717.

[29] Wu H, Yang L, Li Y, et al. Unlocking the effects of ancillary electron-donors on light absorption and charge recombination in phenanthrocarbazole dye-sensitized solar cells[J]. Journal of Materials Chemistry A, 2016,

4: 519-528.

[30] Yang L, Yao Z, Liu J, et al. A Systematic study on the influence of electron-acceptors in phenan-throcarbazole dye-sensitized solar cells[J]. ACS Applied Materials & Interfaces, 2016, 8: 9839-9848.

[31] Yao Z, Wu H, Ren Y, et al. A structurally simple perylene dye with ethynylbenzothiadiazole-benzoic acid as the electron acceptor achieves an over 10% power conversion efficiency[J]. Energy & Environmental Science, 2015, 8: 1438-1442.

[32] Qi Q, Zhang J, Das S, et al. Push-pull type alkoxy-wrapped N-annulated perylenes for dye-sensitized solar cells[J]. RSC Advances, 2016, 6: 81184-81190.

[33] Li X, Zheng Z, Jiang W, et al. New D-A-pi-A organic sensitizers for efficient dye-sensitized solar cells[J]. Chemical Communications, 2015, 51: 3590-3592.

[34] Qi Q, Wang X, Fan L, et al. N-Annulated perylene-based push-pull-type sensitizers[J]. Organic Letters, 2015, 17: 724-727.

[35] Luo J, Wang X, Fan L, et al. N-Annulated perylene as a donor in cyclopentadithiophene based sensitizers: the effect of the linking mode[J]. Journal of Materials Chemistry C, 2016, 4: 3709-3714.

[36] Yao Z, Yan C, Zhang Min, et al. N-annulated perylene as a coplanar pi-linker alternative to benzene as a low energy-gap, metal-free dye in sensitized solar cells[J]. Advanced Energy Materials, 2014, 4: 1400244.

[37] Yang L, Chen S, Zhang J, et al. Judicious engineering of a metal-free perylene dye for high-efficiency dye sensitized solar cells: the control of excited state and charge carrier dynamics[J]. Journal of Materials Chemistry A, 2017, 5: 3514-3522.

[38] Ren Y, Li Y, Chen S, et al. Improving the performance of dye-sensitized solar cells with electron-donor and electron-acceptor characteristic of planar electronic skeletons[J]. Energy & Environmental Science, 2016, 9: 1390-1399.

[39] Yang L, Ren Y, Yao Z, et al. Electron-acceptor-dependent light absorption and charge-transfer dynamics in n-annulated perylene dye-sensitized solar cells[J]. Journal of Physical Chemistry C, 2015, 119: 980-988.

[40] Yao Z, Zhang M, Wu H, et al. Donor/acceptor indenoperylene dye for highly efficient organic dye-sensitized solar cells[J]. Journal of the American Chemical Society, 2015, 137: 3799-3802.

[41] Yang L, Zheng Z, Li Y, et al. N-Annulated perylene-based metal-free organic sensitizers for dye-sensitized solar cells[J]. Chemical Communications, 2015, 51: 4842-4845.

[42] Li Y, Wang J, Yuan Y, et al. Correlating excited state and charge carrier dynamics with photovoltaic parameters of perylene dye sensitized solar cells: influences of an alkylated carbazole ancillary electron-donor[J]. Physical Chemistry Chemical Physics, 2017, 19: 2549-2556.

[43] Axel B. Density-functional thermochemistry, the role of exact exchange[J]. The Journal of Chemical Physics, 1993, 98: 5648-5652.

[44] Dragon, Kode Chemoinformatics s.r.l. 2017. https://chm.kode-solutions.net/products_dragon. php.

[45] Fabian P, Gael V, Alexandre G, et al. Scikit-Learn: machine learning in python[J]. Journal of Machine Learning Research, 2011, 12: 2825-2830.

[46] Todd M M, Paul H, Douglas M Y, et al. Does rational selection of training and test sets improve the outcome of QSAR modeling[J]. Journal of Chemistry Information and Modeling, 2012, 52: 2570-2578.

[47] OECD. Guidance document on the validation of (quantitative) structure-activity relationship [(Q)SAR] models. 2007.

[48] Carlo A, Vincenzo B. Exchange functionals with improved long-range behavior and adiabatic connection methods without adjustable parameters: The mPW and mPW1PW models[J]. Journal of Chemical Physics,

1998, 108: 664-675.

[49] Haoyu S Y, Xiao H, Shaohong L L, et al. MN15: A Kohn-Sham global-hybrid exchange-correlation density functional with broad accuracy for multi-reference and single-reference systems and noncovalent interactions[J]. Chemical Science, 2016, 7: 5032-5051.

[50] Haoyu S Y, Xiao H, Shaohong L L, et al. MN15: A Kohn-Sham global-hybrid exchange-correlation density functional with broad accuracy for multi-reference and single-reference systems and noncovalent interactions[J]. Chemical Science, 2016, 7: 6278-6279.

[51] Yan Z, Donald G T. The M06 suite of density functionals for main group thermochemistry, thermochemical kinetics, noncovalent interactions, excited states, and transition elements: two new functionals and systematic testing of four M06-class functionals and 12 other functionals[J]. Theoretical Chemistry Accounts, 2008, 120: 215-241.

[52] Yan Z, Donald G T. Exploring the limit of accuracy of the global hybrid meta density functional for main-group thermochemistry, kinetics, and noncovalent interactions[J]. Journal of Chemical Theory and Computation, 2008, 4: 1849-1868.

[53] Takeshi Y, David P T, Nicholas C H. A new hybrid exchange-correlation functional using the Coulomb-attenuating method (CAM-B3LYP)[J]. Chemical Physics Letters, 2004, 393: 51-57.

[54] Lu T, Chen F. Multiwfn: a multifunctional wavefunction analyzer[J]. Journal of Computational Chemistry, 2012, 33: 580-592.

[55] Filippo D A. Direct vs. indirect injection mechanisms in perylene dye-sensitized solar cells: A DFT/TDDFT investigation[J]. Chemical Physics Letters, 2010, 493: 323-327.

[56] Michael J F, Gary W T, Bernhard S H, et al. Gaussian 16 Rev. C.01, Gaussian Inc. Wallingford CT, 2016.

第 14 章

高分子材料的数据挖掘

14.1
概述

　　高分子也称聚合物，有时高分子可指一个大分子，而聚合物则指许多大分子的聚集体。高分子的分子量可达上万甚至百万，一个大分子往往由许多简单的多个原子以相同的、重复多次的结构单元通过共价键重复连接而成。当分子量不大时称为低聚物，分子量接近 10^4 时称为准聚物，大于 10^4 时称为高聚物，在不是很严格的情况下，也可将聚合物和高分子等同起来。与小分子不同，高分子拥有更为复杂的结构层次，可大致分为 3 类：构造、构型和构象。构造是指分子链原子的种类和排列，包括取代基和端基的种类、结构单元的排列顺序、支链的长度和类型等。构型是指取代基在空间上的排列，构型破坏时，必须破坏和重新形成化学键。构象是指取代基绕共价键旋转时所形成的任何可能的三维或立体图形。即使是重复单元相同的材料，其分子量、链缠绕的复杂程度、凝聚态结构的不同也可能导致材料性质的不同。高分子体系的复杂性也间接决定了此领域的数据挖掘研究将是比较大的挑战。

14.1.1　高分子材料数据挖掘研究现状

在过去的几十年里，高分子材料一直主要以实验的形式不断发展。1995年，S. Parsons[1]等用不确定数据建立概率模型来预测蛋白质的拓扑结构。在进入大数据时代之后，高分子材料的合成和表征技术日渐完善，数据的记录储存技术也在不断发展。近年来，关于高分子数据挖掘的研究成果也越来越多。我们在 web of science 上以 "machine learning" 和 "polymer" 作为关键词对已发表的论文进行检索，截至 2021 年 4 月共检索出 1086 篇文章。2012年至 2020 年的论文数量分布图如图 14-1 所示，从图中可以发现，有关高分子数据挖掘科研成果几乎以指数的形式随时间增长，2020 年的论文数量更是 2012 年的 10 余倍，也充分说明了利用数据挖掘技术研究高分子体系发展迅速。

有关数据挖掘在高分子材料的设计、发现与优化中，近年来也已取得卓越的研究成果。G. Zhu[2]等从 300 多篇文章中收集了 1501 份高分子薄膜气体渗透率数据，并以高分子指纹作为描述符结合高斯过程回归算法建立高分子薄膜气体渗透率和选择性的预测模型，可用于完善高分子基因组平台。用户只需输入高分子的名称、结构等信息，即可对其气体渗透性和选择性进行定量预测。D. Stefas[3]等报道了一种不同类型的塑料/聚合物识别模型，他们将激光诱导击穿光谱（LIBS）数据与主成分分析（PCA）和线性判别分析（LDA）算法相结合，最终实现了高达 100%的不同类型的塑料/聚合物识别分类精度。S. Pruksawan[4]等报道了基于梯度增强和贝叶斯优化算法的实验优化设计，用于预测和优化不同分子量的双酚基环氧树脂和聚醚胺固化剂的黏结强度，并通过该模型优化了高黏结强度胶黏剂的工艺条件。R. Ma[5]等研究了不同类型的聚合物描述符，包括分子嵌入、摩根指纹和分子图，分别使用了监督学习、半监督学习和迁移学习，发现分子嵌入的表现优于摩根指纹和分子图。C. Kim[6]等利用高斯过程回归建立了高分子材料玻璃化转变温度（T_g）的预测模型，研究了开发、探索、权衡 "开发/探索" 三种决策策略，为下一步最佳实验提供建议，可用于发现和识别具有高 T_g 的新型高分子材料。M. J. Morabito[7]等利用随机森林和分子动力学（molecular dynamics，MD）模拟来预测长线性链的亚单体特征的瞬时动力学状态，可以更好地理解和预测在生物高分子主导运动过程中发生的亚单体 A2 展开动力学。

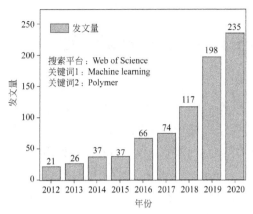

图 14-1　高分子数据挖掘文章近年趋势图

14.1.2　高分子指纹描述符

高分子链可看作是由共价键连接的重复单元组成，重复单元的结构和组成可以直接决定高分子材料的性能。重复单元又可以看作是由数个有机或无机的结构片段连接组成。例如，尼龙 6 的重复单元可以看作是 1 个—NH—、5 个—CH$_2$—和 1 个—CO—片段的连接。因此，高分子材料描述符的研究主要集中于重复单元，而构成这些重复单元的片段被称为"高分子指纹"。根据不同的数学表达形式，高分子指纹一般可分为三种类型：摩根指纹、分子嵌入和分子图[5,8-10]，如图 14-2 所示。

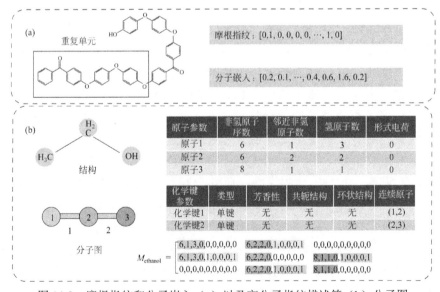

图 14-2　摩根指纹和分子嵌入（a）以及高分子指纹描述符（b）分子图

摩根指纹（morgan fingerprint，MF），又称延伸连接指纹，常用于对小的有机分子进行编码。为了生成 MF，在一个定义半径内非氢原子周围的所有片段结构都会被转换为标识符，遵循每个原子被编码为一个初始原子标识符的规则，初始原子标识符具有与原子个数无关的原子信息。标准 MF 的初始标识符使用了独立于原子个数的 6 个原子性质，即重原子（非氢原子）的近邻原子数、原子价减去氢原子数、原子序数、原子质量、原子电荷数和氢原子的数量。然后，将使用该标识符进行迭代，直到该分子的每个原子标识符都是唯一的。

分子嵌入（molecular embedding，ME）最初被提出是为了克服 MF 的局限性。MF 的本质是二进制向量，在 MF 中，"1"表示高分子结构中独有的片段结构，而"0"表示不存在该片段结构，在不同位置的"1"则表示不同的片段结构。结构之间的相似性可用向量的点积表示，而 MF 表征的结构之间向量的点积皆为 0，无法评估结构之间的相似性。S. Jaeger 等提出了一种称为 Mol2vec 的无监督 ML 模型来表示分子结构[8]。使用无监督学习方法构建模型以生成片段结构的向量，然后将这些向量求和以获得监督 ML 模型的复合向量。与 MF 相比，ME 表示的连续值，可以实现不同结构的相似性度量。此外，对比 MF 本质的二进制向量，ME 更适合回归模型的建立。

分子图（molecular graph，MG）引用了图论的概念。分子结构被视为一个无向图，其中每个重原子和周围的氢原子都被视为节点，不同重原子之间的键被视为边。使用原子序数、氢原子数和形式电荷作为原子特征，并以键序、芳香性、共轭性、环状结构和占位符作为键特征，可以用原子和化学键特征很好地表示结构的分子张量。MG 在高分子和其他材料领域的应用主要集中在深度学习上。

14.2
高分子材料设计算法

14.2.1 遗传算法

在高分子材料设计领域，遗传算法通常与数据挖掘模型相结合以搜索具有所需性质的重复单元结构。GA 进行的高分子重复单元设计过程如图 14-3 所示。该过程从随机给定高分子的初始种群开始，并根据 GA 的原理使其经历演化。这些初始样本被视为父代，而高分子结构被视为由共价键连接的一系列重复单元，其性质取决于重复单元的片段及其顺序。样本以 SMILES 格式作为输入信息进行编码，并且 GA 用于改变化学重复单元的序列，即通过交叉、选择或变异来产生子代。所构建的数据挖掘模型用作自适应函数，用于预测子代的性质并保留最佳子代作为下一次迭代的父代。GA 的迭代循环一直持续到模型预测的性质达到所需要求并产生相关的高分子重复单元结构为止[11]。如图 14-3 所示，使用 GA 进行高分子结构设计的步骤如下：

① 随机选择第一代高分子作为父代，并以 SMILES 格式对其进行编码；

② 通过交叉、选择或变异来改变重复单元结构和顺序，以产生新的子代；

③ 使用建立的 ML 模型来预测新产生的子代的性质并评估其适用性；

④ 保持最佳子代并重复上述步骤，直到找到满足性能要求的高分子重复单元结构。

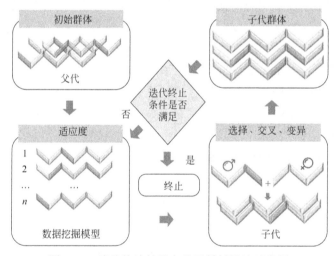

图 14-3　遗传算法辅助高分子材料设计示意图

14.2.2　贝叶斯算法

与遗传算法不同，贝叶斯分子设计是一种基于概率统计的算法，依赖于贝叶斯公式[12]：

$$p(S \mid Y \in U) \propto p(Y \in U \mid S)p(S) \qquad (14\text{-}1)$$

式中，Y、U 和 S 分别表示高分子性质、所需要的性质和重复单元结构。S 被编码为简化分子线性输入规范（SMILES）文件。例如，苯胺（C_6H_7N）可以表示为 SMILES 字符串"C1＝CC＝C（C＝C1）N"，其中 C 和 N 是碳原子和氮原子，"＝"表示双键，两个 1 表示环状结构，括号表示支链。$p(Y \in U | S)$ 表示目标性质在已知结构下形成的概率，可以通过使用建立的数据挖掘模型轻松获得。先验概率 $p(S)$ 是单体结构形成的概率，其作用是调整不稳定或违背化学规律的重复单元结构的形成概率，从而减少无效重复单元结构的生成。根据贝叶斯公式，只要获得 $p(S | Y \in U)$ 和 $p(S)$，就可以得到既定目标性质下结构出现的概率，从而进行高分子重复单元的设计。贝叶斯分子设计的核心可以分为三个重要部分：生成、评估和描述。生成指通过扩展 N 元算法生成先验概率 $p(S)$。$p(S)$ 是影响样本结构特征的关键因素，其计算公式如下：

$$p(S) = p(s_1)\prod_{i=2}^{g}p(s_i | s_{i-1}, \cdots, s_1) \quad (14\text{-}2)$$

式中，S 为构成重复单元的片段；s_i 是第 i 个片段。若 $i=3$，则：

$$p(S) = p(s_1)p(s_2 | s_1)p(s_3 | s_2, s_1)$$

S 则是由 3 个片段组成的重复单元，出现的概率 $p(S)$ 为第一个片段出现的概率 $p(s_1)$、在片段 1 已出现条件下片段 2 出现的概率 $p(s_2 | s_1)$、片段 1 和片段 2 出现的条件下片段 3 出现的概率 $p(s_3 | s_2, s_1)$ 三者的乘积。$P(S)$ 的计算需要给出一定的重复单元样本群，计算出该样本群的各个片段出现的概率，即 $p(s_i)$。在计算时，会结合机器学习模型不断修饰样本中的片段，设计出新的重复单元，直至计算出具有期望值的样本。如上所述，通过观察给定片段的后续记录，可以有效地降低化学结构不稳定的可能性。评估是指用于评估材料结构与性质的似然函数，定义如下：

$$p(Y \in U | S) = \int_U \prod_{i=1}^{m} \frac{1}{\sigma_i[\Phi(S)]\sqrt{2\pi}} \exp\left[-\frac{1}{2}\left(\frac{Y_i - \mu_i[\Phi(S)]}{\sigma_i[\Phi(S)]}\right)^2\right] \mathrm{d}Y_1\cdots\mathrm{d}Y_m \quad (14\text{-}3)$$

式中，$\sigma_i[\Phi(S)]$ 和 $\mu_i[\Phi(S)]$ 是数据挖掘模型的第 i 个目标值的均值和标准差。描述符是聚合物指纹，已在 14.1.2 中介绍。对于已知的 $p(S)$ 和 $p(S | Y \in U)$，可以获得反向模型 $p(S | Y \in U)$ 以设计具有所需性质的重复单元结构。

14.3
高分子禁带宽度的数据挖掘

14.3.1 研究背景

高分子材料因为质量轻、强度高、抗腐蚀性能好等优于其他传统结构材料的特点，大量运用于航空、汽车、船舰、基础建设、军事用品等领域。半导体高分子更是制备聚合物太阳能电池器件的核心材料，禁带宽度作为描述半导体的重要特征之一，直接决定着半导体器件的耐压能力和最高工作温度，因此在制作聚合物太阳能电池工艺中，利用数据挖掘技术选择具有合适禁带宽度的高分子材料具有重要意义[13]。高分子的禁带宽度与重复单元的结构参数之间存在着一种模式，而这种模式能够用数据挖掘的办法获得。

14.3.2 数据集

本文所收集的高分子样本数据均来源于已发表的文献，其中样本可分为两个部分，一部分是具有禁带宽度实验值的重复单元样本，其重复单元结构和禁带宽度实验值如表 14-1 所示，共收集到 9 个，这些重复单元的组成片段都是由 CH_2、NH、CO、C_6H_4、C_4H_2S、CS 和 O 的部分组成，且片段数目并不一致。这部分样本的作用在于进行 DFT 方法的探索，利用不同 DFT 方法对样本禁带宽度进行计算，通过计算值与实验值的比较选出最优的禁带宽度的 DFT 计算方法。具有禁带宽度实验值的样本量过少，无法进行数据挖掘，所以我们选择用 DFT 计算来扩大数据量，满足数据挖掘的条件。另一部分数据则是从文献中收集的 284 个重复单元结构[14]，其组成片段也是 CH_2、NH、CO、C_6H_4、C_4H_2S、CS 和 O 的部分组成，且片段数目为 4，即每个重复单元由上述片段的 4 个片段构成。利用上述优化 DFT 方法对该部分样本进行禁带宽度值的计算，即可得到建模所需的目标变量数据。

利用 DFT 方法进行禁带宽度的计算后，利用 Dragon 软件生成描述符。

将 284 个结构优化后的重复单元 mol 文件作为输入文件，在 Dragon 预处理后共生成 1093 个描述符。数据生成后，通过欧式距离判定方法将数据集划分为训练集和测试集，比例为 4：1，训练集与测试集样本量分别为 228 和 56。训练集用于变量筛选、建模、交叉验证、特征分析；测试集用于独立测试。

表 14-1 文献中高分子重复单元结构及其禁带宽度实验值

编号	重复单元	禁带宽度值/eV
1	NH—CS—NH—C_6H_4—CH_2—C_6H_4	3.30
2	NH—CS—NH—C_6H_4	3.10
3	NH—CS—NH—C_6H_4—NH—CS—NH—C_6H_4	3.07
4	NH—CO—NH—C_6H_4	3.90
5	NH—CS—NH—C_6H_4—NH—CS—NH—C_6H_4—CH_2—C_6H_4	3.16
6	NH—CS—NH—C_6H_4—NH—CS—NH—C_6H_4—O—C_6H_4	3.22
7	NH—CS—NH—C_6H_4—NH—CS—NH—CH_2—CH_2—CH_2—CH_2	3.53
8	CO—NH—CO—C_6H_4	4.00
9	CH_2—CH_2—CH_2—CH_2	8.80

14.3.3 DFT 方法探索

密度泛函理论（density functional theory，DFT）是一种研究多电子体系电子结构的量子力学方法。DFT 在研究分子和凝聚态性质方面具有广泛的应用，是凝聚态物理、计算材料学和计算化学领域最常用的方法之一。为了保障 DFT 对于高分子重复单元结构的禁带宽度计算结果尽可能接近实验值，我们用 GaussView 对 9 个具有实验禁带宽度值的样本进行构造并用 B3LYP/6-31G(d,p)进行结构优化，使重复单元的结构达到最稳定的状态。然后使用了 10 种 DFT 方法对结构优化后的样本的禁带宽度进行计算，包括常用泛函、交换泛函与关联泛函自定义组合等方法。采用高分子重复单元结构的禁带宽度的 DFT 计算值与实验值的决定系数 R^2 来评价 DFT 方法，其结果如图 14-4 所示，可以看出，组合泛函方法的 R^2 明显高于常规的 DFT 方法，表明组合泛函可能更适用于高分子禁带宽度的计算。此外，含有 TPSS 和 PBE 的组合泛函对比其他方法 R^2 有较为明显的提升，根据最高的 R^2 值，最终采用 TPSSPBE 方法对 284 个样本进行禁带宽度的计算。

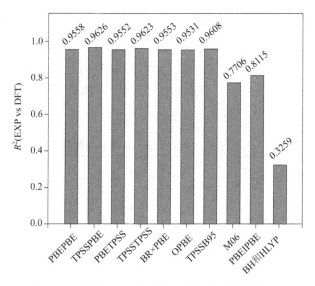

图 14-4　不同 DFT 计算方法与决定系数的比较

14.3.4　特征变量筛选

本文主要通过最大相关最小冗余（mRMR）算法进行变量筛选，经过mRMR 对 1093 个描述符进行重要度排序后，以禁带宽度 DFT 计算值与支持向量机留一法交叉验证模型预报值的相关系数 R 为评价函数，对描述符筛选结果进行评估。相关系数随变量数目的变化趋势如图 14-5 所示，先以 10 为步长取前 200 个变量进行评估，从图中可以看出，相关系数 R 随着变量数的增多而增大，达到峰值后又呈现逐渐下降的趋势，而 RMSE 趋势与 R 正好相反。其最优的变量数目可能在峰值附近，即 10～30 个变量之间。因此在此区间内进行了步长为 1 的计算，可以看出当变量数为 16 时，R 达到峰值，RMSE达到最小值，因此最佳变量数为经 mRMR 排序的前 16 个变量，所筛选出的16 个变量及其物理意义如表 14-2 所示。

14.3.5　模型筛选

根据特征变量选择的结果，采用 16 个选定的特征变量来建立高分子禁带宽度预测模型。为了选择合适的建模算法，考虑了基于偏最小二乘（PLS）、多元线性回归（MLR）和支持向量回归（SVR）的三种机器学习方法，并采用留一法交叉验证（LOOCV）的 R^2 和 RMSE 对不同算法进行评估。由于 SVR

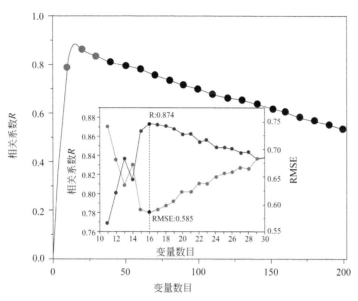

图 14-5　mRMR 变量筛选趋势图

表 14-2　mRMR 所选变量及其物理意义

变量名称	物理意义
n_O	氧原子数目
HATS8u	拓扑结构中路径长度为 8 的自相关数
VE1sign_RG	倒数平方几何矩阵中最后一个特征向量的系数和
P_VSA_ppp_D	分配给分子点原子类型 D 的所有原子的范德华表面积贡献的总和
n_{TA}	总原子数
E3v	WHIM 系数
SRW05	5 阶自返回行走计数
SM14_AEA(bo)	从增广边缘邻接矩阵按键序加权的第 14 阶谱矩
P_VSA_LogP_4	logP 为 4 的所有原子对范德华表面积贡献的总和
SpDiam_EA(dm)	边缘邻接矩阵的光谱直径
P_VSA_MR_2	摩尔折射率为 2 的所有原子对范德华表面积贡献的总和
GATS7i	由电离势加权的路径长度 7 的自相关系数
F03[C-S]	拓扑距离为 3 的 C-S 数目
CATS2D_00_DD	拓扑距离为 0 的 D 类原子数
DISPp	几何中心与极性中心之间的距离
SpMin5_Bh(m)	质量权重的负荷矩阵的前 8 个最小负特征值中的第 5 个

是基于核函数回归算法，因此，选择合适的核函数是 SVR 算法的关键部分。本文考虑了线性核函数、径向基核函数、多项式核函数对 SVR 模型的影响。如表 14-3 所示，具有径向基核函数的 SVR 是最适合模型构建的算法。在径向基核函数中，不敏感损失函数 ε、惩罚因子 C 和 γ 这三个参数对 SVR 模型有重要影响。为了进一步优化具有最大泛化能力的回归模型，通过使用 Python 进行 Parzen 估计器（tree of Parzen estimator，TPE）算法对这些参数进行了优化，并通过 LOOCV 结果的 RMSE 进行评估。如图 14-6（a）所示，当最佳 C、ε 和径向基函数的 γ 参数分别为 18.896、0.098 和 0.026 时，最低 RMSE 为 0.485。

表 14-3　PLS、MLR 和带有不同核函数 SVR 的 LOOCV 模型的 R^2 和 RMSE

回归算法	R^2	RMSE
PLS	0.491	0.698
MLR	0.503	0.695
线性核函数 SVR	0.424	0.715
径向基核函数 SVR	0.824	0.485
多项式核函数 SVR	0.762	0.569

为了保证超参数优化后模型的稳定性，对训练数据集进行了 LOOCV 和 5 折交叉验证。图 14-6（b）、（c）分别显示了 LOOCV 和 5 折交叉验证的高分子禁带宽度的预测值与 DFT 计算值的拟合图。LOOCV 和 5 折交叉验证结果之间几乎没有差异，R^2 分别为 0.824 和 0.802，RMSE 分别为 0.485 和 0.500。

利用上述的 SVR 模型对 56 个测试集进行预报结果如图 14-6（d）所示，据报道，M. K. Arun 等使用相同数据集，通过结合使用 SVR 和 Boosting 建立模型。尽管独立测试的 R^2 为 0.865，但他们将"高分子指纹"M_{III}（7×7×7 矩阵）设置为特征，使用三维特征建立数据挖掘模型具有一定难度。对比之下，本工作独立测试的 R^2 为 0.925，比上述工作高出 6%；此外，我们将 9 个样品的预测值与实验值和 DFT 结果进行了比较。实验值、DFT 计算值、模型预测值两两之间的 R^2 和 MAE 见表 14-4。可以发现，DFT 计算值和实验值之间的 MAE 远低于其他值，表明所采用的 DFT 方法是可靠的，并且 DFT 计算值与模型预报值的 R^2 相较于 DFT 计算值与实验值来说从 0.962 略微降至 0.902，而 MAE 则从 0.260 升至 1.743，升幅超过 6 倍。这可能是样本分布的原因。从图 14-6（b）中可以注意到，禁带宽度值高于 5eV 的样本量非常有限，样本量的缺失可能会导致机器学习算法无法捕获特征变量和禁带宽度之间的规律，间接导致模型在高带隙样本预测中的误差较大。

表 14-4　模型预报值和 DFT 计算值与实验值的比较

项目	EXP/DFT	DFT/MODEL	EXP/MODEL
MAE	0.260	1.743	1.713
R^2	0.962	0.902	0.949

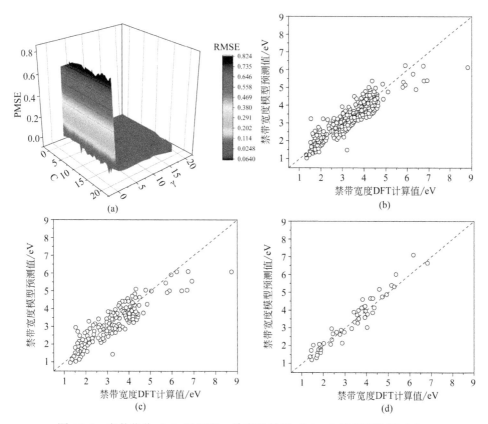

图 14-6　参数优化（a）以及留一法交叉验证（b）、5 折交叉验证（c）、
独立测试（d）的禁带宽度 DFT 的预测值和计算值

14.3.6　SVC 模型的建立与验证

　　根据文献调研，禁带宽度大于或等于 2.3eV 的材料被称为宽带隙半导体
材料，由这类材料制作的产品可以在极端条件下保持运转。根据这一标准，
我们将禁带宽度大于或等于 2.3eV 的样本定义为 1 类样本，禁带宽度小于
2.3eV 的样本定义为 2 类样本。数据集总共包含 204 个 1 类样本和 80 个 2 类
样本，其中训练集 228 个样本中包含 164 个 1 类样本和 64 个 2 类样本，测试

集 56 个样本中包含 40 个 1 类样本和 16 个 2 类样本。

支持向量分类（SVC）模型仍由 mRMR 所筛选的 16 个变量建立，建模参数 C 为 8，γ 为 0.5，其留一法交叉验证与独立测试集的混淆矩阵如图 14-7（a）、（b）所示，其分类正确率分别为 91.23% 和 94.64%，说明 SVC 具有较好的分类效果。建立 SVC 模型的目的除对样本进行分类外，也从侧面保证了所筛选的描述符对高分子禁带宽度的重要性，用相同的描述符所建立的回归与分类模型效果都比较理想，说明这 16 个描述符与高分子的禁带宽度高度相关，保障了下一步描述符分析与解释的工作意义。

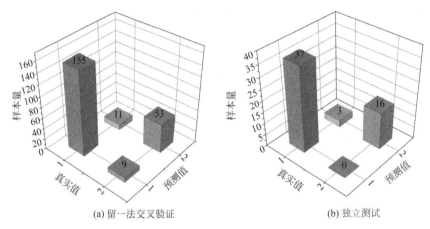

(a) 留一法交叉验证　　　　　　　　　　(b) 独立测试

图 14-7　SVC 模型的混淆矩阵

14.3.7　特征相关性分析

为了探索所选变量与禁带宽度之间的相关性，我们计算了变量与禁带宽度还有变量间的皮尔逊相关系数，并以此绘制了相关矩阵图，皮尔逊相关系数评价的是线性相关性，越接近于 −1，负线性相关性越强；越接近于 1，正线性相关性越强；0 值则无线性相关性。如图 14-8 所示，黄色到黑色的渐变映射了变量间的相关系数从 −1 到 +1 的变化。从图中可以看出，F03[C-S] 和 DISPp 与禁带宽度间有较强的负线性相关性。F03[C-S] 表示重复单元中拓扑距离为 3 的 C-S 数目。为了设计出更高禁带宽度的高分子，可以适当降低 CS 和 C_4H_2S 的片段数，或者减少这两个基团间位上的含碳片段。DISPp 表示重复单元几何中心与极性中心之间的距离，可以揭示禁带宽度与重复单元几何结构以及片段之间的关系。通过调整重复单元中片段的对称性和极性，可以调控禁带宽度。结合数据集解释，重复单元的对称性可能对禁带宽度有较大的贡献，CH₂—CH₂—CH₂—CH₂ 的几何中心与极性中心重合，其禁带宽度在数据集中最高，为 8.823eV。在非对称重复单元中，CS 和 CO 的存在会导致极性中心的偏移，进一步减小禁带宽度。在 CH₂—CO—CH₂—CS 中，因为 CS 和 CO 破坏了分子对称性，其禁带宽度只有 2.174eV。用 O 代替 CS 或 CO 可以有效地减小这种情况，CH₂—O—CH₂—CS 与 CH₂—CO—CH₂—CS 相比具有更高的带隙，为 4.348eV。对于具有 C_6H_4 和 C_4H_2S 等环状片段的重复单元，C_4H_2S 可能对禁带宽度有更好的贡献，因为单体的共轭性对禁带宽度有较大的限制，上述信息可以为实验人员设计具有理想禁带宽度的高分子提供指导。

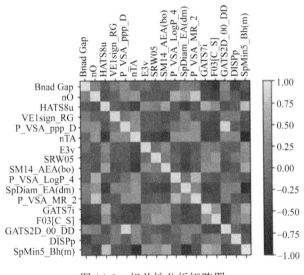

图 14-8　相关性分析矩阵图

　　除了所选变量与目标变量之间的相关性，图 14-8 中还显示了所选变量之间的线性相关性。从图中可以看出，CATS2D_00_DD 与 P_VSA_ppp_D 之间存在很强的正线性相关性，这可以解释为这些特征是在 D 型原子对（OH 中的 O、NH 或 NH₂ 中的 N）的基础上计算得到的，从而得到了相同的线性相关信息。同样，SpMin5_Bh(m) 和 SpDiam_EA(dm) 之间存在很强的负线性相关性，因为它们都是基于重复单元的邻接矩阵得到的。SpMin5_Bh(m) 与 n_{TA} 呈较强的负线性相关性，SpMin5_Bh(m) 代表按质量权重的负荷矩阵的前 8 个最小负特征值中的第 5 个，n_{TA} 代表重复单元中总原子数。

　　皮尔逊相关矩阵图可以反映变量与目标之间的线性相关性，mRMR 利用变量与目标之间的互信息值对变量的重要性进行排序，反映了非线性相关性。

图 14-8 中的变量从左到右是 mRMR 排序结果（除禁带宽度外），即变量越靠左，mRMR 排名越靠前；而矩阵图的颜色反映的是线性相关性。从图 14-8 中可以看出，皮尔逊相关性与互信息相关性的趋势没有很强的一致性，在 mRMR 中，与禁带宽度皮尔逊相关性高的变量排序相对较低，相关性低的变量排序较高。这说明变量与禁带宽度之间的非线性关系在模型预测中起着重要的作用。

14.3.8　特征敏感性分析

图 14-9 是对 mRMR 排序后前四个重要变量 n_O、HATS8u、F03[C-S]和 DISPp 的敏感性分析。与 F03[C-S] 和 DISPp 的敏感性分析和皮尔逊相关分析的结果相一致，均对禁带宽度具有负面影响。n_O 对禁带宽度有正面影响，说

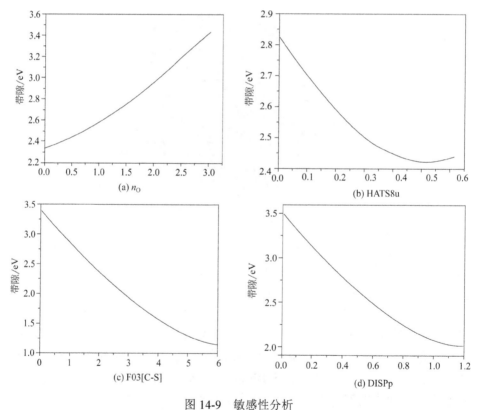

图 14-9　敏感性分析

n_O: 氧原子个数；HATS8u: 基于拓扑距离为 8 的杠杆加权自相关指数；F03[C-S]: 拓扑距离为 3 的碳硫原子对个数；DISPp: 分子所含原子投影坐标轴上的极化率之和

明当其他特征的值固定时，禁带宽度值会随着重复单元中 O 原子数的增多而变大。在皮尔逊相关分析中，HATS8u 与禁带宽度之间存在弱的负线性相关性。但是，在敏感性分析中，禁带宽度随着 HATS8u 的增加而减小，然后在达到最小值后逐渐增加。HATS8u 是一种 GETAWAY 描述符，表示拓扑结构中路径长度为 8 的自相关数，其数学公式如下所示：

$$HATS8u = \sum_{i=1}^{n_{AT}-1} \sum_{j>i} h_{ii} h_{jj} \delta(8; d_{ij}) \qquad (14-4)$$

式中，n_{AT} 是分子原子数；h_{ii} 和 h_{jj} 是两个被认为是原子的杠杆作用；d_{ij} 是原子 i 和 j 之间的拓扑距离；$\delta(8；d_{ij})$ 是狄拉克 δ 函数（如果 $d_{ij} = 8$，则 $\delta = 1$，否则为 0）。通过对数据集的分析，发现 HATS8u 等于 0 的重复单元样本倾向于小片段组成。例如，CH_2—CH_2—CH_2—CH_2 没有路径对为 8 的原子对，HATS8u 的值为 0。随着 HATS8u 的值继续增加，在重复单元中反映出环状结构的出现并持续增加，环形结构带来的共轭效应将导致禁带宽度的减小。但是，当重复单元包含过多的环状结构片段时，可能会发生空间位阻效应并限制电子传输。C_6H_4—C_4H_2S—C_4H_2S—C_4H_2S 显示出比 C_6H_4—CS—C_4H_2S—C_4H_2S 更高的 HATS8u 值，分别为 0.367 和 0.319。前者的禁带宽度为 1.73eV，小于后者 2.32eV 的禁带宽度值。

14.3.9　模型分享

材料基因组工程计划的核心是推动数据共享，加快新材料研发，以此为出发点，我们开发了基于所构建的 SVR 模型预测高分子禁带宽度的在线 Web 服务器，在线预报模型可以通过以下网址获取：http://luktian.cn/polymer2019/，用户只需输入 16 个描述符数值即可得出其禁带宽度预测值，这样对于研究高分子材料时，可以提前对所设计的材料，提前预测其禁带宽度，可以对实验者有一个指导意义，而不是盲目地去尝试新材料。

14.3.10　分子设计

用于建模的重复单元数据都是由 4 片段构成，而模型不仅可以适用于 4 片段构成的重复单元，也可能适用于具有更多片段的重复单元，因此，我们利用从相关性分析得出的信息，对原有数据集中的重复单元进行修改，使得设计出的分子禁带宽度达到 5eV。我们共设计了 24 个分子，4、5、6 片段构成的各 8 个，进行 DFT 计算与模型预报，其模型预测值与 DFT 计算值对比结果如图 14-10 所示，均方根误差与决定系数如表 14-5 所示，根据表中的误差可以看出，重复单元的构成片段越多，模型效果就越差。在所设计的分子中，满足禁带宽度 5eV 的样本有 4 个，其重复单元结构、DFT 计算禁带宽度值、模型预报禁带宽度值如表 14-6 所示。

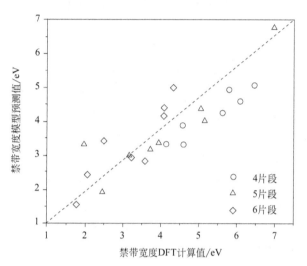

图 14-10　设计分子的 DFT 计算值与模型预测值

表 14-5　设计分子 DFT 计算值与模型预测值的比较

项目	4 片段	5 片段	6 片段
RMSE	1.146	0.760	0.520
R^2	0.850	0.692	0.605

表 14-6　设计分子禁带宽度模型预报值与 DFT 计算值

重复单元	模型预报值	DFT 计算值
$O-CH_2-CH_2-C_6H_4$	4.675eV	5.049eV
$CH_2-O-CH_2-C_6H_4-OH$	5.055eV	4.380eV
$O-CH_2-CH_2-C_6H_4-NH$	5.172eV	4.041eV
$CH_2-O-CH_2-CH_2-CH_2-C_6H_4$	4.343eV	5.001eV

14.4
小结

我们在材料设计思想的基础上，将 DFT 计算与数据挖掘综合应用于高分子禁带宽度的预报，将 Dragon 作为特征变量获取软件应用于高分子数据挖掘领域，建立了高分子禁带宽度与其重复结构单元的特征变量之间的 QSPR 模型，所得模型变量和模型预测结果为高分子材料设计提供了有用的信息。本章的主要内容有：

（1）高分子禁带宽度的 QSPR 模型

通过文献收集了 9 个具有禁带宽度实验值的样本，在 DFT 计算后选最优方法，并对 228 个重复单元进行禁带宽度计算。描述符用 Dragon 软件生成，运用最大相关最小冗余结合支持向量机进行变量筛选，将描述符从 1093 个减少到 16 个。比较了不同的建模方法和留一法的结果，得到最优的建模回归方法为 SVR，SVR 模型留一法交叉验证的预测值和 DFT 计算值的决定系数 R^2 高达 0.824。通过文献调研将数据进行分类，建立了 SVC 模型，模型留一法交叉验证的正确率高达 91.23%。

（2）模型分析与分子设计

在模型建立好后，我们着重对筛选的变量和禁带宽度间的相关性进行分析，通过相关性分析发现，F03[C-S]和 DISPp 对禁带宽度有较强的负线性相关性，结合其具体物理意义，CS 和 C_4H_2S 片段会对禁带宽度有较大的负面影响。DISPp 揭示了禁带宽度与重复单元几何结构以及片段之间的关系。通过调整重复单元中片段的对称性和极性，可以调控禁带宽度。利用这些信息指导高分子材料重复结构单元的筛选，设计出具有目标禁带宽度值的高分子样本。

参 考 文 献

[1] Parsons S. Softening constraints in constraint-based protein topology prediction[J]. International Conference on Intelligent Systems for Molecular Biology, 1995, 3: 268-276.

[2] Zhu G, Kim C, Chandrasekarn A, et al. Polymer genome-based prediction of gas permeabilities in polymers[J]. Journal of Polymer Engineering, 2020, 40: 451-457.

[3] Stefas D, Gyftokostas N, Bellou E, et al. Laser-induced breakdown spectroscopy assisted by machine

learning for plastics/polymers identification[J]. Atoms, 2019, 7: 79.

[4] Pruksawan S, Lambard G, Samitsu S, et al. Prediction and optimization of epoxy adhesive strength from a small dataset through active learning[J]. Science and Technology of Advanced Materials, 2019, 20: 1010-1021.

[5] Ma R, Liu Z, Zhang Q, et al. Evaluating polymer representations via quantifying structure-property relationships[J]. Journal of Chemical Information and Modeling, 2019, 59: 3110-3119.

[6] Kim C, Chandrasekaran A, Jha A, et al. Active-learning and materials design: the example of high glass transition temperature polymers[J]. MRS Communications, 2019, 9: 860-866.

[7] Morabito M J, Usta M, Cheng X, et al. Prediction of sub-monomer A2 domain dynamics of the von willebrand factor by machine learning algorithm and coarse-grained molecular dynamics simulation[J]. Scientific Report, 2019, 9: 9037.

[8] Jaeger S, Fulle S, Turk S. Mol2vec: Unsupervised machine learning approach with chemical intuition[J]. Journal of Chemical Information and Modeling, 2018, 58: 27-35.

[9] Rogers D, Hahn M. Extended-connectivity fingerprints[J]. Journal of Chemical Information and Modeling, 2010, 50: 742-754.

[10] Coley C W, Barzilay R, Green W H, et al. Convolutional embedding of attributed molecular graphs for physical property prediction[J]. Journal of Chemical Information and Modeling, 2017, 57: 1757-1772.

[11] Mannodi-Kanakkithodi A, Pilania G, Huan T D, et al. Machine learning strategy for accelerated design of polymer dielectrics[J]. Scientific Report, 2016, 6: 20952.

[12] Wu S, Kondo Y, Kakimoto Ma, et al. Machine-learning-assisted discovery of polymers with high thermal conductivity using a molecular design algorithm[J]. npj Computational Materials, 2019, 5: 1-11.

[13] Rajan A C, Mishra A, Satsangi S, et al. Machine-learning-assisted accurate band gap predictions of functionalized MXene[J]. Chemistry of Materials, 2018, 30: 4031-4038.

[14] Xu P, Lu T, Ju L, et al. Machine learning aided design of polymer with targeted band gap based on DFT computation[J]. Journal of Physical Chemistry B, 2021, 125: 601-611.

第 **15** 章

基于数据挖掘的氟橡胶门尼
黏度优化控制

15.1
研究背景

　　提升化工材料的生产水平可以从设备改造、工艺改进等方面着手，实践证明虽然这些措施可以取得非常好的效果，但周期长、投资大。目前很多化工材料企业已经广泛采用 DCS 系统，实现对生产过程的监控和管理，在此过程中积累了海量的工艺数据，因此，如何利用化工材料的生产数据，用以优化生产工艺过程，从而提高企业的生产效率和经济效益，必将成为企业的核心竞争力。

　　化工材料的生产过程中涉及的参数众多且相互制约，形成复杂的多维非线性关系，从传统的"三传一反"（化学反应过程中的动量传递、热量传递、质量传递），来建立化工过程机理模型的应用软件已取得很大成功，这类软件主要用于过程模拟、装置设计及实时优化控制[1,2]。

　　化工材料的生产过程涉及许多复杂的物理、化学变化，且存在许多可变和干扰因素（如原料性质、设备状态、操作工况的变化、生产环境和生产系统自身的干扰等），常常很难通过化工机理来建立精确模型，用以指导实际生产。特别是在含氟材料生产过程中，由于含氟类化合物具有较为特殊的物理化学性质，原料、中间产物的热力学、动力学参数缺失，且聚合过程往往包括众多的反应、相变、混合、交换，涉及气液固等诸多环节，对生产的全过程进行模拟乃至优化存在极大的难度，直接导致了国内含氟材料的单套装置生产规模小，与进口品相比，性能差且产品质量波动大。

与化工材料生产过程的机理模型相比，数据挖掘技术能从大量化工材料生产过程数据中挖掘出统计规律，可以在化工过程建模、控制、优化、故障诊断等方面发挥重要作用。

数据挖掘应用在化工材料生产中的主要优势是"三不"——不更改设备、不干扰生产、不需要中试。利用控制技术和化学数据挖掘技术对生产操作进行优化，实施简便、见效快、投资回报率高，正越来越得到业界的重视。数据挖掘技术用于生产优化可与先进控制、实时优化控制互为补充，相得益彰。

近年来，基于数据挖掘的工业优化技术在国内外受到高度重视，应用的案例日益增多。利用数据挖掘建模和优化技术，从实际工业生产数据中寻找规律和发现知识，并用这些知识优化企业的生产过程，使企业效益最大化就大有可为[3-15]。

本课题通过对生产工况的分析、诊断，基于数据挖掘技术特别是模式识别方法，建立了相应的统计模型，并以智慧生产云平台为开发目标，结合企业已有的 DCS 控制系统、生产经营管理系统、生产调度系统、应急联动系统，形成基于大数据的氟化工生产优化控制系统，将其应用于实际生产，找出氟橡胶（FKM）生产中关键影响因素。利用基于数据挖掘的优化控制模型，形成工艺包最佳实践，能够有效减少资源浪费，提升产品质量和连续生产能力，提升经济效益，这是化工行业发展绿色化工，循环经济的具体体现，同时可以从根本上促进化工产业的转型升级。

目前，基于大数据的氟化工生产优化控制系统软件国内外还未见报道，我们在多年从事化工、炼油、冶金工业优化工作经验的基础上，开发了具有自主知识产权的、适用于复杂生产过程优化、状态监控和故障诊断的生产优化控制软件 BDMOS（big date mining optimization system）[16]，该软件应用于氟橡胶聚合生产装置的生产优化，取得了较为令人满意的效果。

15.2
研究思路

上海三爱富新材料股份有限公司将浙大中控的 DCS 应用在氟橡胶的工业生产中，多年的生产积累了大量的 DCS 数据。这些 DCS 数据记录了工业生产过程的特征、性能、变化等，它们是生产装置和反应过程的本质反映。

本课题在前期数据挖掘技术研究的基础上，开发氟橡胶生产优化控制软件，采用数据挖掘技术，从 DCS 数据中寻找规律和发现知识，对氟橡胶装置的 DCS 数据进行模式识别建模，找出最佳的工艺操作参数，指导企业的生产优化，并将其应用在生产中，从而验证模型的正确性。基于数据挖掘的工业优化的研究思路的实施步骤如图 15-1 所示。

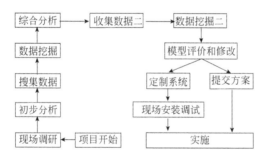

图 15-1　基于数据挖掘的工业优化项目实施步骤

15.3
研究内容

本课题以氟橡胶门尼黏度的范围控制为优化目标，其中工业生产工艺数据的挖掘建模和优化控制系统软件是技术关键。在前期的数据挖掘过程中，选用了多种模式识别方法进行建模和预测对比，最后确定了 Fisher 判别矢量法和主成分分析法，应用于氟橡胶门尼黏度分布范围的优化控制。

在研究中，采用了本实验室开发的在线控制软件 BDMOS，图 15-2 为氟橡胶生产优化控制软件 BDMOS 的总体架构。

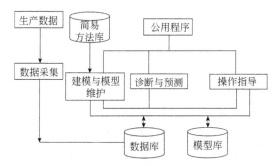

图 15-2 氟橡胶生产优化控制软件 BDMOS 总体架构

BDMOS 软件集成了我们先前开发的 DMOS 软件的离线版建模和在线版控制两大功能，通过收集上海三爱富新材料股份有限公司氟橡胶生产装置的 DCS 数据，采用工业数据挖掘常用的模式识别算法处理有关数据，建立数据挖掘模型，应用到实际生产的优化控制中，提高了产品的合格率。

BDMOS 软件的主要功能如下。

（1）变量筛选和数据挖掘（包括模式识别等）方法库

对氟橡胶工业生产数据开展变量筛选研究，得出影响氟橡胶产品质量（门尼黏度分布范围）的关键因素。利用模式识别方法建立氟橡胶产品质量的优化控制模型。

（2）根据化工过程优化需求开发的数据采集工具

通过数据接口软件将实时生产数据导入 BDMOS 软件的数据库系统，用户可以设置保存数据的时间段和数据量。

（3）对生产工况进行实时优化与检测

优化和检测系统通过接口与程序读入生产过程实时数据，并根据预先导入的优化模型，显示当前工况点是否处于"优区"。当生产处于"非优区"时，软件可根据优化模型，利用模型仪表图调整工艺参数，使生产回到"优区"。

（4）根据用户需求定制工业优化的功能模块

目前 BDMOS 软件的工业优化功能模块包括"数据挖掘和建模""工况诊断和目标预测""优化操作和指导""模型维护和管理"等。

"数据挖掘和建模"是 BDMOS 软件功能的基础，在形成数据挖掘模型之后才能实现下面的软件功能。

"工况诊断和目标预测"：工况是指与生产的目标相对应时有关生产参数所达到的状态，是衡量生产操作性能的一种指标。工况诊断就是根据用户提供的某些工艺参数的测量值来推断生产的工况，及时发现生产中的问题，进而调整生产参数，使工况保持好的状态。如果已经建立了预报模型，则输入某些工艺参数的测量值后，系统自动预报目标值。可以利用嵌入的有关优化目标的数学模型，根据装置的生产工艺参数实时进行工况诊断和目标预测。

"优化操作和指导"：如果当前工况处于"差"的状态，如何调节工艺参数，使工况转到"好"的状态；影响优化目标的因素较多时，调节哪几个参数，调节多少；这是生产操作人员所面临的难题，目前部分企业仅靠工人的经验，还没有一个行之有效的辅助决策工具。本系统将为操作人员提供详细的操作指导，告诉操作功能应该调整哪几个参数，其中每个参数调整多少，还提供各种图形，帮助操作人员分析工况，决定操作动作，观察操作后的效果。

"模型维护和管理"：以上两项功能都需要基于生产优化模型，只有好的模型才有好的效果。当生产装置的设备或工艺流程发生较大变动时，优化模型的精度变差，影响工况诊断和目标预测的准确率，从而影响优化操作指导的效果。软件系统支持用户自己建模，使数据挖掘模型能够根据最新的生产数据进行迭代更新。

15.4
氟橡胶生产优化控制软件 BDMOS 介绍

基于数据挖掘的氟橡胶生产优化控制软件 BDMOS 提供了便捷的快速数据挖掘和模型建立功能。由下面五个模块组成。

① 数采模块：为采集生产装置的数据而设计的，提供了各种数据的输入接口。

② 数据预处理模块：对生产数据进行去除噪声处理，为数据挖掘提供真实可靠的数据。该模块还针对工业过程的复杂数据进行特殊处理。

③ 数据挖掘模块：从生产数据中发现知识和寻找规律，该模块与数据挖掘方法库相连，根据优化问题的要求和生产数据的情况调用有关的方法，该模块与可视化分析模块配合使用，可以加快数据挖掘的速度和提高数据分

析的质量。

模块中的统计分析部分对 DCS 生产数据进行分析，包括数据库、项目管理、统计分析、模式识别等功能，通过箱图、趋势图、单因素图及直方图等可对数据进行进一步的分析，为用户提供便捷直观的各类统计信息，诸如最大最小值、中位数、平均值及标准差等。

④ 可视化分析模块：将高维空间中的样本点通过降维后映射到平面上，以便形象、直观、多视角地考察优化区的分布，为数据挖掘专家寻找优化规律提供重要的人机交互界面。

软件的数据建模部分，采用了先进的模式识别方法，内置两种常用的适合于工业优化的数据挖掘算法，主成分分析及线性判别分析法。软件界面友好易用，用户无需知晓算法细节，只需要通过图形界面调用即可获得建模结果。建模结果用图表展现，直观便捷。软件同时提供用户在线控制工艺参数来调节生产，提高产品合格率。

⑤ 优化结果生成模块：产生各种形式的优化控制结论。

15.5
BDMOS 软件具体功能

15.5.1 数据导入

数据导入分为离线数据导入和在线数据导入，离线数据是过去的生产数据，主要用来进行数据挖掘，所建立模型主要用于在线控制。

（1）离线数据导入

本软件接受 csv、txt、excel 格式文件，允许用户自定义数据文件名称，图 15-3 为离线数据导入窗体。具体操作步骤："选择文件"→"上传"。

数据文件上传结束后，会显示在数据集列表中。数据集列表窗体如图 15-4 所示。

数据集列表包括数据名称、上传者名、上传时间、数据操作，并提供列表排序功能，方便用户比较相关联的数据集。数据操作包含数据视图、导出数据和删除数据。数据视图提供用户在线预览数据的功能。

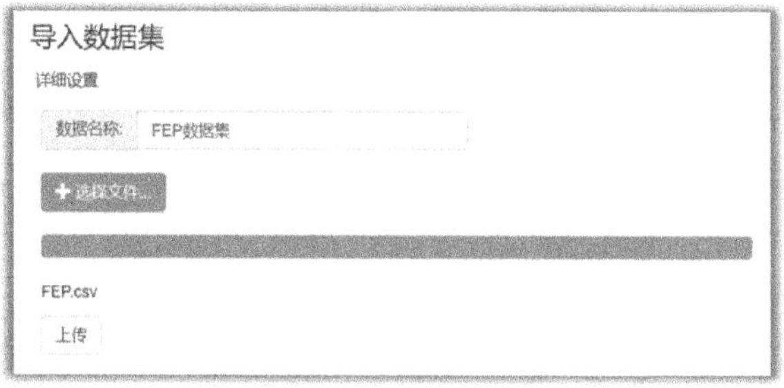

导入数据集

详细设置

数据名称 FEP数据集

➕ 选择文件...

FEP.csv

上传

图 15-3　离线数据导入窗体

数据集列表

显示 10 ∨ 记录　　　　　　　　　　搜索

数据名称 ⇅	上传者名	更新时间	操作
FEP数据集	三爱富管理员	2021/04/28 13:40	数据视图　导出数据　删除数据
FKM数据集	三爱富管理员	2021/04/28 13:40	数据视图　导出数据　删除数据
测试	三爱富管理员	2021/04/28 13:41	数据视图　导出数据　删除数据
数据名称	上传者名	更新时间	操作

显示 1 至 3 于 3 记录　　　　　　　　上一页　**1**　下一页

图 15-4　数据集列表窗体

（2）在线数据接入

软件接入 DCS 数据系统，先将 DCS 数据保存至数据库中，然后再从数据库中读取数据。图 15-5 是在线数据导入窗体。通过本软件设置开始取数据点的时间，然后设置优类上下限。

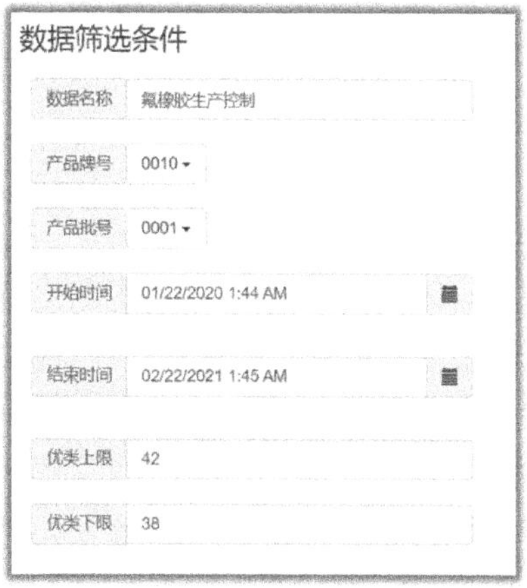

图 15-5　在线数据导入窗体

15.5.2 统计信息

　　用户可自行选择软件的统计信息，有关设置包括类别选择、统计量选择、统计变量选择。图 15-6 为统计信息设置窗体。

（a）类别选择窗体

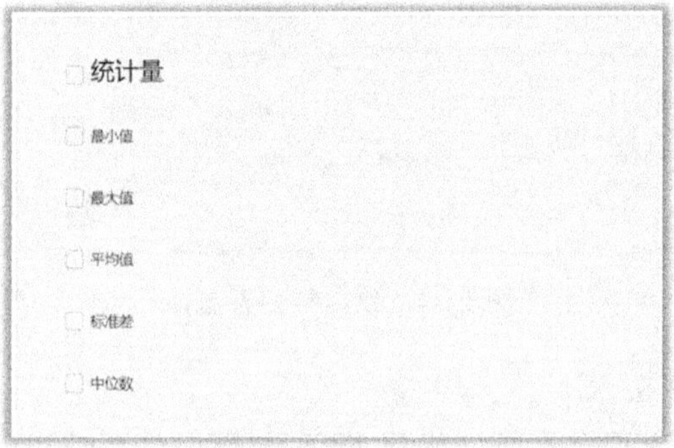

（b）统计量选择窗体

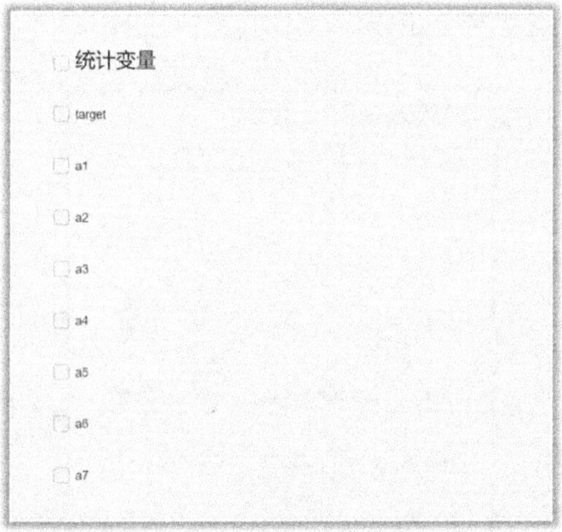

（c）统计变量选择窗体

图 15-6　统计信息设置窗体

设置后点击确认即可获得对应的变量及相应的统计信息，以列表方式进行显示，如图 15-7 所示。

全部样本

显示 10 记录　　搜索:

变量名称	最小值	最大值	平均值	标准差
a1	40.2	78.0	59.62	6.23
a2	240.0	283.2	272.5	5.901
a3	189000.0	216000.0	209200.0	8277.0
a4	504.0	885.0	634.6	68.72
a5	12.0	51.0	19.55	6.679
a6	8.43	14.82	11.83	1.141
a7	721.5	1333.2	1031.0	106.5
target	8.5	52.6	22.44	6.826
变量名称	最小值	最大值	平均值	标准差

显示 1 至 8 于 8 记录　　上一页 1 下一页

（a）全部样本信息

优类样本

显示 10 记录　　搜索:

变量名称	最小值	最大值	平均值	标准差
a1	40.2	74.4	58.74	6.5
a2	255.0	281.7	272.1	5.917
a3	189000.0	216000.0	209900.0	8825.0
a4	573.0	876.0	651.5	80.89
a5	15.0	39.0	19.45	6.083
a6	8.49	12.9	11.54	1.209
a7	721.5	1161.3	1009.0	112.3
target	22.1	25.9	23.61	1.239
变量名称	最小值	最大值	平均值	标准差

显示 1 至 8 于 8 记录　　上一页 1 下一页

（b）优类样本信息

劣类样本

显示 10 记录　　搜索:

变量名称	最小值	最大值	平均值	标准差
a1	45.0	78.0	59.98	6.078
a2	240.0	283.2	272.7	5.886
a3	189000.0	216000.0	208900.0	8021.0
a4	504.0	885.0	627.6	61.65
a5	12.0	51.0	19.59	6.911
a6	8.43	14.82	11.95	1.089
a7	757.8	1333.2	1040.0	102.6
target	8.5	52.6	21.95	8.028
变量名称	最小值	最大值	平均值	标准差

显示 1 至 8 于 8 记录　　上一页 1 下一页

（c）劣类样本信息

图 15-7　统计信息结果显示

同时，软件也可以通过图表显示数据集的统计结果。如图 15-8 为数据集的箱图，通过箱图可以看出相应变量的优类和劣类的主体分布及离群点的情况，适合于分析数据是否存在异常情况。

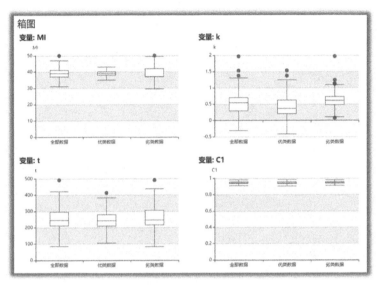

图 15-8　数据集的箱图

图 15-9 为数据集的趋势图，通过趋势图可以看出变量随着时间变化时的变动情况，可用于查看产品的产率是否有所波动等。

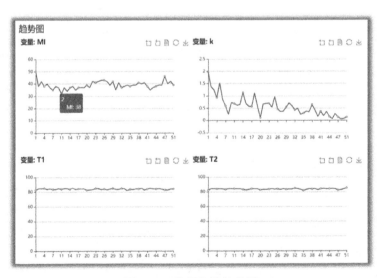

图 15-9　数据集的趋势图

图 15-10 为数据集的单因素图,该图反映了每个变量相对应目标值的影响情况,可以一定程度上看出影响目标变量的具体因素,从而进行工艺的优化。

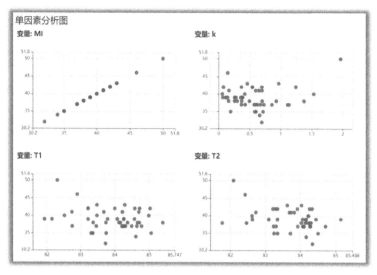

图 15-10　数据集的单因素图

图 15-11 为数据集的直方图,通过直方图可以看出变量对应集中分布在哪个范围之内,对变量的主体分布和标准差有直观的印象。

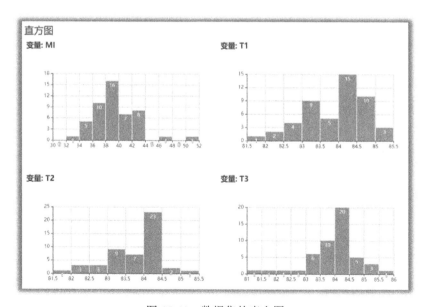

图 15-11　数据集的直方图

15.5.3　变量重要性分析

图 15-12　变量重要性窗体

点击图 15-12 变量重要性窗体的"选择计算数据"，选择模型列表中的数据集，软件系统经变量重要性计算后给出变量重要性结果展示列表，如图 15-13 所示。

选择	变量名称	重要性
☐	M	0.5301
☐	T2	0.3777
☐	T3	0.2882
☐	T1	0.2643
☐	t	0.1947
☐	k	0.1738
☐	C1	0.1029

图 15-13　变量重要性结果展示列表

15.5.4　数据挖掘模型

（1）模型设置

本软件可以进行不同方法的数据挖掘算法建模，内置主成分分析和线性判别分析法两种常用统计模式识别算法。用户通过自定义模型名称，选择算法和数据集，可快捷方便地建立数据挖掘模型。图 15-14 为模型设置窗体。

（2）模型建立

图 15-15 是数据挖掘建模结果，软件可自动框出对应的优化范围，用户也可以自定义优化范围，即图中红色虚线方框，红色点为优类点，灰色点为劣类点。本软件还能够统计整个样本空间和优化区中的优劣类样本比例，从而展示模型的分类能力，如图 15-16 所示。

图 15-14　模型设置窗体

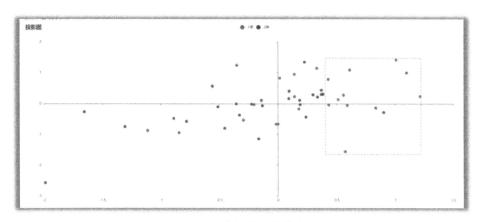

图 15-15　数据挖掘建模结果

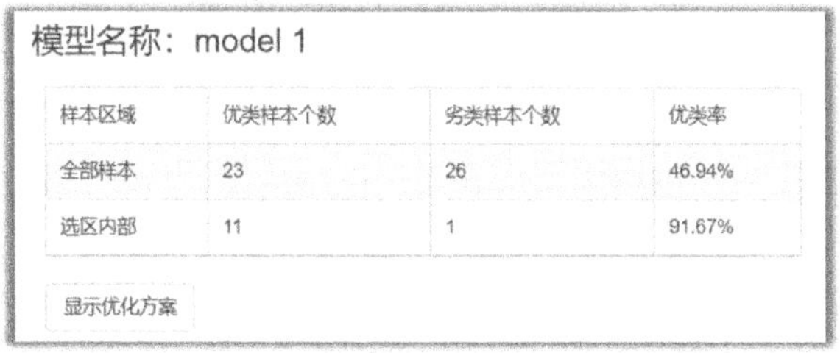

模型名称：model 1			
样本区域	优类样本个数	劣类样本个数	优类率
全部样本	23	26	46.94%
选区内部	11	1	91.67%

显示优化方案

图 15-16　数据挖掘模型对优化区内样本的实时预报

　　点击图 15-16 中的"显示优化方案"，可以得到优化建议区间，如图 15-17 所示，用户可以自行调节工艺参数，使其满足模型的优化建议区间。

　　数据挖掘模型建立完毕后可使用所建模型对虚拟工况进行预报，获得对应的投影点位置，从而"直观"地指导工业生产过程。

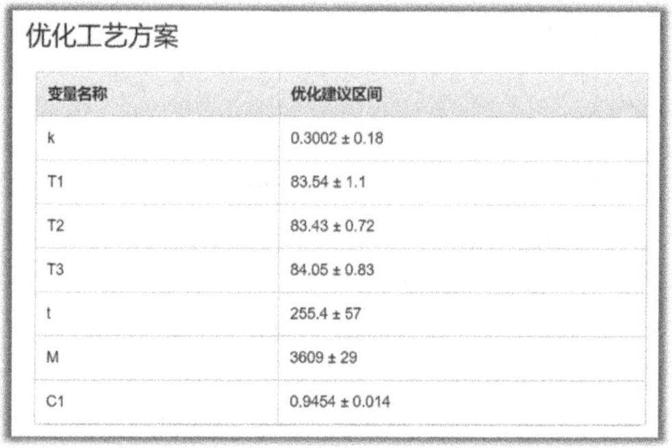

优化工艺方案

变量名称	优化建议区间
k	0.3002 ± 0.18
T1	83.54 ± 1.1
T2	83.43 ± 0.72
T3	84.05 ± 0.83
t	255.4 ± 57
M	3609 ± 29
C1	0.9454 ± 0.014

图 15-17　模型的优化建议区间

（3）模型列表

数据挖掘模型建立后，点击"保存"，就可以在模型列表中看到建立的模型，如图 15-18 所示。

图 15-18　模型列表窗体

模型列表提供模型查看、导出模型及删除模型的功能。软件同时支持导出模型，可将模型导入其他数据挖掘软件，从而扩展模型的使用范围。

（4）模型预报

模型预报提供"离线预测"和"在线预测"两大功能模块，离线预测主要用来判定某工艺参数的条件下，产品的预测值是否在优区内。在线预测主要是设置工艺参数的阈值，使得预测点尽量落在优区间内。

如图 15-19 所示，用户可以通过"离线预测"界面选择预测模型，自行调节预测点的变量大小，然后观测其投影点的位置，考察其是否落在优区间内。图 15-20 为"离线预测"变量调节窗体。图 15-21 显示了"离线预测"设置的预测点在投影图上的投影位置。

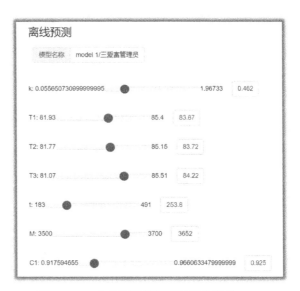

图 15-20　"离线预测"变量调节窗体

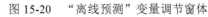

图 15-19　"离线预测"模型
选择窗体

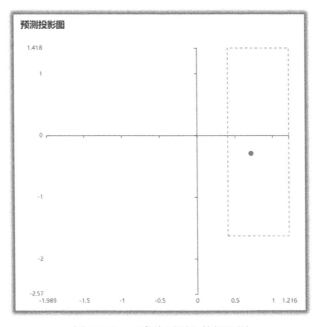

图 15-21　"离线预测"的投影图

图 15-22 是"在线预测设置"的设置界面，"在线预测设置"需要用户正确填写数据库网站和采点的时间间隔，选择合适的数据挖掘模型（已保存在模型库里）。

图 15-22 "在线预测设置"界面

在"在线预测设置"的设置界面填写了相关信息后，还可以对监测的范围进行设置，若不进行改动，则默认之前建模给出的检测范围。如点击"开始"后，即开始采集所设置的对应数据，并将投影点实时展示出来，当数据落在设置的检测范围之外时，软件会将数据标红警示并播放报警音，来提醒此时的生产状态需要调控，有关界面如图 15-23 和图 15-24 所示。

警报区域设置

k	0.05	1.96
T1	81.93	85.4
T2	81.77	85.15
T3	81.07	85.51
t	183	491
M	3500	3700
C1	0.917	0.986

图 15-23 在线预测报警区域设置页面

在线预测

当前工况：

变量名称	建议区间	当前值
k	0.3002±0.18	1.447
T1	83.54±1.1	85.95
T2	83.43±0.72	84.59
T3	84.06±0.83	81.28
t	255.4±57	476.7
M	3600±29	3651
C1	0.9454±0.014	0.9333

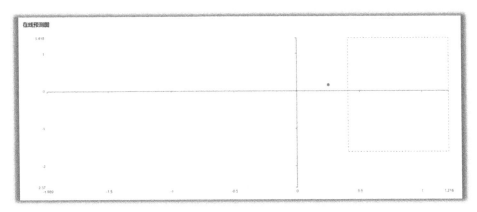

图 15-24　在线预测报页面，异常数据标红处理

（5）用户管理

由于该软件能够直接访问基础 DCS 数据，为方便实际使用同时确保运行和数据安全，软件在隔绝外部网络访问的同时，使用用户管理系统进行管理。每个用户均具有一个对应的角色，分别为管理员、工程师及来宾。

软件内最高权限管理员 admin 具有所有操作用户的权利，包括添加用户、删除用户、更改用户类别等；操作方面允许进行数据的修改、建模、模型的删除和导入等。

管理员无法被删除，他人无法改变管理员的权限，只有 admin 自身能修改对应的密码。

工程师在用户操作方面只能修改自身的密码，在使用方面允许新建、删除和导入模型，修改数据文件等操作。

来宾用户除了可以查看具体情况外，没有权限修改或新建模型等操作。用户操作方面只允许进行修改自身密码。

15.6
氟橡胶简介

氟橡胶（FKM）是一类主链或侧链的碳原子上含有氟原子的合成高分子弹性体。由于氟原子具有非常强的负电性，其强的吸电子能力使聚合物分子链上的 C—C 键键能更大、共价键更加稳定。同时，由于氟原子体积略大于氢原子，能对分子链形成屏蔽效应，免受外来腐蚀介质的侵蚀。氟橡胶因其含有氟原子而性能优异，如优异的耐热性、抗氧化性、耐油性、耐腐蚀性和耐大气老化性，且在非常苛刻的条件下（如高温或与各种化学试剂接触）仍能保持橡胶弹性。

氟橡胶的优点概括如下：

① 优良的抗腐蚀性：绝大多数的化学药品都不会对氟橡胶产生损伤；

② 在较大的温度范围内能保持其机械强度，氟橡胶可持续使用的最高温度是180℃；某些品种可以在-60～-40℃的低温下使用；

③ 耐各种油类、燃料、多种溶剂、液压流体、浓酸、强氧化剂的侵蚀；

④ 阻燃性：氟橡胶属于自熄性橡胶；

⑤ 耐臭氧、耐光、耐气候性、耐辐射、耐真空、透气性小；

⑥ 不黏性和摩擦系数低。

杜邦公司1943年开发出第一款氟橡胶，由于价格昂贵及当时消费水平限制，氟橡胶在工业上的实际应用较少，直到20世纪50～70年代，由于当时全球处于冷战时期的军备竞赛，氟橡胶得到迅猛发展，先后开发出聚烯烃类氟橡胶、亚硝基氟橡胶、四丙氟橡胶、磷腈氟橡胶以及全氟醚橡胶等品种。

氟橡胶可模压或挤出制造各种形状的制品，如O形圈、密封件、隔膜、垫圈、胶片、阀片、软管、胶辊等，也可用作电线外皮和防腐衬里，主要应用于耐高温、耐油、耐介质的环境下，在航空、航天、汽车、石油化工、家用电器等领域得到了广泛的应用。氟橡胶也是国防尖端工业中无法替代的关键材料。

氟橡胶问世以来，发展出了众多类型，通常以多种含氟单体通过乳液共聚生产，已经实现批量工业化的产品有偏氟乙烯和三氟氯乙烯共聚的FE23；偏氟乙烯和六氟丙烯共聚物的FE26；偏氟乙烯、四氟乙烯、六氟丙烯三元共聚的FE246；四氟乙烯和丙烯共聚的FTP，又称四丙胶，上述氟橡胶已经实现了国产化。偏氟乙烯、硫化点单体四元共聚物偏氟醚橡胶、四氟乙烯、全氟甲基乙烯基醚共聚的全氟醚橡胶和氟硅橡胶等高端氟橡胶仍然依赖进口。

传统的F23、F26和F246等氟橡胶的生产采用间歇或连续的自由基乳液聚合工艺。以水为介质，乳化剂为全氟辛酸铵，将一种或一种以上的含氟烯烃单体溶解在乳液中进行聚合，聚合温度为80～125℃,反应压力为2.2～10.4 MPa，聚合物分子质量可通过调节引发剂用量或选用链转移剂控制，也可以几种方法同时应用，引发剂可选用有机或无机过氧化物如过硫酸盐、过硫酸盐-亚硫酸氢盐、过氧化二碳酸二异丙酯（IPP）。

在间歇聚合中，共聚单体和全部配合料按一定程序预先加入反应釜中并升温，聚合反应开始后，在反应过程中再分批或连续补加共聚物组成单体，保持釜内反应压力平衡，持续聚合反应至预定的补加量后结束反应。

在连续聚合中，将共聚单体经自动计量装置混合后，通过压缩机连续补加入反应釜。配制好的聚合引发剂和分散剂水溶液，通过计量泵连续注入反应釜。聚合反应压力和胶乳排放通过具有泄料功能的压力控制阀控制，既能保持釜内反应压力恒定，又能允许连续移出胶乳。聚合中可以使胶乳固体含量达50%仍能保持稳定，但通常操作胶乳固体含量不超过25%。

三爱富公司是国内首先实现FKM工业化生产的企业，目前生产采用乳液聚合法。一般用途的产品采用连续聚合的生产方法，主要是因为连续聚合产率较高；特殊用途的产品采用间歇生产方法以保证质量；在生产某些有特殊要求的产品时需引入氟醚类第三单体。三爱富公司的FKM产品广泛应用于国内航空、航天、电子、内燃机、化工密封等工业领域，但产品整体性能与杜邦、3M、索维等国际一流企业存在一定的差距，特别是在产品的主要质量指标门尼黏度批次间波动较大，性能稳定性有待提升。

门尼黏度是目前广泛用来作为控制橡胶胶料工艺性能的一项指标。门尼黏度反映橡胶加工性能的好坏和分子量高低及分布范围宽窄。门尼数值越大，表示黏度越大，其可塑性越低，从门尼黏度-时间曲线还能看出胶料硫化工艺性能。

门尼黏度高胶料不易混炼均匀及挤出加工，其分子量高、分布范围宽。门尼黏度低胶料易粘辊，其分子量低、分布范围窄。门尼黏度过低则硫化后制品抗拉强度低。通常采用不同门尼黏度的产品通过混炼来得到需要性能的氟橡胶最终产品。

目前国内氟橡胶工业化技术水平不高，对产品门尼黏度的控制较差，生产工艺参数和产品最终性能之间的关联性低，基本处于经验指导生产的阶段，产品一次的合格率低导致生产成本很高，产品的性能稳定性也较差。

本课题通过应用大数据建模，在众多工艺数据中寻找最佳工艺条件，建立氟橡胶生产工艺模型，形成氟橡胶门尼黏度控制的优化工艺条件，稳定和提高氟橡胶产品的产量和质量，从而提高资源综合利用效率，有效减少资源浪费，提升经济效益，促进氟化工行业降本增效、提升社会管理水平、提高安全生产能力和节能环保水平，促进产业转型升级。

15.7

氟橡胶生产数据挖掘

图 15-25 为氟橡胶生产优化控制软件 BDMOS 的运行流程框图。其中"真实数据库"的数据来源为生产装置的 DCS 数据，BDMOS 可以建立动态数据库保存最近一段时间内的真实数据，"数据采集"需要开发数据接口软件读取"真实数据库"内的数据，"数据预处理"包括数据标准化和异常值检测等，"数据挖掘"的主要工作是变量筛选和模型选择，"可视化分析"是将数据挖掘模型用形象直观的图形来表示，"规则生成知识获取"是根据数据挖掘模型形成优化控制条件，"用户定制系统"是根据用户的应用需求开发个性化的 BDMOS 软件系统，"用户定制软件"是形成最终获得用户认可的优化生产控制软件，要求软件界面友好操作简便。下面是有关数据集收集、模型建立、模型检验的简介和小结。

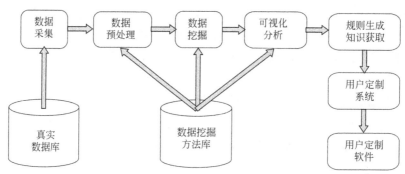

图 15-25　氟橡胶生产优化控制软件 BDMOS 的运行流程

15.7.1　数据集收集

从氟橡胶生产装置 DCS 系统上采集产品有关数据，数据挖掘的目标变量为氟橡胶产品的门尼黏度（MV），影响因素包括去离子水量（W）、补加单体加入量（M_1）、链转移剂的量（M_2）、加压时间（t_1）、反应时间（t_2）、升温速率（K_1）、升压速率（K_2）、第一阶段温度平均值（T_1）、第二阶段温度平均值（T_2）、第三阶段温度平均值（T_3）、初始组分比值 VDF/HFT/TFE（C_1）以及补加组分比值 VDF/HFT/TFE（C_2）。

将样本分为两类，门尼黏度的变化区间在 40±2 的为 1（优）类样本，其他的为 2（劣）类样本。表 15-1 列出了氟橡胶门尼黏度及其影响因素的部分数据。

整个生产过程分成两部分：第一部分为反应釜的升温过程，起止时间为开始升温升压到升温升压至指定的值；第二部分为聚合反应过程，聚合反应过程又分三个阶段，定义反应第一个小时为第一阶段，第二个小时为第二阶段，第三个小时开始到反应结束为第三个阶段，每个阶段取平均温度。

表 15-1　氟橡胶门尼黏度及其影响因素的数据

序号	分类	MV	W/kg	M_1/kg	……	C_1	C_2
1	1	40.8	1498.44	600.28	……	0.92	3.14
2	1	41.6	1535.95	600.42	……	0.91	3.18
3	2	43.5	1488.02	608.41	……	0.93	3.15
4	1	38.2	1519.28	596.02	……	0.91	3.16
5	1	38.8	1488.02	605.46	……	0.92	3.14
6	1	40.7	1522.4	618	……	0.96	3.18
7	2	45.5	1486.97	598.83	……	0.95	3.19
8	2	48.4	1488.02	600.97	……	0.95	3.21
9	2	42.3	1485.93	598.00	……	0.96	3.21
10	2	46.3	1482.81	611.93	……	0.96	3.19
11	1	41.2	1504.69	599.57	……	0.95	3.19
12	2	45.9	1482.95	600.17	……	0.92	3.16
13	2	33.9	1488.02	556.03	……	0.96	3.19
14	2	46.1	1520.32	600.49	……	0.95	3.19
15	2	34.9	1488.02	620.87	……	0.95	3.14
16	1	40.4	1458.84	599.97	……	0.95	3.19
17	2	44.8	1491.02	592.41	……	0.93	3.13
18	2	36.6	1481.76	593.16	……	0.95	3.19
19	1	38.7	1432.79	605.06	……	0.96	3.21
20	2	36.9	1467.18	600.19	……	0.97	3.21
21	1	39.4	1583.88	591.89	……	0.95	3.2
22	1	38.6	1538.04	595.5	……	0.95	3.13
23	1	39.8	1527.61	596.6	……	0.97	3.12
24	2	34.6	1489.06	602.34	……	0.95	3.13
25	2	45.4	1523.45	604.98	……	0.94	3.18

序号	分类	MV	W/kg	M_1/kg	......	C_1	C_2
26	2	52.8	1475.51	599.02	......	0.92	3.13
27	2	37	1503.22	602.16	......	0.92	3.13
28	2	44.1	1467.18	596.74	......	0.92	3.23
29	2	44.1	1486.26	600.69	......	0.95	3.2
30	2	56.8	1470.3	626.45	......	0.96	3.19
31	1	40.1	1468.2	601.26	......	0.94	3.19
32	2	33.8	1490.1	600.02	......	0.92	3.16
33	2	32.8	1485.93	599.81	......	0.92	3.17
34	2	32.8	1454.67	596.6	......	0.92	3.17
35	1	38.4	1488.02	599.68	......	0.96	3.16
36	1	40.1	1475.51	609.31	......	0.97	3.11
37	2	46.3	1488.24	594.99	......	0.95	3.13
38	2	54.8	1541.16	615.23	......	0.96	3.21
39	1	41.1	1491.14	600.05	......	0.95	3.21
40	1	41.9	1488.02	600.88	......	0.95	3.16
41	1	38.6	1582.84	594.07	......	0.96	3.21
42	2	43.2	1477.58	595.2	......	0.96	3.21
43	2	43.4	1488.02	602.55	......	0.95	3.19
44	1	39.0	1485.93	600.57	......	0.95	3.12
45	1	41.8	1531.78	604.04	......	0.91	3.18
46	1	40.3	1585.97	602.90	......	0.93	3.20
47	1	39.1	1485.93	612.21	......	0.95	3.20
48	2	45.3	1538.04	601.54	......	0.94	3.19
49	1	39.5	1485.93	600.65	......	0.78	3.23
50	2	52.5	1486.98	595.97	......	0.94	3.21
51	1	40.6	1480.72	599.17	......	0.94	3.20
52	2	48.0	1520.32	594.64	......	0.96	3.10
53	2	51.2	1521.36	599.86	......	0.94	3.15
54	1	38.2	1488.02	604.12	......	0.89	3.12
55	1	40.9	1519.28	612.28	......	0.95	3.16
56	1	41.0	1520.32	628.30	......	0.96	3.21
57	1	41.0	1522.4	600.57	......	0.96	3.20
58	2	45.1	1519.28	602.54	......	0.96	3.20
59	2	43.9	1490.10	593.67	......	0.96	3.20
60	2	51.3	1496.35	626.97	......	0.96	3.18
61	2	44.9	1488.02	598.85	......	0.95	3.18

续表

序号	分类	MV	W/kg	M_1/kg	……	C_1	C_2
62	1	41.0	1467.18	600.22	……	0.92	3.14
63	2	45.3	1530.74	600.84	……	0.93	3.14
64	1	41.5	1517.19	599.31	……	0.94	3.14
65	1	40.7	1484.89	602.63	……	0.92	3.14
66	2	42.2	1520.32	616.48	……	0.92	3.19
67	1	38.5	1553.67	617.48	……	0.96	3.21

15.7.2 模型建立

取表 15-1 数据，在数据挖掘的前期处理过程中，使用我们的数据挖掘软件 ExpMiner 进行变量筛选研究，留下对目标变量影响较大的变量来建模。

在数据挖掘的中期处理中，使用了模式识别最佳投影方法探寻样本优劣的分类规律，结果得到判别矢量法为模式识别最佳分类图，见图 15-26。模式识别分类图综合考虑了多因素共同作用下对目标变量的影响，因此可以在模式识别分类图的基础上提出优化方案。

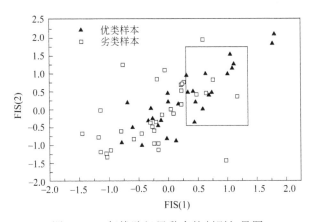

图 15-26　氟橡胶门尼黏度的判别矢量图

从图 15-26 中可以看出，优劣两类样本的分布有一定的变化趋势，即左下方劣类样本较多而右上方优类样本较多。因此，我们选择右上方的某个区域（图中选定的矩形方框内）为优化区，其中优类样本的判别正确率为 77.27%。将优化区样本的生产工艺参数取平均值和标准差，得到优化的生产工艺参数和范围，分别为：

① 去离子水量：(1580±7.5)kg；补加单体量：(610±4)kg；链转移剂：(3400±20)mL；初始组分配比：VDF/HFT/TFE=41.9：44.5：13.6；补加组分配比：VDF/HFT/TFE=61.6：19.3：19.1；

② 升温时间(25±3)min；反应时间(170±5)min；

③ 升温速率：(1.7±0.1)℃/min；升压速率：0.05±0.01MPa/min；

④ 第一阶段平均温度(84.5±0.2)℃；

⑤ 第二阶段平均温度(85±0.5)℃；

⑥ 第三阶段平均温度(85.1±0.1)℃。

15.7.3 模型检验

三爱富新材料股份有限公司氟橡胶生产部门将此优化方案运用在生产实践之中，相应氟橡胶的生产批号为 2016-2465-28-481～2016-2465-28-532 的样本，可用样本数为 49 个。有关样本的门尼黏度和影响因素如表 15-2 所示。

表 15-2　上海三爱富新材料股份有限公司氟橡胶门尼黏度和影响因素的测试数据集

序号	分类	MV	T_1	T_2	T_3	t	M	C
1	2	50	82.31	82.09	83.14	265	3500	0.95
2	1	38	84.37	84.31	84.56	188	3700	0.96
3	2	42	84.58	84.34	84.24	277	3700	0.95
4	1	38	84.71	84.03	84.12	234	3700	0.93
5	1	40	83.48	84.24	84.19	208	3700	0.94
6	2	37	84.27	84.08	84.4	210	3700	0.93
7	2	35	83.31	83.35	84.35	247	3700	0.92
8	1	38	83.37	84.27	84.17	297	3700	0.94
9	2	37	84.49	84.28	84.31	273	3700	0.95
10	2	32	83.73	84.35	84.66	183	3700	0.96
11	2	37	84.64	84.28	84.47	215	3700	0.97
12	2	34	84.61	84.17	84.24	197	3700	0.95
13	2	37	83.46	83.24	83.15	323	3700	0.97
14	1	38	85.4	82.46	84.35	244	3700	0.96
15	2	35	83.36	83.25	83.29	211	3700	0.94
16	2	37	84.21	84.29	84.22	226	3700	0.93
17	2	37	84.23	84.11	84.16	193	3600	0.94
18	2	37	84.31	84.08	84.16	219	3600	0.94
19	1	39	82.15	82.63	82.36	194	3600	0.94

序号	分类	MV	T_1	T_2	T_3	t	M	C
20	2	37	82.75	83.31	83.24	228	3500	0.94
21	2	42	83.22	83.29	83.35	203	3500	0.95
22	1	41	84.7	83.69	83.76	203	3500	0.93
23	2	42	84.72	84.27	84.37	295	3500	0.94
24	2	43	83.48	83.63	83.65	244	3500	0.95
25	2	43	84.29	84.04	84.25	327	3500	0.96
26	2	42	83.22	83.22	83.62	243	3500	0.96
27	1	39	84.26	84.16	83.92	242	3500	0.93
28	2	42	85.03	83.35	84.44	320	3500	0.95
29	2	35	83.75	83.72	83.92	349	3500	0.94
30	1	41	83.68	83.74	84.03	210	3500	0.95
31	2	37	84.78	84.72	85.2	334	3600	0.96
32	1	38	84.66	84.28	84.41	219	3600	0.94
33	1	39	81.93	83.35	85.51	413	3600	0.94
34	1	38	83.74	81.77	81.07	194	3600	0.96
35	1	39	83.22	83.1	84.31	281	3600	0.96
36	1	39	84.26	84.17	84.51	267	3600	0.93
37	1	41	84.22	83.83	83.85	238	3600	0.95
38	1	40	84.99	84.23	85.32	378	3600	0.94
39	1	41	82.74	82.73	83.96	276	3600	0.94
40	1	38	84.12	84.22	84.71	230	3600	0.96
41	2	35	85.06	84.51	84.72	308	3600	0.96
42	2	37	84.26	83.93	84.00	258	3600	0.94
43	1	38	84.16	84.15	83.83	194	3600	0.96
44	1	39	84.57	84.45	83.33	356	3600	0.92
45	1	39	83.79	84.07	83.87	242	3600	0.94
46	2	46	82.9	82.42	81.69	244	3600	0.94
47	1	40	82.52	82.62	82.78	249	3600	0.92
48	2	42	84.00	83.92	83.99	491	3600	0.92
49	1	39	84.07	85.15	85.21	335	3600	0.95

注: T_1、T_2、T_3 为第一、第二、第三阶段温度平均值；M 为链转移剂的量；t 为聚合反应时间，C 为初始单体组成。

优化前后的氟橡胶门尼黏度波动的对比见图 15-27，可以看到优化后批次间黏度波动范围明显变小，以门尼黏度范围 40±3 为合格区间，产品的合格率由 65.6% 上升到 83.67%。

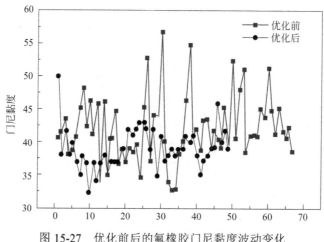

图 15-27　优化前后的氟橡胶门尼黏度波动变化

15.8
小结

　　工业大数据通常是复杂数据（多变量、自变量相关、模型非线性、数据噪声大），本课题利用统计模式识别方法建立了氟橡胶门尼黏度的优化控制模型，在此基础上开发了基于数据挖掘的氟橡胶工业生产的优化控制软件系统BDMOS，主要功能包括"工况诊断和目标预测""优化操作指导""建模和模型维护"等，具备自主知识产权的专利与技术，可以进一步在氟橡胶工业生产等领域推广应用。

　　BDMOS 软件可以直接利用在生产过程中积累的 DCS 数据，通过数据挖掘工具探寻影响氟橡胶产品质量的关键工艺因素，建立其优化控制模型，进而形成优化工艺参数范围。将此优化后的工艺参数应用于实际生产，大大降低了氟橡胶门尼黏度的波动范围，具有重要的研究价值和实际意义，有力促进了氟化工企业的优化生产和管理水平，有助于氟化工行业的科学化、可持续发展。

　　我们坚信 BDMOS 优化控制系统不仅可以应用在氟化工领域，还有望将其推广到其他复杂化工生产工艺的优化过程中，为开发具有我国自主知识产权的生产优化系统打下了良好的研究基础。

参 考 文 献

[1] Najafi S A S, Kamranfar P, Madani M, et al. Experimental and theoretical investigation of CTAB microemulsion viscosity in the chemical enhanced oil recovery process[J]. Journal of Molecular Liquids, 2017, 232: 382-389.

[2] Schramm L L. Fundamental and applications in the petroleum industry[J]. Advance in Chemistry, 1992, 231: 3-24.

[3] Deka A, Hamta N, Esmaeilian B, et al. Predictive modeling techniques to forecast energy demand in the United States: a focus on economic and demographic factors[J]. Journal of Energy Resources Technology, 2016, 138: 022001.

[4] You H, Ma Z, Tang Y, et al. Comparison of ANN (MLP), ANFIS, SVM, and RF models for the online classification of heating value of burning municipal solid waste in circulating fluidized bed incinerators[J]. Waste Manage, 2017, 68: 186-197.

[5] Mokhtarzad M, Eskandari F, Jamshidi V N, et al. Drought forecasting by ANN, ANFIS, and SVM and comparison of the models[J]. Environmental Earth Sciences, 2017, 76: 729-736.

[6] Mandal S, Rao S, Harish N, et al. Damage level prediction of non-reshaped berm breakwater using ANN, SVM and ANFIS models[J]. Nephron Clinical Practice, 2012, 4: 112-122.

[7] Guo Y, Li G, Chen H, et al. Optimized neural network-based fault diagnosis strategy for VRF system in heating mode using data mining[J]. Applied Thermal Engineering, 2017, 125: 1402-1413.

[8] Shi S, Li G, Chen H, et al. Refrigerant charge fault diagnosis in the VRF system using bayesian artificial neural network combined with relieff filter[J]. Applied Thermal Engineering, 2016, 112: 698-706.

[9] 黄汝奎, 冯朝森, 刘太昂. DMOS 工业优化软件在催化裂化装置吸收稳定单元上的应用[J]. 石油炼制与化工, 2009, 40: 55-58.

[10] 凡福林. 大数据平台下的工业优化——面向节能降耗的水泥生产优化决策系统简介[J]. 中国设备工程, 2015, 6: 32.

[11] Yu D L, Gomm J B. Enhanced neural network modelling for a real multivariable chemical process[J]. Neural Computing & Applications, 2002, 10: 289-299.

[12] Linko P, Zhu Y H. Neural network modelling for real-time variable estimation and prediction in the control of glucoamylase fermentation[J]. Process Biochemistry, 1992, 27:275-283.

[13] Gomm J B. Process fault diagnosis using a self-adaptive neural network with on-line learning capabilities[J]. IFAC Proceedings Volumes, 1995, 28: 69-74.

[14] Bilen M, Ates C, Bayraktar B. Determination of optimal conditions in boron factory wastewater chemical treatment process via response surface methodology[J]. Journal of the Faculty of Engineering and Architecture of Gazi University, 2018, 33: 267-278.

[15] Yang S, Lu W, Chen N. Application of data mining techniques in chemical industry optimization[J]. Jiangsu Chemical Industry, 2004, 32: 1-4.

[16] 陆文聪, 李国正, 刘亮. 化学数据挖掘方法与应用[M]. 北京: 化学工业出版社, 2012.

索　引